[光盘使用说明]

▶▶ 光盘主要内容

　　本光盘为《计算机应用案例教程系列》丛书的配套多媒体教学光盘，光盘中的内容包括18 小时与图书内容同步的视频教学录像和相关素材文件。光盘采用真实详细的操作演示方式，详细讲解了电脑以及各种应用软件的使用方法和技巧。此外，本光盘附赠大量学习资料，其中包括 3 ～ 5 套与本书内容相关的多媒体教学演示视频。

▶▶ 光盘操作方法

　　将 DVD 光盘放入 DVD 光驱，几秒钟后光盘将自动运行。如果光盘没有自动运行，可双击桌面上的【我的电脑】或【计算机】图标，在打开的窗口中双击 DVD 光驱所在盘符，或者右击该盘符，在弹出的快捷菜单中选择【自动播放】命令，即可启动光盘进入多媒体互动教学光盘主界面。

　　光盘运行后会自动播放一段片头动画，若您想直接进入主界面，可单击鼠标跳过片头动画。

▶▶ 光盘运行环境

- ● 赛扬 1.0GHz 以上 CPU
- ● 512MB 以上内存
- ● 500MB 以上硬盘空间
- ● Windows XP/Vista/7/8 操作系统
- ● 屏幕分辨率 1280×768 以上
- ● 8 倍速以上的 DVD 光驱

U0231706

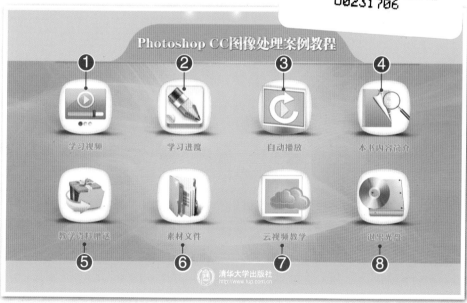

Photoshop CC图像处理案例教程

① 学习视频　② 学习进度　③ 自动播放　④ 本书内容简介
⑤ 教学资料赠送　⑥ 素材文件　⑦ 云视频教学　⑧ 退出光盘

清华大学出版社
http://www.tup.com.cn

① 进入普通视频教学模式　② 进入学习进度查看模式　③ 进入自动播放演示模式　④ 阅读本书内容介绍
⑤ 打开赠送的学习资料文件夹　⑥ 打开素材文件夹　⑦ 进入云视频教学界面　⑧ 退出光盘学习

[光盘使用说明]

▶▶ 普通视频教学模式

▶▶ 学习进度查看模式

▶▶ 自动播放演示模式

▶▶ 赠送的教学资料

▶ 制作CD封套

▶ 制作手拎袋效果

▶ 制作电影放映周海报

▶ 制作包装效果

▶ 制作VIP卡

▶ 制作礼品券

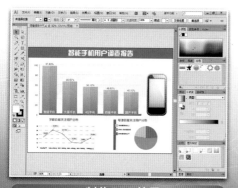

▶ 制作PPT效果

▶ 制作手机广告

[Illustrator CC平面设计案例教程]

▶ 制作手机效果图

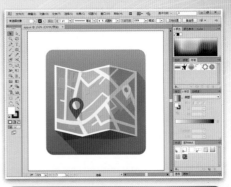

▶ 制作APP图标

▶ 制作节日海报

▶ 制作促销吊旗

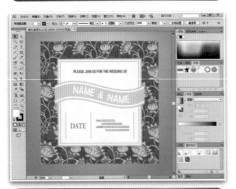

▶ 制作婚礼邀请卡

▶ 制作画册内页

▶ 制作网页效果

▶ 制作书籍封面

计算机应用案例教程系列

Illustrator CC 平面设计
案例教程

崔洪斌◎编著

清华大学出版社

北京

内 容 简 介

本书是《计算机应用案例教程系列》丛书之一,全书以通俗易懂的语言、翔实生动的案例,全面介绍了使用 Illustrator CC 进行平面设计的相关知识。本书共分 10 章,涵盖了 Illustrator CC 基础操作,绘制、编辑图形,选择、编辑对象,填充与描边对象,对象的编辑管理,使用画笔与符号工具,滤镜与效果应用,文本应用,外观、图形样式和图层的应用以及图表制作等内容。

本书内容丰富,图文并茂,双栏紧排,附赠的光盘中包含书中实例素材文件、18 小时与图书内容同步的视频教学录像以及 3~5 套与本书内容相关的多媒体教学视频,方便读者扩展学习。本书具有很强的实用性和可操作性,是一本适合于高等院校及各类社会培训学校的优秀教材,也是广大初中级计算机用户和不同年龄阶段的计算机爱好者学习计算机知识的首选参考书。

本书对应的电子教案可以到 http://www.tupwk.com.cn/teaching 网站下载。

图书在版编目(CIP)数据

Illustrator CC 平面设计案例教程 / 崔洪斌　编著.—北京:清华大学出版社,2016
(计算机应用案例教程系列)
ISBN　978-7-302-44407-7

Ⅰ.①I…　Ⅱ.①崔…　Ⅲ.①平面设计—图形软件—教材　Ⅳ.①TP391.41

中国版本图书馆 CIP 数据核字(2016)第 168694 号

责任编辑:胡辰浩　袁建华
版式设计:妙思品位
封面设计:孔祥峰
责任校对:曹　阳
责任印制:王静怡

出版发行:清华大学出版社
　　　　网　　　址:http://www.tup.com.cn,http://www.wqbook.com
　　　　地　　　址:北京清华大学学研大厦 A 座　　　　邮　　编:100084
　　　　社 总 机:010-62770175　　　　　　　　　　邮　　购:010-62786544
　　　　投稿与读者服务:010-62776969,c-service@tup.tsinghua.edu.cn
　　　　质 量 反 馈:010-62772015,zhiliang@tup.tsinghua.edu.cn
　　　　课 件 下 载:http://www.tup.com.cn,010-62794504
印 刷 者:清华大学印刷厂
装 订 者:三河市新茂装订有限公司
经　　销:全国新华书店
开　　本:185mm×260mm　　　印　张:19　　　字　数:486 千字
　　　　(附光盘 1 张)
版　　次:2016 年 8 月第 1 版　　　　印　次:2016 年 8 月第 1 次印刷
印　　数:1～3500
定　　价:45.00 元

产品编号:065434-01

前 言

熟练使用计算机已经成为当今社会不同年龄层次的人群必须掌握的一门技能。为了使读者在短时间内轻松掌握计算机各方面应用的基本知识，并快速解决生活和工作中遇到的各种问题，清华大学出版社组织了一批教学精英和业内专家特别为计算机学习用户量身定制了此套"计算机应用案例教程系列"丛书。

丛书、光盘和教案定制特色

➤ 选题新颖，结构合理，为计算机教学量身打造

本套丛书注重理论知识与实践操作的紧密结合，同时贯彻"理论+实例+实战"3 阶段教学模式，在内容选择、结构安排上更加符合读者的认知习惯，从而实现教师易教、学生易学的效果。丛书完全以高等院校、职业学校及各类社会培训学校的教学需要为出发点，紧密结合学科的教学特点，由浅入深地安排章节内容，循序渐进地完成各种复杂知识的讲解，使学生能够一学就会、即学即用。

➤ 版式紧凑，内容精炼，案例技巧精彩实用

本套丛书采用双栏紧排的格式，合理安排图与文字的占用空间，其中 290 多页的篇幅容纳了传统图书一倍以上的内容，从而在有限的篇幅内为读者奉献更多的计算机知识和实战案例。丛书内容丰富，信息量大，章节结构完全按照教学大纲的要求来安排，并细化了每一章内容，符合教学需要和计算机用户的学习习惯。书中的案例通过添加大量的"知识点滴"和"实用技巧"的注释方式突出重要知识点，使读者轻松领悟每一个案例的精髓所在。

➤ 书盘结合，素材丰富，全方位扩展知识能力

本套丛书附赠一张精心开发的多媒体教学光盘,其中包含了 18 小时左右与图书内容同步的视频教学录像。光盘采用真实详细的操作演示方式，紧密结合书中的内容对各个知识点进行深入的讲解，读者只需要单击相应的按钮，即可方便地进入相关程序或执行相关操作。附赠光盘收录书中实例视频、素材文件以及 3～5 套与本书内容相关的多媒体教学视频。

➤ 在线服务，贴心周到，方便教师定制教案

本套丛书精心创建的技术交流 QQ 群(101617400、2463548)为读者提供 24 小时便捷的在线交流服务和免费教学资源。便捷的教材专用通道(QQ：22800898)为教师量身定制实用的教学课件。老师也可以登录本丛书的信息支持网站(http://www.tupwk.com.cn/teaching)下载图书的相关教学资源。

本书内容介绍

《Illustrator CC 平面设计案例教程》是这套丛书中的一本，该书从读者的学习兴趣和实际需求出发，合理安排知识结构，由浅入深、循序渐进，通过图文并茂的方式讲解运用 Illustrator CC 进行平面设计的各种方法及技巧。全书共分为 10 章，主要内容如下。

第 1 章：介绍 Illustrator CC 的工作区设置、首选项设置、画板和页面设置，辅助工具使用方法，以及 Illustrator 的基本操作等内容。

第 2 章：介绍在 Illustrator CC 中，各种线条、形状的绘制方法及复杂路径创建的方法和技巧。

第 3 章：介绍在 Illustrator CC 中，对图形对象外观进行编辑操作的方法及技巧。

第 4 章：介绍在 Illustrator CC 中，设置图形对象填充与描边的操作方法及技巧。

第 5 章：介绍在 Illustrator CC 中，对图形对象进行编辑管理的操作方法及技巧。

第 6 章：介绍在 Illustrator CC 中，画笔工具与符号工具的运用方法及技巧。

第 7 章：介绍在 Illustrator CC 中，各种滤镜效果的应用方法及技巧。

第 8 章：介绍在 Illustrator CC 中，使用文字工具创建、编辑文字的操作方法及技巧。

第 9 章：介绍在 Illustrator CC 中，外观、图形样式和图层的设置方法及技巧。

第 10 章：介绍在 Illustrator CC 中，创建、编辑图表的操作方法及技巧。

读者定位和售后服务

本套丛书为所有从事计算机教学的教师和自学人员而编写，是一套适合于高等院校及各类社会培训学校的优秀教材，也可作为计算机初中级用户和计算机爱好者学习计算机知识的首选参考书。

如果您在阅读图书或使用电脑的过程中有疑惑或需要帮助，可以登录本丛书的信息支持网站(http://www.tupwk.com.cn/teaching)或通过 E-mail(wkservice@vip.163.com)联系，本丛书的作者或技术人员会提供相应的技术支持。

本书分为 10 章，其中河北科技大学的崔洪斌编写了 1～6 章，郑州工程技术学院的杜静芬编写了 7～10 章。另外，参加本书编写的人员还有陈笑、曹小震、高娟妮、李亮辉、洪妍、孔祥亮、陈跃华、杜思明、熊晓磊、曹汉鸣、陶晓云、王通、方峻、李小凤、曹晓松、蒋晓冬、邱培强等。由于作者水平所限，本书难免有不足之处，欢迎广大读者批评指正。我们的邮箱是 huchenhao@263.net，电话是 010-62796045。

最后感谢您对本丛书的支持和信任，我们将再接再厉，继续为读者奉献更多更好的优秀图书，并祝愿您早日成为计算机应用高手！

《计算机应用案例教程系列》丛书编委会

2016 年 4 月

目录

第1章

Illustrator CC 基础操作

Illustrator 是由 Adobe 公司开发的一款矢量图形软件。一经推出，便以强大的功能和人性化的界面深受用户的欢迎，并广泛应用于出版、多媒体和在线图像等领域。通过该软件，用户不但可以方便地制作出各种形状复杂、色彩丰富的图形和文字效果，还可以在同一版面中实现图文混排，甚至可以制作出极具视觉效果的图表。

 对应光盘视频

1.1　熟悉 Illustrator CC 工作区

　　Illustrator 是 Adobe 公司开发的一款基于矢量绘图的平面设计软件。Illustrator 具有强大的绘图功能，可以使用户根据需要自由使用其提供的多种绘图工具。例如，使用相应的几何形工具可以绘制简单几何形；使用铅笔工具可以徒手绘画；使用画笔工具可以模拟毛笔的效果，也可以使用【钢笔】工具绘制复杂的图案，还可以自定义笔刷等。用户绘制出基本图形后，利用 Illustrator 完善的编辑功能可以对图形进行编辑、组织、排列以及填充等操作创建复杂的图形对象。除此之外，Illustrator 还提供了丰富的滤镜和效果命令，以及强大的文字与图表处理功能。通过这些命令功能可以为图形对象添加一些特殊效果，进行文本、图表设计，使绘制的图形更加生动，从而增强作品的表现力。

　　Illustrator 的工作区是创建、编辑、处理图形和图像的操作平台，它由菜单栏、工具箱、控制面板、文档窗口以及状态栏等部分组成。启动 Illustrator CC 软件后，屏幕上将出现标准的工作区界面。

　　▶ 菜单栏：包括了【文件】、【编辑】、【对象】、【文字】、【选择】、【效果】、【视图】、【窗口】和【帮助】9 组命令菜单项。单击任何一项菜单项，在弹出的下拉菜单中选择所需命令，即可执行相应的操作。

　　▶ 工具箱：其中集合了 Illustrator CC 的大部分操作工具。工具箱可以折叠显示或展开显示。单击工具箱顶部的 ◀◀ 图标，可以将其折叠为单栏显示；单击 ▶▶ 图标，可以还原为双栏显示。将光标置于工具箱顶部，然后按住鼠标左键拖动，可以将工具箱设置为浮动状态。

　　▶ 控制面板：主要用于设置工具的参数选项，不同工具的控制面板显示不同。

　　▶ 面板堆栈：该区域主要用于放置常用的面板。通过单击该区域中的面板标签，可以将相应面板完整地显示出来。

　　▶ 文档窗口：所有图形的绘制、编辑均在该窗口中完成。

　　▶ 状态栏：用于显示当前文档的缩放比例、显示页面、显示内容等选项，并且用户可以通过设置相应的选项控制显示内容。

1.1.1　工具箱

　　在 Illustrator CC 中，工具箱是非常重要的功能组件，它包含了 Illustrator 中常用的绘制、编辑、处理的操作工具，例如【钢笔】工具、【选择】工具、【旋转】工具以及【网格】工具等。用户需要使用某个工具时，只需单击该工具即可。

　　由于工具箱大小的限制，许多工具并未直接显示在工具箱中，因此许多工具都隐藏在工具组中。在工具箱中，如果某一工具的右下角有黑色三角形，则表明该工具属于某一工具组，工具组中的其他工具处于隐藏状态。将鼠标移至工具图标上单击即可打开隐藏工具组；单击隐藏工具组后面的小三角按钮即可将隐藏工具组分离出来。

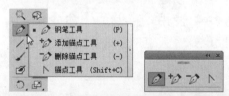

实用技巧

　　如果用户觉得通过将工具组分离出来选取工具太过繁琐，那么只要按住 Alt 键，在工具箱中单击工具图标即可进行隐藏工具的切换。

1.1.2　控制面板

Illustrator中的控制面板用来辅助工具箱中工具或菜单命令的使用，对图形或图像的修改起着重要的作用。灵活掌握控制面板的基本使用方法有助于帮助用户快速地进行图形编辑。

通过控制面板可以快速地访问、修改与所选对象相关的选项。默认情况下，控制面板位于菜单栏的下方。用户也可以通过单击控制面板最右侧的【面板菜单】按钮，在弹出的下拉菜单中选择【停放到底部】命令，将控制面板置于工作区的底端。

当控制面板中的选项文本为蓝色且带下划线时，用户可以单击选项文本以显示相关的面板或对话框。例如，单击【不透明度】选项，系统可显示【不透明度】面板。单击控制面板或对话框以外的任何位置均可关闭弹出的面板。

1.1.3　面板

要完成图形制作，面板的应用是不可或缺的。Illustrator 提供了大量的面板，其中常用的有图层、画笔、颜色、描边、渐变以及透明度等面板，通过这些面板可以帮助用户控制和修改图形外观。Illustrator 中常用的命令面板在打开工作区时，以图标的形式置于工作区的右侧，用户可以通过单击右上角【展开面板】按钮 来显示面板。

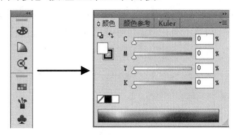

在面板的应用过程中，用户可以根据个人需要对面板进行自由的移动、拆分、组合以及折叠等操作。将鼠标移动到面板名称标签上单击并按住向后拖动，即可将选中的面板放置到面板组的后方。

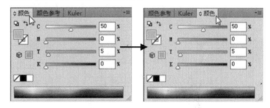

将鼠标放置在需要拆分的面板名称标签上单击并按住拖动，当出现蓝色突出显示的放置区域时，则表示拆分的面板将放置在此区域。

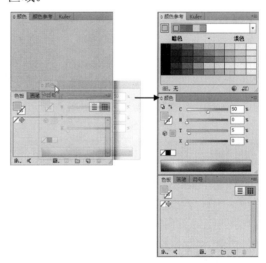

如果要组合面板，将鼠标置于面板名称标签上单击并按住拖动至需要组合的面板组中释放即可。

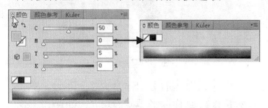

同时，用户也可以根据需要改变面板的大小，单击面板名称标签旁的⚪按钮，或双击面板标签，可显示或隐藏面板选项。

知识点滴

按键盘上的 Tab 键可以隐藏或显示工具箱、控制面板和常用命令面板。按 Shift+Tab 键可以隐藏或显示常用命令面板。

1.1.4 使用预设工作区

在工作区顶部的菜单栏中单击【切换预设工作区】按钮，在弹出的下拉菜单中可以选择系统预设的工作区；也可以通过【窗口】|【工作区】子菜单来选择合适的工作区。

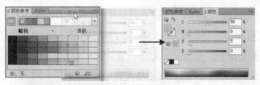

1.1.5 自定义工作区布局

在使用 Illustrator CC 进行操作时，可以使用应用程序提供的预设工作区，也可以使用用户自定义的工作区。

【例 1-1】自定义工作区。🔴视频

step 1 在Illustrator中，按照实际需要工作需要设置工作区布局。

step 2 选择【窗口】|【工作区】|【新建工作区】命令，打开【新建工作区】对话框。在该对话框的【名称】文本框中输入"常用设置工作区"，然后单击【确定】按钮。

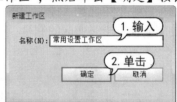

step 3 在工作区顶部单击【切换预设工作区】按钮即可选择存储的工作区。

1.1.6 自定义快捷键

在 Illustrator CC 中，用户除了可以使用应用程序设置的快捷键外，还可以根据个人的使用习惯创建、编辑、存储快捷键。

【例 1-2】自定义快捷键。🔴视频

step 1 在工作区中，选择【编辑】|【键盘快捷键】命令，打开【键盘快捷键】对话框。在【键集】选项下方的下拉列表中选择需要修改的【菜单命令】快捷键或【工具】快捷键。这里选择【工具】选项。

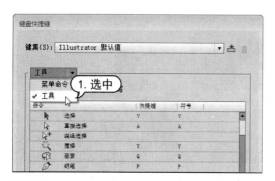

step 2 在下方列表框中选择所需的命令或工具，单击【快捷键】列中显示的快捷键，在显示的文本框中输入新的快捷键。

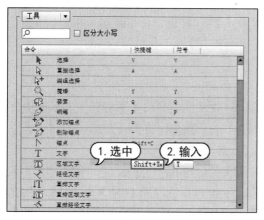

step 3 【键盘快捷键】对话框的【键集】选项右侧单击【存储...】按钮 ，打开【存储键集文件】对话框。在该对话框中的【名称】文本框中输入"自定义快捷键"，最后单击【确定】按钮，即可完成快捷键的自定义。

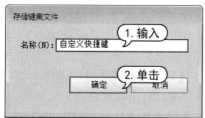

知识点滴

如果输入的快捷键已指定给另一命令或工具，在该对话框的底部将显示警告信息。此时，可以单击【还原】按钮以还原更改，或单击【转到冲突处】按钮以转到其他命令或工具并指定一个新的快捷键。在【符号】列中，可以输入要显示在命令或工具的菜单或工具提示中的符号。

1.1.7 更改屏幕模式

单击工具箱底部的【切换屏幕模式】按钮 ，在弹出的下拉菜单中可以选择屏幕显示模式。

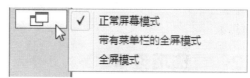

▶ 正常屏幕模式：在标准窗口中显示图稿，菜单栏位于窗口顶部，工具箱和面板堆栈位于两侧。按下键盘上的 Tab 键可隐藏控制面板、工具箱和面板堆栈。再次按下 Tab 键可再次将其显示。

▶ 带有菜单栏的全屏幕模式：在全屏窗口中显示图稿，在顶部显示菜单栏，工具箱和面板堆栈位于两侧，隐藏系统任务栏。

> ▶ 全屏模式：在全屏窗口中只显示图稿。

在【全屏模式】状态下，按下键盘上的 Tab 键可显示隐藏的菜单栏、控制面板、工具箱和面板堆栈。再次按下 Tab 键可再次将其隐藏。

在【全屏模式】状态下，还可以通过将鼠标移至工作区的边缘处稍作停留，即可显示隐藏的工具箱或面板堆栈。

在【带有菜单栏的全屏幕模式】和【全屏模式】下，按键盘上 Esc 键可以返回至【正常屏幕模式】。

1.2 首选项设置

在 Illustrator 中，用户可以通过【首选项】命令，对软件的各种参数进行设置，从而更加方便快速地进行绘制。选择【编辑】|【首选项】命令中的子菜单，打开【首选项】对话框中相应设置选项。

1.2.1 常规

选择【编辑】|【首选项】|【常规】命令，或按 Ctrl+K 键，打开【首选项】对话框中的【常规】选项。

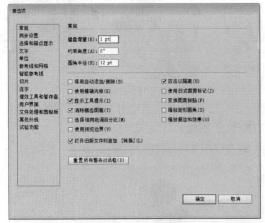

在【常规】选项中，【键盘增量】文本框用于设置使用键盘方向键移动对象时的距离大小，例如该文本框中默认的数值为 0.3528mm，该数值表示选择对象后按下键盘上的任意方向键一次，当前对象在工作区中将移动 0.3528mm 的距离。【约束角度】文本框用于设置页面工作区中所创建图形的角度，例如输入 30°，那么所绘制的任何图形均按照倾斜 30° 进行创建。【圆角半径】文本框用于设置工具箱中的【圆角矩形】工具绘制图形的圆角半径。【常规】选项中各主要复选框的作用分别如下。

> ▶ 【停用自动添加/删除】选项：选中该项后，若将光标置于所绘制路径上，【钢笔】工具将不能自动变换为【添加锚点】工具或者【删除锚点】工具。

> ▶ 【双击以隔离】选项：选中该项后，通过在对象上双击即可将该对象隔离。

> ▶ 【使用精确光标】选项：选中该项后，在使用工具箱中的工具时，将会显示一个十字框，这样可以进行更为精确的操作。

> ▶ 【使用日式裁剪标记】选项：选中该项后，将会产生日式裁切线。

> ▶ 【显示工具提示】选项：选中该选项后，如果把鼠标光标放在工具按钮上，将会显示该工具的简明提示。

▷【变换图案拼贴】选项：选中该项后，当对图样上的图形进行操作时，图样也会被执行相同的操作。

▷【消除锯齿图稿】选项：选中该项后，将会消除图稿中的锯齿。

▷【缩放描边和效果】选项：选中该项后，当调整图形时，边线也会被进行同样的调整。

▷【选择相同色调百分比】选项：选中该项后，在选择时，可选择线稿图中色调百分比相同的对象。

▷【使用预览边界】选项：选中该项后，当选择对象时，选框将包括线的宽度。

▷【打开旧版文件时追加[转换]】选项：选中该项后，如果打开以前版本的文件，则系统启用转换为新格式的功能。

1.2.2　选择和锚点显示

【选择和锚点显示】选项用于设置选择的容差和锚点的显示效果，选择【编辑】|【首选项】|【选择和锚点显示】命令，即可打开【首选项】对话框中的【选择和锚点显示】选项。

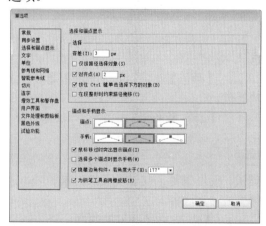

▷【鼠标移过时突出显示锚点】选项：选中复选框后，当移动鼠标经过锚点时，锚点会突出显示。

▷【选择多个锚点时显示手柄】选项：选中该复选框，在选择多个锚点后就会显示出手柄。

1.2.3　文字

【文字】选项用于根据个人使用习惯来设置个性的参数。选择【编辑】|【首选项】|【文字】命令，系统将打开【首选项】对话框的【文字】选项。

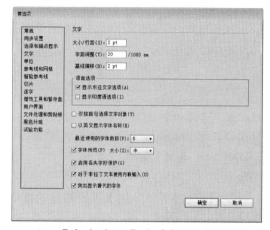

▷【大小/行距】文本框用于调整文字之间的行距。

▷【字距调整】文本框用于设置文字之间的间隔距离。

▷【基线偏移】文本框用于设置文字基线的位置。

▷【显示东亚文字选项】选项：当使用中文、日文和韩文工作时必须选中该复选框，这时可以在【字符】面板中使用相关控制亚洲字符的选项。

▷【仅按路径选择文字对象】选项：选中该复选框，可以通过直接单击文字路径的任何位置来选择该路径上的文字；

▷【以英文显示字体名称】选项：选中该复选框，【字符】面板中的【字体类型】下拉列表框中的字体名称将以英文方式显示。

1.2.4　单位

【单位】选项用于设置图形的显示单位和性能。选择【编辑】|【首选项】|【单位】命令，即可打开【首选项】对话框中的【单位】选项。

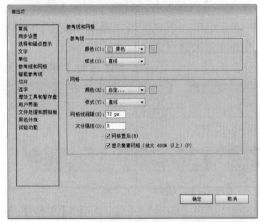

> ▶ 【常规】选项：用于设置标尺的度量单位。在 Illustrator 中共有 7 种度量单位，分别是 pt、毫米、厘米、派卡、英寸、Ha 和像素。

> ▶ 【描边】选项：用于设置边线的度量单位。

> ▶ 【文字】选项：用于设置文字的度量单位。

> ▶ 【东亚文字】选项：用于设置亚洲文字的度量单位。

1.2.5 参考线和网格

选择【编辑】|【首选项】|【参考线和网格】命令，即可打开【首选项】对话框中的【参考线和网格】选项。该选项用于设置参考线和网格的颜色和样式。

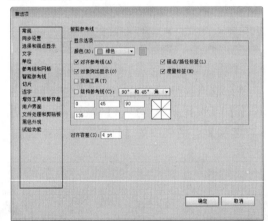

在【参考线】选项区域中，【颜色】选项用于设置参考线的颜色，也可以单击后面的

颜色框来设置颜色。【样式】选项用于设置参考线的类型，其中有直线和虚线两种。

在【网格】选项区域中，【颜色】选项用于设置参考线的颜色，也可以单击后面的颜色框来设置颜色。【样式】选项用于设置参考线的类型，有直线和虚线两种。【网格线间隔】选项用于设置网格线的间隔距离。【次分格线】选项用于设置网格线的数量。选中【网格置后】选项后，网格线位于对象的后面。【显示像素网格】选项用于设置显示像素网格。

1.2.6 智能参考线

选择【编辑】|【首选项】|【智能参考线】命令，即可打开【首选项】对话框中的【智能参考线】选项。

> ▶ 【颜色】选项：用于指定智能参考线的颜色。

> ▶ 【对齐参考线】选项：选中该复选框，可显示沿着几何对象、画板、出血的中心和边缘生成的参考线。当移动对象、绘制基本形状、使用钢笔工具以及变换对象等时，也将生成参考线。

> ▶ 【锚点/路径标签】选项：选中该复选框，可在路径相交或路径居中对齐锚点时显示信息。

> ▶ 【对象突出显示】选项：选中该复选框，可在对象周围拖移时突出显示指针下的对象。突出显示颜色与对象的图层颜色匹配。

> ▶ 【度量标签】选项：选中该复选框后，

将光标置入某个锚点上时，可为许多工具显示有关光标当前位置的信息。创建、选择、移动或变换对象时，可显示相对于对象原始位置的 X 轴和 Y 轴偏移量。如果使用绘图工具时，按住 Shift 键，则将显示起始位置。

➤ 【变换工具】选项：选中该复选框，可在比例缩放、旋转和倾斜对象时显示信息。

➤ 【结构参考线】选项：选中该复选框，可在绘制新对象时显示参考线。此时可以指定从附近对象的锚点绘制参考线的角度，最多可以设置 6 个角度。在选中的角度文本框中输入一个角度、从【结构参考线】复选框右侧的下拉列表中选择一组角度或者从下拉列表框中选择一组角度并更改文本框中的一个值以自定一组角度。

➤ 【对齐容差】选项：指定使【智能参考线】生效的指针与对象之间的距离。

1.2.7 增效工具和暂存盘

【增效工具和暂存盘】选项用于设置如何使系统更有效率，以及文件的暂存盘设置。选择【编辑】|【首选项】|【增效工具和暂存盘】命令，即可打开【首选项】对话框中的【增效工具和暂存盘】选项。

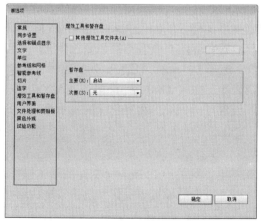

用户可以在该选项选中【其他增效工具文件夹】复选框后，单击【选取】按钮，在打开的【新建的其他增效工具文件夹】对话框中设置增效工具文件夹的名称与位置。

在【暂存盘】选项区域中，用户可以

设置系统的主要和次要暂存盘存放位置。但需要注意的是，尽量将系统盘作为第一启动盘，这样可以避免因频繁的读写硬盘数据而影响操作系统的运行效率。暂存盘的作用是当 Illustrator 处理较大的图形文件时，将暂存盘设置的磁盘空间作为缓存，以存放数据信息。

1.2.8 用户界面

【用户界面】选项用于设置用户界面的颜色深浅，用户可以根据个人的喜好进行设置。选择【编辑】|【首选项】|【用户界面】命令，即可打开【首选项】对话框中的【用户界面】选项。

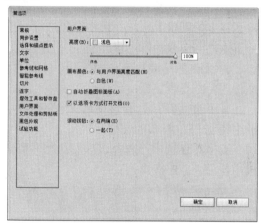

用户可以通过拖动【亮度】选项的滑块来调整用户界面的颜色深浅。

如果选中【自动折叠图标面板】选项，则在原来面板的位置单击时，将自动折叠展开的面板。如果选中【以选项卡方式打开文档】选项，则在打开多个文档时，文档窗口将以选项卡的方式显示。

1.2.9 文件处理和剪贴板

【文件处理与剪贴板】选项用于设置文件和剪贴板的处理方式。选择【编辑】|【首选项】|【文件处理与剪贴板】命令，即可打开【首选项】对话框中的【文件处理与剪贴板】选项。

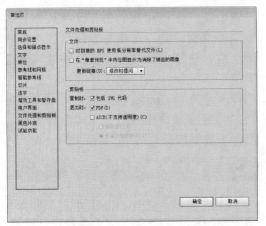

> 【对链接的 EPS 文件使用低分辨率替代文件】选项：选中该复选框，可允许在链接 EPS 时使用低分辨显示。

> 【在"像素预览"中将位图显示为消除了锯齿的图像】选项：选中该复选框，可将置入位图图像消除锯齿。

> 【更新链接】选项：用于设置在链接文件改变时是否更新文件。

> PDF 选项：选择该项后，允许在剪贴板中使用 PDF 格式的文件。

> AICB 选项：选择该项后，允许剪贴板中使用 AICB 格式的文件。

1.2.10　黑色外观

在 Illustrator 和 InDesign 中，在进行屏幕查看、打印到非 PostScript 桌面打印机或者导出为 RGB 文件格式时，纯 CMYK 黑 (K=100)将显示为墨黑(复色黑)。如果要查看商业印刷商打印出来的纯黑和复色黑的差

异，可以在【黑色外观】设置选项中进行设置。选择【编辑】|【首选项】|【黑色外观】命令，即可打开【首选项】对话框中的【黑色外观】选项。

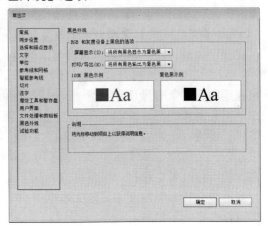

> 【屏幕显示】选项：该下拉列表中【精确显示所有黑色】选项将纯 CMYK 黑显示为深灰 。此设置允许用户查看纯黑和复色黑之间的差异。【将所有黑色显示为复色黑】选项将纯 CMYK 黑显示为墨黑(R=0 G=0 B=0)。此设置可确保纯黑和复色黑在屏幕上的显示相同。

> 【打印/导出】选项：如果打印到非 PostScript 桌面打印机或者导出为 RGB 文件格式时，选择【精确输出所有黑色】选项，则使用文档中的颜色值输出纯 CMYK 黑。此设置允许用户查看纯黑和复色黑之间的差异。选择【将所有黑色输出为复色黑】选项，则以墨黑(R=0 G=0 B=0)输出纯 CMYK 黑。此设置可确保纯黑和复色黑的显示相同。

1.3　Illustrator 的基本操作

用户在学习使用 Illustrator 绘制图形之前，应该需要了解关于 Illustrator 文件的基本操作，如文件的新建、打开、保存、关闭、置入、导出、以及页面的设置等操作。熟悉并掌握这些基本操作后，可以帮助用户更好地进行设计与制作。

1.3.1　新建文件

在 Illustrator 中需要制作一个新文件时，可以使用【新建文档】命令新建一个空白绘图窗口，也可以使用【从模板新建】命令新

建一个包含基础对象的文档。

1. 使用【新建】命令

选择菜单栏中的【文件】|【新建】命令，在打开【新建文档】对话框中进行参数设置，

即可创建新文档。

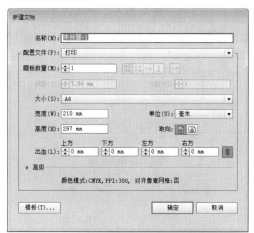

在【新建文档】对话框中，【画板数量】右侧的按钮用来指定文档画板在工作区中的排列顺序。

➤ 单击【按行设置网格】按钮🔲，可以在指定数目的行中排列多个画板。

➤ 单击【按列设置网格】按钮🔲，可以在指定数目的列中排列多个画板。

➤ 单击【按行排列】按钮↦，可将画板排列成一个直行。

➤ 单击【按列排列】按钮↧，可将画板排列成一个直列。

➤ 单击【更改为从右到左布局】按钮→，可按指定的行或列格式排列多个画板，但按从右到左的顺序显示它们。

➤ 【间距】数值用于指定画板之间的默认间距。此设置同时应用于水平间距和垂直间距。

【例 1-3】在 Illustrator 中，创建空白文档。

📀 视频+素材 (光盘素材\第 01 章\例 1-3)

step 1 启动Illustrator，选择菜单栏中的【文件】|【新建】命令，或按Ctrl+N键，打开【新建文档】对话框。

step 2 在【新建文档】对话框的【名称】文本框中输入"彩插"。在【画板数量】数值框中输入4，然后单击【按行设置网格】按钮↦，并设置【间距】数值为 5 mm。

step 3 在【大小】下拉列表中选择B5 选项，为所有画板指定默认大小、度量单位。单击【纵向】按钮设置文档布局，在【出血】数值框中指定画板每一侧的出血位置为 3 mm。要对画板每边使用不同的出血数值，可单击按钮断开链接。

大小(S):	B5		
宽度(W):	182 mm	单位(U):	毫米
高度(H):	257 mm	取向:	
	上方	下方	左方	右方
出血(L):	3 mm	3 mm	3 mm	3 mm

step 4 单击【高级】选项左侧的▶按钮，打开设置选项。在【颜色模式】下拉列表中选择CMYK颜色模式，在【栅格效果】下拉列表中选择【高(300ppi)】选项。

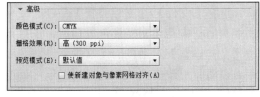

step 5 设置完成后，单击【新建文档】对话框底部的【确定】按钮，即可按照设置在工作区中创建文档。

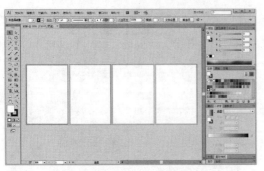

2. 从模板新建

选择【文件】|【从模板新建】命令，或使用快捷键 Shift+Ctrl+N，可以打开【从模板新建】对话框。在该对话框中选中要使用的模板文档，即可创建一个模板文档。在该模板文档的基础上通过修改和添加新元素，最终得到一个新文档。

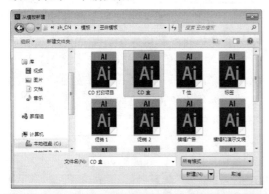

📎 **实用技巧**

在【新建文档】对话框中，用户还可以通过单击【模板】按钮，打开【从模板新建】对话框，选择预置的模板样式新建文档。

1.3.2 使用文档设置

选择【文件】|【文档设置】命令，或单击控制面板中的【文档设置】按钮，在打开的【文档设置】对话框的【常规】设置选项中可以随时更改文档的默认设置选项，如度量单位、透明度网格显示、文字设置等参数。

▶ 在【单位】下拉列表中选择不同的选项，定义调整文档时使用的单位。

▶ 在【出血】选项组的 4 个文本框中，设置上方、下方、左方、和右方文本框中的参

数，重新调整出血线的位置。通过单击【链接】按钮，可以统一所有方向的出血线的位置。

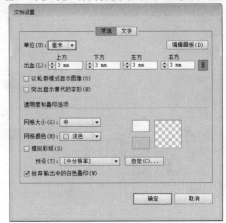

▶ 通过单击【编辑画板】按钮，可以对文档中的画板进行重新调整。

▶ 选中【以轮廓模式显示图像】复选框时，文档将只显示图像的轮廓线，从而节省计算的时间。

▶ 选中【突出显示替代的字形】复选框时，将突出显示文档中被代替的字形。

▶ 在【网格大小】下拉列表中选择不同的选项，可以定义透明网格的颜色，如果列表中的选项都不是要使用的，可以在右侧的两个颜色按钮中进行调整，重新定义自定义的网格颜色。

▶ 如果计划在彩纸上打印文档，则选中【模拟彩纸】复选框。

▶ 在【预设】下拉列表中选中不同的选项，可以定义导出和剪贴板透明度拼合器的设置。

在【文档设置】对话框的上部单击【文字】按钮，可以显示【文字】设置选项。

▶ 当选中【使用弯引号】复选框时，文档将采用中文中的引号效果，并不是使用英文中的直引号，反之则效果相反。

▶ 在【语言】下拉列表中选择不同的选项，可以定义文档中文字的检查语言规则。

▶ 在【双引号】和【单引号】下拉列表中选择不同的选项，可以定义相应引号的样式。

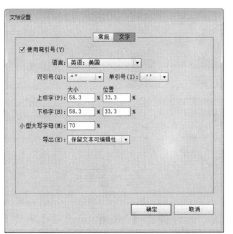

> 在【上标字】和【下标字】两个选项中，调整【大小】和【位置】中的参数。从而定义相应角标的尺寸和位置。

> 在【小型大写字母】文本框中输入相应的数值，可以定义小型大写字母占原始大写字母尺寸的百分比。

> 在【导出】下拉列表中选择不同的选项，可以定义导出后文字的状态。

1.3.3　打开文件

要对已有的文件进行处理就需要将其在Illustrator 中打开。选择【文件】|【打开】命令，或按快捷键 Ctrl+O，在弹出的【打开】对话框中双击选择需要打开的文件名，即可将其打开。

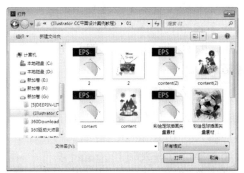

1.3.4　恢复、关闭文件

选择【文件】|【恢复】命令，或使用快捷键 F12，可以将文件恢复到上次存储的版本。但如果已关闭文件，再将其重新打开，则无法执行此操作。

要关闭文档可以选择菜单栏中的【文件】|【关闭】命令，或按快捷键 Ctrl+W，或直接单击文档窗口右上角的【关闭】按钮。

1.3.5　存储文件

要存储图形文档，可以选择菜单栏中的【文件】|【存储】、【存储为】、【存储副本】或【存储为模板】命令。

> 【存储】命令用于保存操作结束前未进行过保存的文档。选择【文件】|【存储】命令或使用快捷键 Ctrl+S，打开【存储为】对话框。

> 【存储为】命令可以对编辑修改后保存时又不想覆盖原文档的文档进行另存。选择【文件】|【存储为】命令或使用快捷键 Shift+Ctrl+S 键，打开【存储为】对话框。

> 【存储副本】命令可以将当前编辑效果快速保存并且不会改动原文档。选择【文件】|【存储副本】命令或使用快捷键 Ctrl+Alt+S 键，打开【存储副本】对话框。

> 【存储为模板】命令可以将当前编辑效果存储为模板，以便其他用户创建、编辑文档。选择【文件】|【存储为模板】命令，打开【存储为】对话框。

【例 1-4】在 Illustrator CC 中，使用【存储为】命令将修改过的图形文件进行另存。
视频+素材 (光盘素材\第 01 章\例 1-4)

step 1 选择菜单栏中的【文件】|【从模板新

建】命令，在【从模板新建】对话框中选择
"技术"文件夹中的"信纸"文件，然后单击
【新建】按钮从模板新建文件。

step 2 在【画板】面板中，双击Folder画板，
在绘图窗口中显示该画板内容。

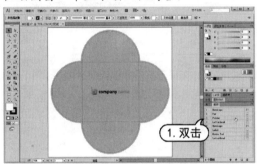

step 3 使用工具箱中的【选择】工具，选中
图形对象，并在【透明度】面板中设置【不
透明度】为50%。

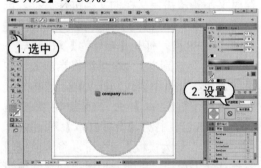

step 4 选择菜单栏中的【文件】|【存储为】
命令，打开【存储为】对话框。在【保存在】
下拉列表框中选择文件夹保存。在【文件名】
文本框中，将文件名称更改为"信纸 副本"，
保存类型选择Adobe Illustrator (*.AI)选项。
设置完成后，单击【保存】按钮。

step 5 此时弹出【Illustrator选项】对话框，
这里使用默认设置，然后单击【确定】按钮，
即可将修改后的文档另存。

1.3.6　置入、导出文件

Illustrator CC 具有良好的兼容性，利用
Illustrator 的【置入】与【导出】功能，可以
置入多种格式的图形图像文件为 Illustrator
所用，也可以将 Illustrator 的文件以其他的图
像格式导出为其他软件所用。

1. 置入文件

置入文件是为了把其他应用程序创建的
文件输入到 Illustrator 当前编辑的文件中。置
入的文件可以嵌入到 Illustrator 文件中，成为
当前文件的构成部分；也可以与 Illustrator
文件建立链接。在 Illustrator 中，选择【文件】
|【置入】命令打开【置入】对话框，选择所
需的文件，然后单击【置入】按钮即可将选
择的文件置入到 Illustrator 文件中。

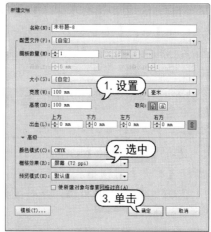

在该对话框中，选中【链接】复选框，被置入的图形或图像文件与 Illustrator 文档保持独立，最终形成的文档不会太大，当链接的原文件被修改或编辑时，置入的链接文件也会自动修改更新。若不选择此项，置入的文件会嵌入到 Illustrator 文档中，该文件的信息将完全包含在 Illustrator 文档中，形成一个较大的文件，并且当链接的文件被编辑或修改时，置入的文件不会自动更新。

选中【模板】复选框，可以将置入的图形或图像创建为一个新的模板图层，并用图形或图像的文件名称为该模板命名。

如果在置入图形或图像文件之前，选中【替换】复选框，页面中有被选取的图形或图像，将用新置入的图形或图像替换被选取的原图形或图像。页面中如没有被选取的对象，此选项不可用。

【例 1-5】在 Illustrator 中置入 EPS 格式文件。
视频+素材（光盘素材第 01 章\例 1-5）

step 1　在 Illustrator 中，选择【文件】|【新建】命令，打开【新建文档】对话框。在该对话框中，设置【宽度】和【高度】均为 100 mm，在【栅格效果】下拉列表中选择【屏幕(72ppi)】选项，然后单击【确定】按钮新建一个空白文档。

step 2　选择菜单栏中的【文件】|【置入】命令，打开【置入】对话框。在该对话框中，选择要置入的图形文件，然后单击【置入】按钮，即可将选取的文件置入到页面中。

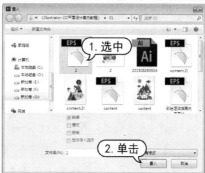

step 3　使用【选择】工具在画板中单击，置入图像将光标移动放置在置入图像边框上，当光标变为双向箭头时，可以按住鼠标并拖动放大或缩小图像。设置完成后，单击控制面板上的【嵌入】按钮，即可将图像嵌入到文档中。

2. 导出文件

有些应用程序中不能打开 Illustrator 文件，在这种情况下，可以在 Illustrator 中把文件导出为其他应用程序可以支持的格式，这样就可以在其他应用程序中打开这些文件

了。在 Illustrator 中，选择【文件】|【导出】命令，打开【导出】对话框。在对话框中设置文件名称和文件格式，然后单击【保存】按钮即可导出文件。

【例1-6】在 Illustrator 中选择打开图形文档，并将文档以 TIFF 格式导出。

视频+素材 (光盘素材第01章\例1-6)

step ① 选择菜单栏中的【文件】|【打开】命令，打开【打开】对话框。在【打开】对话框中选择 01 文件夹下的文档，单击【打开】按钮打开文档。

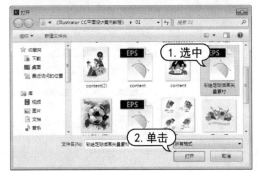

step ② 选择菜单栏的【文件】|【导出】命令，即弹出【导出】对话框。在打开对话框中，在【保存在】下拉列表中选择导出文件的位置。在【文件名】文本框中重新输入文件名称。在【保存类型】下拉列表框中选择 TIFF(*.TIF)格式，然后单击【导出】按钮。

step ③ 在打开的【TIFF选项】对话框中，设置选项后，单击【确定】按钮，即可完成图形的输出操作。

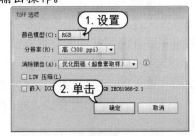

1.4　多个画板与页面显示

在 Illustrator 中，画板表示包含可打印图稿的区域，可以将画板作为裁剪区域以满足打印或置入的需要。每个文档可以有 1～100 个画板。用户可以在新建文档时指定文档的画板数，也可以在处理文档的过程中随时添加和删除画板。

1.4.1　使用多个画板

在 Illustrator 中，可以创建大小不同的画板，并且使用【画板】工具可以调整画板大小，还可以将画板放在屏幕上任何位置，甚至可以使它们彼此重叠。双击工具箱中的【画板】工具，或单击【画板】工具，然后单击控制面板中的【画板选项】按钮打开【画板选项】对话框，在该对话框中进行相应的画板参数的设置。

▶ 【预设】选项组：用于指定画板尺寸。用户可以在【预设】下拉列表中选择预设的画板大小。也可以在【宽度】和【高度】选项中指定画板大小。【方向】选项用于指定横向和纵向的页面方向。X 和 Y 选项用于根据 Illustrator 工作区标尺来指定画板位置。如果手动调整画板大小，选中【约束比例】复选框则可以保持画板长宽比不变。

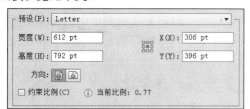

> 【显示】选项组：【显示中心标记】选项用于在画板中显示中心点位置。【显示十字线】选项用于显示通过画板每条边中心的十字线。【显示视频安全区域】选项用于显示参考线，这些参考线表示位于可查看的视频区域内的区域。用户需要将必须能够查看的所有文本和图稿都放在视频安全区域内。【视频标尺像素长宽比】选项用于指定画板标尺的像素长宽比。

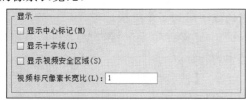

> 【全局】选项组：【渐隐画板之外的区域】：当【画板】工具处于现用状态时，显示的画板之外区域比画板内的区域暗。【拖动时更新】：用于在拖动画板以调整其大小时，使画板之外的区域变暗。

【例 1-7】在 Illustrator 中创建新画板。
视频+素材（光盘素材第 01 章例 1-7）

step 1　选择菜单栏中的【文件】|【打开】命令，打开【打开】对话框。在【打开】对话框中选择 01 文件夹下的文档，然后单击【打开】按钮打开文档。

step 2　单击【画板】工具，然后在控制面板上单击【新建画板】按钮，然后在页面中需要创建画板的位置单击，即可创建新画板。

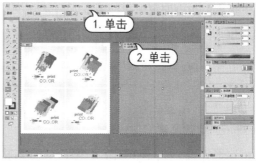

step 3　创建成功后要确认该画板并退出画板编辑模式，可单击工具箱中的其他工具或按 Esc 键。

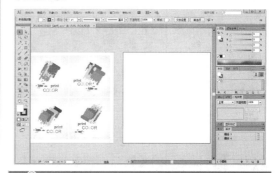

实用技巧

　要在现用画板中创建画板，可以按住 Shift 键并使用【画板】工具拖动。要复制带内容的画板，可选择【画板】工具，单击选项栏上的【移动/复制带画板的图稿】按钮，按住 Alt 键然后拖动。

1.4.2　使用【画板】面板

在【画板】面板中可以对画板进行添加、重新排序、重新排列和删除面板、重新排序和重新编号、在多个画板之间进行选择和导航等操作。选择【窗口】|【画板】命令，打开【画板】面板。

1. 新建画板

单击【画板】面板底部的【新建画板】按钮 ，或从【面板】面板菜单中选择【新建画板】命令即可新建面板。

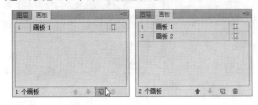

2. 复制画板

选择要复制一个或多个画板，将其拖动到【画板】面板的【新建面板】按钮上，即可快速复制一个或多个画板。或选择【画板】面板菜单中的【复制画板】命令即可。

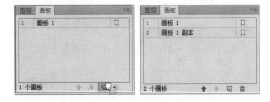

3. 删除画板

如果要删除画板，在选中画板后，单击【画板】面板底部的【删除画板】按钮 ，或选择【画板】面板菜单中的【删除画板】命令即可。若要删除多个连续的画板，按住 Shift 键单击【画板】面板中列出的画板，再单击【删除画板】按钮。若要删除多个不连续的画板，按住 Ctrl 键并在【画板】面板上单击画板，然后单击【删除画板】按钮。

4. 排列画板

若要重新排列【画板】面板中的画板，可以选择【画板】面板菜单中的【重新排列画板】命令，在打开的对话框中进行相应的设置。

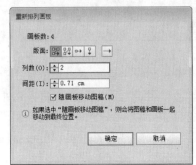

> 【按行设置网格】按钮 ：在指定的行数中排列多个画板。

> 【按列设置网格】按钮 ：在指定的列数中排列多个画板。

> 【按行排列】按钮 ：将所有画板排列为一行。

> 【按列排列】按钮 ：将所有画板排列为一列。

> 【更改为从右至左的版面】按钮 /【更改为从左至右的版面】按钮 ：将画板从左至右或从右至左排列。默认情况下，画板从左至右排列。

> 【列数】/【行数】数值框：指定多个画板排列的列数或行数。

> 【间距】数值框：指定画板间的间距。该设置同时应用于水平间距和垂直间距。

> 【随画板移动图稿】复选框：选中该项，更改画板位置时，同时移动图稿。

1.4.3 文件的显示状态

在 Illustrator 中，图形对象有两种显示的状态，一种是预览显示，另一种是轮廓显示。在预览显示的状态下，图形会显示全部的色彩、描边，文本以及置入图像等构成信息。而选择菜单栏【视图】|【轮廓】命令，或按快捷键 Ctrl+Y 可将当前所显示的图形以无

填充、无颜色、无画笔效果的原线条状态显示。利用此种显示模式，可以加快显示速度。如果要返回预览显示状态，选择【视图】|【预览】命令即可。

1.4.4　查看文件

使用 Illustrator 打开多个文件时，选择合理的查看方式可以更好地对图像进行浏览或编辑。查看方式有多种，用户可以通过【视图】命令，或【缩放】工具、【抓手】工具，或【导航器】面板进行查看。

1. 使用【视图】命令

在 Illustrator CC 中的【视图】菜单中，提供了几种浏览图像的方式。

▶ 选择【视图】|【放大】命令，可以放大图像显示比例到下一个预设百分比。

▶ 选择【视图】|【缩小】命令，可以缩小图像显示到下一个预设百分比。

▶ 选择【视图】|【画板适合窗口大小】命令，可以将当前画板按照屏幕尺寸进行缩放。

▶ 选择【视图】|【全部适合窗口大小】命令，可以查看窗口中的所有内容。

▶ 选择【视图】|【实际大小】命令，可以以 100%比例显示文件。

2. 使用工具浏览

在 Illustrator CC 中提供了两个用于浏览视图的工具，一个是用于图像缩放的【缩放】工具，另一个是用于移动图像显示的【抓手】工具。

选择工具箱中的【缩放】工具 在工作区中单击，即可放大图像。按住 Alt 键再使用【缩放】工具单击，可以缩小图像。用户也可以选择【缩放】工具后，在需要放大的区域拖动出一个虚线框，然后释放鼠标即可放大选中的区域。

在放大显示的工作区域中观察图形时，经常还需要观察文档窗口以外的视图区域。因此，需要通过移动视图显示区域来进行观察。如果需要实现该操作，用户可以选择工具箱中的【抓手】工具 ，然后在工作区中按下并拖动鼠标，即可移动视图显示画面。

> **知识点滴**
>
> 使用键盘快捷键也可以快速地放大或缩小窗口中的图形。按 Ctrl++键可以放大图形，按 Ctrl+-键可以缩小图形。按 Ctrl+0 键可以使画板适合窗口显示。

3. 使用【导航器】面板

在 Illustrator CC 中，通过【导航器】面板，用户不仅可以很方便地对工作区中所显示的图形对象进行移动观察，还可以对视图显示的比例进行缩放调节。通过选择菜单栏中的【窗口】|【导航器】命令，即可显示或隐藏【导航器】面板。

【例1-8】在Illustrator中，使用【导航器】面板改变图形文档显示比例和区域。

🎬 视频+素材 (光盘素材第01章例1-8)

step 1 选择【文件】|【打开】命令，在打开的【打开】对话框中选中一个图形文档，然后单击【打开】按钮将其在Illustrator中打开。

step 2 选择菜单栏中的【窗口】|【导航器】命令，可以在工作区中显示【导航器】面板。

step 3 在【导航器】面板底部【显示比例】文本框中直接输入150%，然后按Enter键应用设置，改变图像文件窗口的显示比例。

step 4 单击选中【显示比例】文本框右侧的缩放比例滑块，并按住鼠标左键进行拖动至适合位置释放左键，以调整图像文件窗口的

显示比例。向左移动缩放比例滑块时，可以缩小画面的显示比例；向右移动缩放比例滑块，可以放大画面的显示比例。在调整画面显示时，【导航器】面板中的红色矩形框也会同时进行相应的缩放。

step 5 【导航器】面板中的红色矩形框表示当前窗口显示的画面范围。当把光标移动至【导航器】面板预览窗口中的红色矩形框内，光标会变为手形标记🖑，按住并拖动手形标记，即可通过移动红色矩形框来改变放大的图像文件窗口中显示的画面区域。

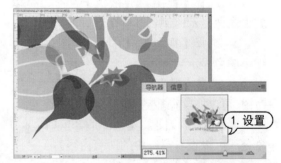

1.5 辅助工具

在Illustrator中，通过使用标尺、参考线、网格，用户可以更精确地放置对象，也可以通过自定义标尺、参考线和网格为绘图带来便利。

1.5.1 标尺

在工作区中，标尺由水平标尺和垂直标尺两部分组成。通过使用标尺，用户不仅可

以很方便地测量出对象的大小与位置，还可以结合从标尺中拖动出的参考线准确地创建和编辑对象。

1. 使用标尺

在默认情况下，工作区中的标尺处于隐藏状态。选择【视图】|【标尺】|【显示标尺】命令，或按快捷键 Ctrl+R 键，可以在工作区中显示标尺。

如果要隐藏标尺，可以选择【视图】|【标尺】|【隐藏标尺】命令，或按快捷键 Ctrl+R 即可。

在 Illustrator 中，包含全局标尺和画板标尺两种标尺。全局标尺显示在绘图窗口的顶部和左侧，默认标尺原点位于绘图窗口的左上角。画板标尺的原点则位于画板的左上角，并且在选中不同画板时，画板标尺也会发生变化。

若要在画板标尺和全局标尺之间进行切换，选择【视图】|【标尺】|【更改为全局标尺】命令或【视图】|【标尺】|【更改为画板标尺】命令即可。默认情况下显示画板标尺。

2. 更改标尺原点

在每个标尺上显示 0 的位置称为标尺原点。要更改标尺原点，将鼠标指针移至标尺左上角标尺相交处，然后按住鼠标左键，将鼠标指针拖到所需的新标尺原点处，释放左键即可。当进行拖动时，窗口和标尺中的十字线会指示不断变化的全局标尺原点。要恢复默认标尺原点，双击左上角的标尺相交处即可。

3. 更改标尺单位

在标尺中只显示数值，不显示数值单位。如果要调整标尺单位，可以在标尺上任意位置右击，在弹出的快捷菜单中选择要使用的单位选项，标尺的数值会随之发生变化。

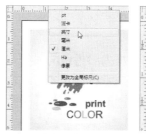 

1.5.2　参考线

参考线可以帮助对齐文本和图形对象。在 Illustrator 中，用户可以创建自定义的垂直或水平标尺参考线，也可以将矢量图形转换为参考线对象。

1. 创建参考线

要创建参考线，只需将光标放置在水平或垂直标尺上，按住鼠标左键，从标尺上拖动出参考线到画板中即可。

要将矢量图形转换为参考线对象，可以在选中矢量对象后，选择【视图】|【参考线】|【建立参考线】命令；或右击矢量对象，在弹出的快捷菜单中选择【建立参考线】命令；或按快捷键 Ctrl+5，将矢量对象转换为参考线。

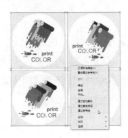
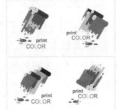

2. 释放参考线

释放参考线是将转换为参考线的路径恢复到原来的路径状态，或者将标尺参考线转化为路径，选择菜单栏中的【视图】|【参考线】|【释放参考线】命令即可。

需要注意是，在释放参考线前需确定参考线未被锁定。释放标尺参考线后，参考线变成边线色为无色的路径，用户可以任意改变它的描边填色。

3. 解锁参考线

在默认状态下，文件中的所有参考线都处于锁定状态，锁定的参考线不能够被移动。选择【视图】|【参考线】|【锁定参考线】命令，取消命令前的 ✔，即可解除参考线的锁定。重新选择此命令可将参考线重新锁定。

1.5.3　智能参考线

智能参考线是创建或操作对象、画板时显示的临时对齐参考线。通过显示对齐、X、Y 位置和偏移值，智能参考线可帮助用户参照其他对象或画板来对齐、编辑和变换对象或画板。选择【视图】|【智能参考线】命令，或按快捷键 Ctrl+U，即可启用智能参考线功能。

用户可以通过设置【智能参考线】首选项来指定显示的智能参考线和反馈的信息。

在【对齐网格】或【像素预览】选项打开时，无法使用【智能参考线】选项。

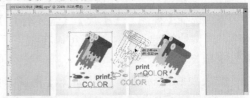

1.5.4　网格

网格在输出或印刷时是不可见的，但对于图像的放置和排版非常重要。在创建和编辑对象时，用户可以通过选择【视图】|【显示网格】命令，或按快捷键 Ctrl+" 键在文档中显示网格。如果要隐藏网格，选择【视图】|【隐藏网格】命令即可隐藏网格。网格的颜色和间距可通过【首选项】|【参考线和网格】命令进行设置。

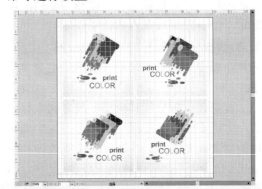

【例 1-9】在 Illustrator 中显示并设置网格。
视频+素材 (光盘素材\第 01 章\例 1-9)

step 1 选择菜单栏中的【文件】|【打开】命令，在【打开】对话框中选择图形文档，然后单击【打开】按钮打开文档。

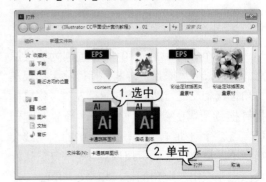

step 2 选择菜单栏中的【视图】|【显示网格】命令，或者按下Ctrl+"键，即可在工作界面中显示网格。

step 3 选择菜单栏中的【编辑】|【首选项】|【参考线和网格】命令，在打开的【首选项】对话框的【参考线和网格】选项中，设置与调整网格参数。在【颜色】下拉列表中选择【自定】选项，打开【颜色】对话框。在【基本颜色】选项组中选择桃红色，然后单击【确定】按钮关闭【颜色】对话框，将网格颜色更改为桃红色。

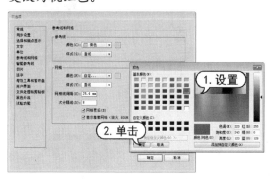

step 4 在【首选项】对话框中的【网格线间

隔】文本框用于设置网格线之间的间隔距离。【次分隔线】文本框用于设置网格线内再分割网格的数量。设置【网格线间隔】为 20 mm，【次分隔线】数值为 5，然后单击【确定】按钮即可将所设置的参数应用到文件中。

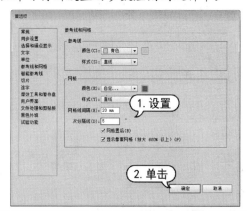

> **实用技巧**
>
> 在显示网格后，选择菜单栏中的【视图】|【对齐网格】命令，即可在创建和编辑对象时自动对齐网格，以实现操作的准确性。想要取消对齐网格的效果，只需再次选择【视图】|【对齐网格】命令即可。

1.6 案例演练

本章案例演练部分通过制作商业名片模板文件的综合实例操作，使用户通过练习从而巩固本章所学的 Illustrator 基础操作知识。

【例 1-10】制作商业名片模板。

视频+素材 (光盘素材\第 01 章\例 1-10)

step 1 选择【文件】|【新建】命令，打开【新建文档】对话框。在该对话框的【名称】文本框中输入"商业名片模板"，设置【宽度】和【高度】均为 150 mm，然后单击【确定】

按钮新建空白文档。

step 2 选择【矩形】工具在画板上单击，打开【矩形】对话框。设置【宽度】为 90 mm，【高度】为 55 mm，然后单击【确定】按钮创建矩形。

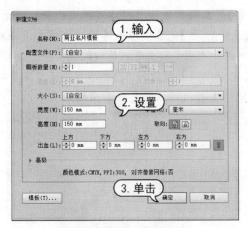

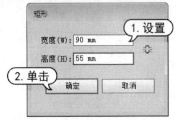

选择【效果】|【风格化】|【投影】命令，打开【投影】对话框。设置【X 位移】和【Y 位移】均为 0.4 mm，【模糊】为 1 mm，然后单击【确定】按钮。

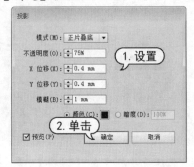

step 6 使用【多边形】工具在画板上单击，在弹出的【多边形】对话框中，设置【半径】为 6 mm，【边数】数值为 6，再单击【确定】按钮。在【颜色】面板中，设置多边形的填色为 C=77 M=29 Y=0 K=0。

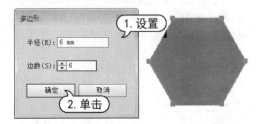

step 3 使用【选择】工具选中刚绘制的矩形，并按住 Ctrl+Alt+Shift 键移动并复制矩形。

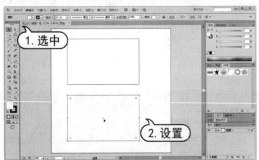

step 7 选择【直接选择】工具，在控制面板中设置多边形的【边角】为 1 mm。

step 4 使用【选择】工具选中两个矩形，并单击控制面板中的【对齐】选项，打开【对齐】面板。设置【对齐】选项为【对齐画板】，然后单击【水平居中对齐】按钮。

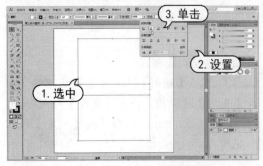

step 8 单击控制面板上【变换】选项，打开【变换】面板。在面板中设置【旋转】为 90°。

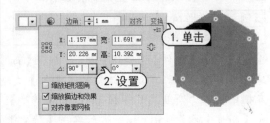

step 5 在工具箱中设置矩形的描边色为无，

step⑨ 选择【文字】工具在画板上单击，并在控制面板中设置字体系列为Myriad Pro Bold，字体大小为 19pt，在【颜色】面板中设置填色为白色，然后输入文字内容。

step⑩ 使用【选择】工具选中多边形和文字并在控制面板中设置【对齐】选项为【对齐所选对象】，然后分别单击【水平居中对齐】按钮和【垂直居中对齐】按钮。

step⑪ 按Ctrl+G键编组多边形和文字对象，并使用【选择】工具调整其位置。

step⑫ 使用【文字】工具在画板上输入文字内容，然后选择【选择】工具，在【颜色】面板中设置填色为C=84 M=72 Y=57 K=22，然后使用【选择】工具调整其位置。

step⑬ 使用【文字】工具在画板上输入文字内容，并在【颜色】面板中设置填色为C=84

M=72 Y=57 K=22，在控制面板中设置字体系列为Arial，字体大小为 8pt，然后使用【选择】工具调整文字位置。

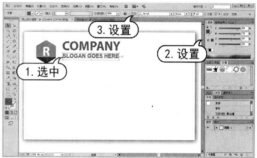

step⑭ 使用【选择】工具选中步骤(12)和步骤(13)中创建的文字内容，按Ctrl+G键进行编组。按Shift键选中多边形编组，然后单击控制面板中的【垂直居中对齐】按钮。

step⑮ 使用【钢笔】工具在画板中绘制如图所示的图形，并在【渐变】面板中单击渐变填色框，设置【角度】为 111°，填色为K=0 至K=54 的渐变。

step⑯ 按Ctrl键在画板空白处单击，然后继续使用【钢笔】工具在画板中绘制图形，并在【渐变】面板中设置【角度】为 126°，调整渐变滑动条上色标位置。

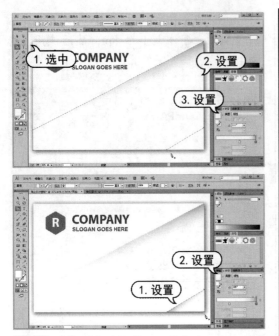

step 17 选择【文件】|【置入】命令，打开【置入】对话框。在其中选中要置入的图像，然后单击【置入】按钮。

step 18 使用【选择】工具单击置入的图形对象，并调整其位置。

step 19 使用【选择】工具选中标志编组和渐变图形，并按Ctrl+Alt+Shift移动复制。

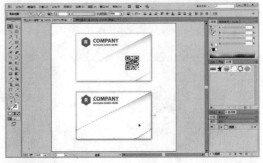

step 20 选择【文字】工具在画板上单击，并在控制面板中设置字体大小为 14 pt，在【颜色】面板中设置填色为C=84 M=72 Y=57 K=22，然后输入文字内容。

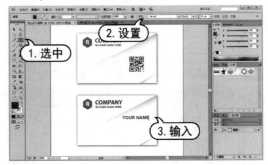

step 21 选择【文字】工具在画板上单击，并在控制面板中设置字体大小为 7 pt，在【颜色】面板中设置填色为C=84 M=72 Y=57 K=22，然后输入文字内容。

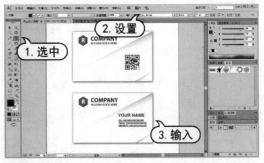

step 22 使用【选择】工具选中刚创建的两组文字，调整其位置。

step 23 选择【文字】工具在画板上单击，并在控制面板中设置字体系列为Arial Narrow，字体大小为 13 pt，在【颜色】面板中设置填色为K=80，然后输入文字内容。

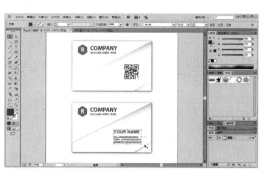

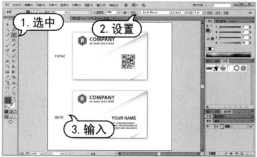

step 24 使用【选择】工具在画板空白处单击，在控制面板中单击【文档设置】按钮，打开【文档设置】对话框。在该对话框中单击【编辑画板】按钮。

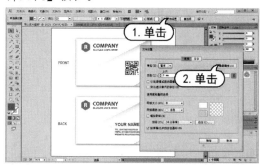

step 25 在控制面板中选中【移动/复制带画板的图稿】按钮；然后按Ctrl+Alt+Shift键移动复制画板1。

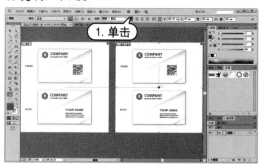

step 26 按Esc键退出画板编辑模式，在画板2

中删除渐变图形。

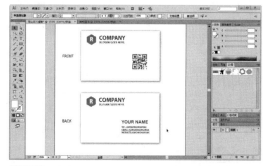

step 27 选择【矩形】工具，按Alt键单击并拖动绘制矩形，并在【颜色】面板中设置填色为白色。

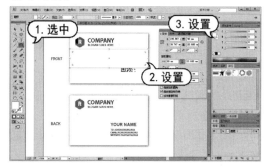

step 28 使用【椭圆】工具绘制椭圆形，并按Ctrl+[键将其放置在矩形下方，然后在【渐变】面板的【类型】下拉列表中选择【径向】选项，设置【长宽比】为8%，然后使用【渐变】工具调整渐变滑动条上的色标效果。

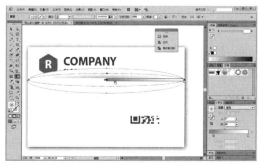

step 29 使用【选择】工具选中绘制的椭圆形，并按Ctrl+Alt+Shift键向下移动复制。

step 30 使用【矩形】工具单击并拖动绘制矩形，然后在【渐变】面板的【类型】下拉列表中选择【线性】选项，设置填色为K=0至K=25至K=40的渐变。并在【透明度】面板中设置混合选项为【正片叠底】。

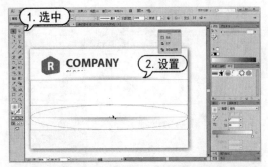

step 31 使用【选择】工具选中步骤(27)至步骤(30)中绘制的图形对象，按Ctrl+G键进行编组，并连续按Ctrl+[键将编组对象移动至文字下方。

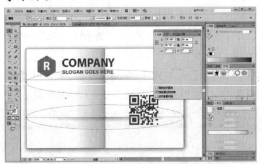

step 32 按Ctrl+Alt+Shift键移动复制刚编组的图形对象至下方的名片模板上。

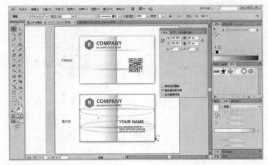

step 33 使用【选择】工具调整画板2中名片模板上文字的位置。

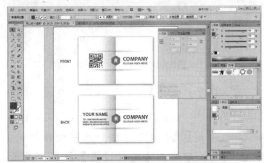

step 34 选择【文件】|【存储为模板】命令，打开【存储为】对话框。在其中选择存储模板的位置，并单击【保存】按钮。

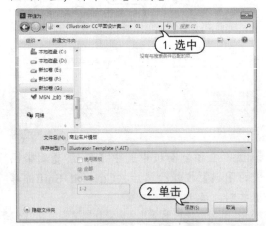

第2章

绘制、编辑图形

　　绘制、编辑图形是 Illustrator 的重要功能。Illustrator 为用户提供了多种图形绘制工具，用户通过使用这些工具能够方便地绘制出直线线段、弧形线段、矩形 、椭圆形等各种规则或不规则的矢量图形。熟练掌握这些工具的操作方法，对后面章节中的复杂图形对象绘制操作有很大的帮助。

对应光盘视频

2.1 关于路径

Illustrator 中所有的矢量图形都是由路径构成的。绘制矢量图形就创建和编辑路径的过程。因此，了解路径的概念以及熟练掌握路径的绘制和编辑的技巧对快速、准确地绘制矢量图形至关重要。

2.1.1 路径的基本概念

在图形软件中，绘制图形是最基本的操作。Illustrator 提供了多种绘制图形对象的方式，用户可以使用绘制自由图形的工具，如【钢笔】工具、【画笔】工具和【铅笔】工具等；也可以使用绘制基本图形的工具，如【矩形】工具、【椭圆】工具和【星形】工具等。

在绘制矢量图形时，首先要了解【路径】的概念。路径是使用绘图工具创建的任意形状的曲线，使用它可勾勒出物体的轮廓，所以也称之为轮廓线。为了满足绘图的需要，路径又分为开放路径和封闭路径。开放路径就是起点与终点不重合的路径，封闭路径是一条连续的、起点和终点重合的路径。

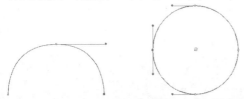

路径由锚点、线段、控制柄和控制点组成。一条路径由若干条线段组成，其中可能包含直线和各种曲线段。为了更好地绘制和修改路径，每条线段的两端均有锚点将其固定。通过移动锚点可以修改线段的位置和改变路径的形状。

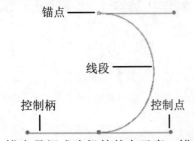

锚点是组成路径的基本元素，锚点和锚点之间以线段连接，该线段被称为路径片段。

在使用【钢笔】工具绘制路径的过程中，每单击鼠标一次，就会创建一个锚点。并且可以根据需要对路径的不同部分进行编辑来改变其形状。

➢ 锚点：是指各线段两端的方块控制点，它可以决定路径的改变方向。锚点可分为【角点】和【平滑点】两种。

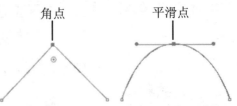

➢ 线段：线段分为直线段和曲线段两种。是指两个锚点之间的路径部分，所有的路径都以锚点起始和结束。

➢ 控制柄：在绘制曲线路径的过程中，锚点的两端会出现带有锚点控制点的直线，也就是控制柄。使用【直接选取】工具在已绘制好的曲线路径上单击选取锚点，则锚点的两端会出现控制柄，通过移动控制柄上的控制点可以调整曲线的弯曲程度。

2.1.2 路径的填充及边线的设定

在 Illustrator 中，闭合路径和开放路径都可被填充各种颜色，在绘制路径前，首先要了解填充色和边线色的设定方法。使用 Illustrator CC 工具箱中的颜色控制组件可以对选中的对象进行描边和填充的设置，也可以设置即将创建对象的描边和填充属性。

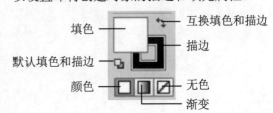

控件组中左上角的方框代表填充色，右下角的双线框代表边线色。所有绘制的路径都可以用各种颜色、图案或渐变的方式填充。填充色和边线色的下方有 3 个按钮，分别代表颜色、渐变色和无色。

> 单击【颜色】按钮可以填充印刷色、专色和 RGB 色等。颜色可以通过【颜色】面板进行设定，也可以直接在【色板】面板中选取。

> 单击【渐变】按钮，可以填充两色或更多色的渐变。还可以在【渐变】面板中设置渐变色。设置好的渐变色还可以用鼠标拖动到【色板】面板中存放，以方便选取。

> 单击【无色】按钮可以将路径填充设置为透明色。在图形的绘制过程中，为了避免填充色的干扰，可将填充色设置为无色。

知识点滴

单击左下角【默认填色和描边】图标可恢复软件默认的填充色和边线色。软件默认的填充色为白色，边线色为黑色。

2.2　图形的绘制

绘制图形是 Illustrator 中重要的功能。在 Illustrator 的工具箱中提供了两组绘制基本图形的工具。第一组包括【直线段】工具、【弧形】工具、【螺旋线】工具、【矩形网格】工具和【极坐标】工具；第二组包括【矩形】工具、【圆角矩形】工具、【椭圆】工具、【多边形】工具、【星形】工具和【光晕】工具。它们用来绘制各种规则图形。除此之外，还可以使用【钢笔】和【铅笔】工具创建不规则的矢量图形。

2.2.1　【直线段】工具

使用【直线段】工具可以直接绘制各种方向的直线。【直线段】工具的使用非常简单，选择工具箱中的【直线段】工具，在画板上单击并按照所需的方向拖动鼠标即可形成所需的直线。

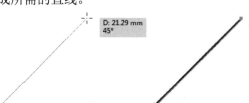

实用技巧

在拖动鼠标绘制直线的过程中，按住键盘上的空格键，可以随鼠标拖动移动直线的位置。

用户也可以通过【直线段工具选项】对话框来创建直线。选择【直线段】工具，在希望线段开始的位置单击，打开【直线段工具选项】对话框。该对话框中的【长度】选项用于设定直线的长度，【角度】选项用于设定直线和水平轴的夹角。当选中【线段填色】复选框时，系统将会以当前填充色对生成的线段进行填色。

2.2.2　【弧形】工具

【弧形】工具可以用来绘制各种曲率和长短的弧线。用户可以直接选择该工具后在画板上拖动，或通过【弧线段工具选项】对话框来创建弧线。

【弧形】工具在使用过程中按住鼠标左键拖动的同时可翻转弧形。按住鼠标左键拖动的过程中按住 Shift 键可以得到 X 轴、Y 轴长度相等的弧线。按住键盘上的 C 键可以改变弧线的类型，即可以在开放路径和闭合路径之间切换。

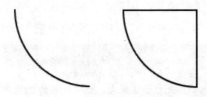

按住键盘上的 F 键可以改变弧线的方向。按住键盘上的 X 键可令弧线在凹、凸曲线之间切换。在按住鼠标左键拖动的过程中按住键盘上的空格键，就可随鼠标拖动移动弧线的位置。

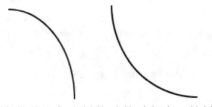

在按住鼠标左键拖动的过程中，按键盘上的↑键可增大弧线的曲率半径，按键盘上的↓键可减小弧线的曲率半径。

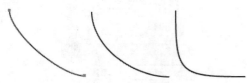

选择【弧形】工具后在画板上单击，打开【弧线段工具选项】对话框。在该对话框中可以设置弧线段的长度、类型、基线轴以及斜率的大小。

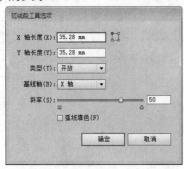

▶ 【X轴长度】和【Y轴长度】是指形成弧线基于两个不同坐标轴的长度。

▶ 【类型】是指弧线的类型，包括开放弧线和闭合弧线。

▶ 【基线轴】可以用来设定弧线是以 X 轴还是 Y 轴为中心。

▶ 【斜率】是曲率的设定，它包括两种表现手法，即【凹】和【凸】的曲线。

▶ 当【弧线填色】复选框呈选中状态时，将会以当前填充色对生成的线段进行填色。

2.2.3 【螺旋线】工具

【螺旋线】工具 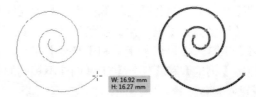 可用来绘制各种螺旋形状。可以直接选择该工具后在画板上拖动，也可以通过【螺旋线】对话框来创建螺旋线。

【螺旋线】工具在使用过程中按住鼠标左键拖动的同时可旋转涡形；在按住鼠标左键拖动的过程中按住 Shift 键，可控制旋转的角度为 45°的倍数。在按住鼠标左键拖动的过程中按住 Ctrl 键可保持涡形线的衰减比例。

在按住鼠标左键拖动的过程中按住键盘上的 R 键，可改变涡形线的旋转方向。

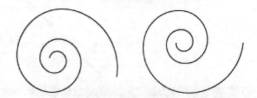

在按住鼠标左键拖动的过程中按住键盘上的空格键，可随鼠标拖动移动涡形线的位置。在按住鼠标左键拖动的过程中，按住键盘上的↑键可增加涡形线的路径片段的数量，每按一次，增加一个路径片段；反之，按键盘上的↓键可减少路径片段的数量。

选择【螺旋线】工具后在画板中单击鼠标，打开【螺旋线】对话框。在该对话框中，

【半径】用于设定从中央到外侧最后一个点的距离;【衰减】用来控制涡形之间相差的比例,百分比越小,涡形之间的差距越小;【段数】可用来调节螺旋内路径片段的数量;在【样式】选项组中可选择顺时针或逆时针涡形。

2.2.4　【矩形网格】工具

【矩形网格】工具用于制作矩形内部的网格。用户可以直接选择该工具后在画板上拖动,也可以通过【矩形网格工具选项】对话框来创建矩形网格。

 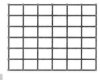

【矩形网格】工具在拖动过程中,按住键盘上的 C 键,竖向的网格间距逐渐向右变窄;按住 V 键,横向的网格间距会逐渐向上变窄。

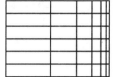 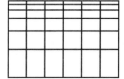

在拖动的过程中按住键盘上的↑和→键,可以增加竖向和横向的网格线;按↓和←键可以减少竖向和横向的网格线。

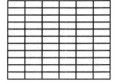 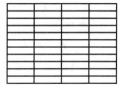

在拖动的过程中按住键盘上的 X 键,竖向的网格间距逐渐向左变窄;按住 F 键,横向的网格间距就会逐渐向下变窄。

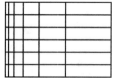 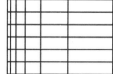

选择【矩形网格】工具后在画板中单击鼠标,打开【矩形网格工具选项】对话框。

➤　【宽度】和【高度】用来指定矩形网格的宽度和高度,通过可以用鼠标选择基准点的位置。

➤　【数量】指矩形网格内横线(竖线)的数量,也就是行(列)的数量。

➤　【倾斜】表示行(列)的位置。当数值为 0%时,线和线之间的距离均等。当数值大于 0%时,就会变成向上(右)的行间距逐渐变窄的网格。当数值小于0%时,就会变成向下(左)的行间距逐渐变窄。

➤　【使用外部矩形作为框架】复选框呈选中状态时,得到的矩形网格外框为矩形,否则,得到的矩形网格外框为不连续的线段。

➤　【填色网格】复选框呈选中状态,将会以当前填充色对生成的线段进行填色。

【例2-1】使用【矩形网格】工具制作课程表。

视频+素材 (光盘素材\第 02 章\例 2-1)

step 1 选择【文件】|【打开】命令,打开图

像文件。在【图层】面板中，单击【创建新图层】按钮新建【图层2】。

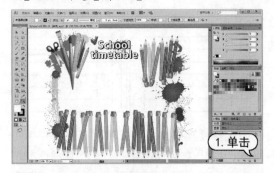

step ② 选择【矩形网格】工具，在画板中单击，打开【矩形网格工具选项】对话框。在对话框中，设置【宽度】为200 mm，【高度】为130 mm，水平分隔线【数量】为6，垂直分隔线【数量】为5，并选中【填色网格】复选框。

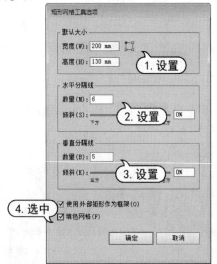

step ③ 设置完成后，单击【确定】按钮关闭【矩形网格工具选项】对话框。

step ④ 选择【直接选择】工具，在控制面板中设置【边角】为10 mm。

step ⑤ 选择【窗口】|【路径查找器】命令，打开【路径查找器】面板，并单击【分割】按钮。

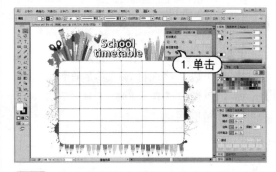

step ⑥ 使用【直接选择】工具选中第5行矩形格，在【路径查找器】面板中单击【联集】按钮。

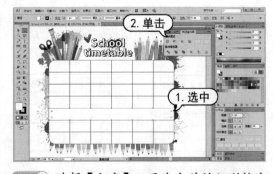

step ⑦ 选择【文字】工具在合并的矩形格中单击，并在控制面板中设置字体系列为黑体，字体大小为22 pt，然后输入文字内容。输入结束后，使用【选择】工具调整文字位置。

step ⑧ 使用【直接选择】工具选中左侧第一列矩形格，在【路径查找器】面板中单击【联集】按钮。并在【颜色】面板中设置填色为C=20 M=4 Y=15 K=0。

step 9 使用步骤(7)的操作方法在刚合并的矩形格中输入文字内容，并在控制栏中设置字体大小为 15 pt。

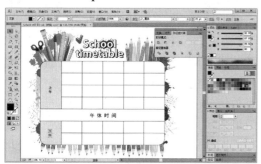

step 10 使用【直接选择】工具选中第一行矩形格，并在【颜色】面板中设置填色为C=7 M=16 Y=2 K=0。

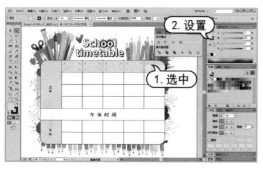

step 11 选择【文字】工具在第一行矩形格中输入文字内容。

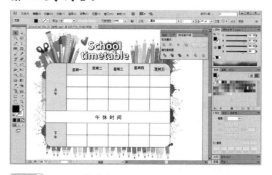

step 12 使用【选择】工具选中第一行矩形格中的文字，然后在【对齐】面板中单击【垂直居中对齐】按钮和【水平居中分布】按钮。

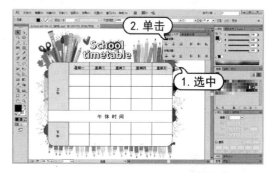

2.2.5 【极坐标网格】工具

使用【极坐标网格】工具可以绘制同心圆，或按照指定的参数绘制放射线段。【极坐标网格】工具的使用方法和矩形网格的绘制方法类似，可以直接选择该工具后在画板上拖动，也可以通过【极坐标网格工具选项】对话框来创建极坐标图形。

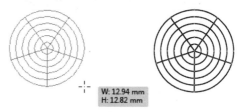

使用【极坐标网格】工具在画板上拖动过程中按住键盘上的 C 键，圆形之间的间隔向外逐渐变窄。在拖动的过程中按住键盘上的 X 键，圆形之间的间隔向内逐渐变窄。

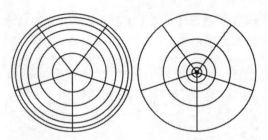

在拖动的过程中按住键盘上的 F 键，放射线的间隔就会按逆时针方向逐渐变窄。

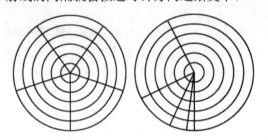

在绘制极坐标的过程中，按键盘上的 ↑ 键可增加圆的数量，每按一次，增加一个圆；按键盘上的 ↓ 键可以减少圆的数量。

按键盘上的 → 键可增加放射线的数量，每按一次，增加一条放射线；按键盘上的 ← 键可减少放射线的数量。

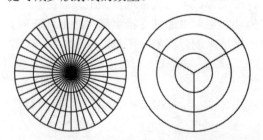

选择【极坐标网格】工具后在画板中单击鼠标，可以打开【极坐标网格工具选项】对话框。

➤ 【宽度】和【高度】数值框可以指定极坐标网格的水平直径和垂直直径，通过

可以用鼠标选择基准点的位置。

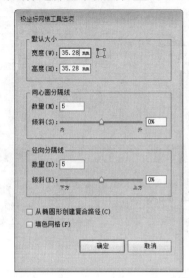

➤ 【同心圆分隔线】选项组中的【数量】数值框可以指定极坐标网格内圆的数量，【倾斜】值可以指定圆形之间的径向距离。当数值为 0% 时，线和线之间的距离均等。当数值大于 0% 时，就会变成向外的间距逐渐变窄的网格。当数值小于 0% 时，就会变成向内的间距逐渐变窄的网格。

➤ 【径向分割线】选项组中的【数量】数值框可以指定极坐标网格内放射线的数量，【倾斜】数值框可以指定放射线的分布。当数值为 0% 时，线和线之间均等分布。当数值大于 0% 时，会变成顺时针方向之间变窄的网格。当数值小于 0% 时，会变成逆时针方向逐渐变窄的网格。

➤ 选中【从椭圆形创建复合路径】复选框，可以将同心圆转换为独立复合路径并每隔一个圆填色。

➤ 选中【填色网格】复选框，将会以当前填充色对生成的线段进行填色。

2.2.6 【矩形】工具

矩形是几何图形中最基本的图形。要绘制矩形可以选择工具箱中的【矩形】工具，把鼠标指针移动到绘制图形的位置，然后单击鼠标设定起始点，以对角线方式向外拉动，

直到得到理想的大小为止，最后释放鼠标即可创建矩形。

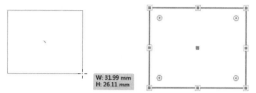

如果按住 Alt 键时按住鼠标左键拖动绘制图形，鼠标的单击点即为矩形的中心点。如果单击画板的同时按住 Alt 键，但不移动，可以打开【矩形】对话框。在该对话框中输入长、宽值后，将以单击面板处为中心向外绘制矩形。

如果要准确地绘制矩形，可选择【矩形】工具，然后在画板中单击鼠标，打开【矩形】对话框，在其中设置需要的【宽度】和【高度】即可创建矩形。

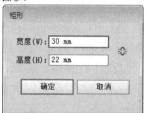

实用技巧

在使用【矩形】对话框绘制正方形时，只要输入相等的常、宽值即可，或者在按住 Shift 键的同时绘制图形，即可得到正方形。另外，如果以中心点为起始点绘制一个正方形，则需要同时按住 Alt+Shift 键，直到绘制完成后再释放鼠标。

矩形绘制完成同时系统会打开【变换】面板，用户可以通过面板中的【矩形属性】重新设置矩形效果，并可以为矩形设置边角样式及大小。

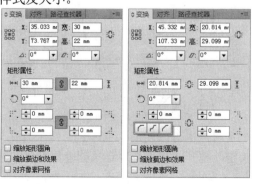

矩形绘制完成后，还可以将鼠标光标移至形状构件处，当光标变为 形状时，按住鼠标拖动，即可设置边角效果。

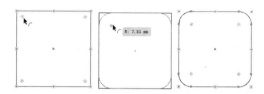

知识点滴

图形绘制完成后，除了路径上有相应的锚点外，图形的中心点在默认状态下会有显示，用户可以通过【属性】面板中的【显示中心点】和【不显示中心点】按钮来控制。

2.2.7　【圆角矩形】工具

选择【圆角矩形】工具之后，在画板上单击鼠标，在打开的【圆角矩形】对话框中增加一个【圆角半径】的选项，输入的半径数值越大，得到的圆角矩形的圆角弧度越大；输入的半径数值越小，得到的圆角矩形的圆角弧度越小。当输入的数值为 0 时，得到矩形。

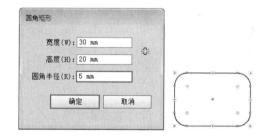

2.2.8　【椭圆】工具

椭圆形和圆角矩形的绘制方法与矩形的绘制方法基本相同。使用【椭圆】工具通过拖动鼠标可以在文档中绘制椭圆形或者圆形图形。

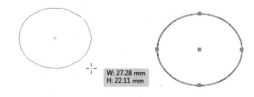

用户也可以通过【椭圆】对话框来精确

地绘制椭圆图形。对话框中的【宽度】和【高度】数值指的是椭圆形的两个不同直径的值。

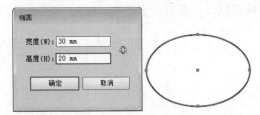

半径数值的设定范围为 0~2889.7791 mm。

2.2.9　【多边形】工具

使用【多边形】工具通过拖动鼠标可以在文档中绘制多边形，系统默认的边数为 6。

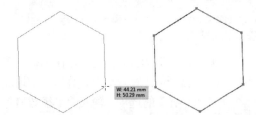

在按住鼠标拖动绘制的过程中，按键盘上的↑键可增加多边形的边数；按↓键可以减少多边形的边数。

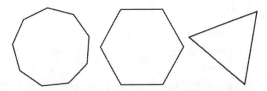

如果绘制时，按住键盘上~键可以绘制出多个多边形。

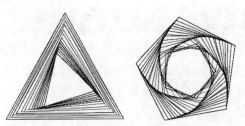

在工具箱中选择【多边形】工具，在画板中单击，即可通过【多边形】对话框创建多边形。在该对话框中，可以设置【边数】和【半径】，半径是指多边形的中心点到角点的距离，同时鼠标的单击位置成为多边形的中心点。多边形的边数最少为3，最多为1000；

2.2.10　【星形】工具

使用【星形】工具可以在文档页面中绘制不同形状的星形图形。选择【星形】工具，通过拖动鼠标即可绘制星形。

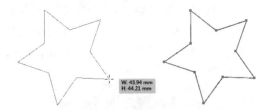

当使用拖动光标的方法绘制星形图形时，如果同时按住 Ctrl 键，可以在保持星形的内切圆半径不变的情况下，改变星形图形的外切圆半径大小。

如果同时按住 Alt 键，可以在保持星形的内切圆和外切圆的半径数值不变的情况下，通过按下↑或↓键调整星形的尖角数。

用户也可以使用【星形】工具在画板上单击，打开【星形】对话框创建星形。在这

个对话框中可以设置星形的【角点数】和【半径】。此处有两个半径值，【半径1】代表凹处控制点的半径值，【半径2】代表顶端控制点的半径值。

2.2.11　【光晕】工具

使用【光晕】工具用户可以在文档中绘制出具有光晕效果的图形。该图形具有明亮的居中点、晕轮、射线和光圈，如果在其他图形对象上应用该图形，将获得类似镜头眩光的特殊效果。选择【光晕】工具，按住 Alt 键在需要出现光晕中心手柄的位置单击，即可创建默认光晕。

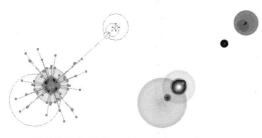

选择【光晕】工具，按住鼠标左键放置光晕的中心手柄，然后拖动鼠标设置中心、光晕的大小，并旋转射线角度。在拖动的过程中按住 Shift 键可以将射线限制在设置的角度。按键盘上的↑键或↓键可以添加或减少射线。

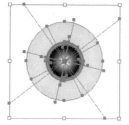
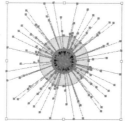

按住 Ctrl 键可以保持光晕的中心位置不变。当中心、光晕和射线达到所需要效果时释放鼠标。再次按住鼠标左键并拖动为光晕添加光环，并放置末端手柄。释放鼠标前，按↑键或↓键可以添加或减少光环，按~键可以随机放置光环。当末端手柄达到所需位置时释放鼠标。光晕中的每个元素将以不同的透明度设置填充颜色。

用户也可以使用【光晕工具选项】对话框来创建光晕。使用【光晕】工具在需要放置光晕中心手柄的位置单击，打开【光晕工具选项】对话框。在打开的对话框中选择下列任一选项，然后单击【确定】按钮即可创建光晕。

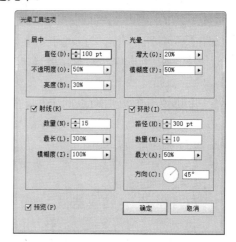

▶ 在【居中】选项区中指定光晕中心的直径、不透明度和亮度。

▶ 在【光晕】选项区中指定光晕的【增大】数值作为整体大小的百分比，然后制定光晕的【模糊度】数值，0%为锐利，100%为模糊。

▶ 如果希望光晕包含射线，选中【射线】复选框，并指定射线的数量、最长的射线(作为射线平均长度的百分比)和射线的模糊度。

▶ 如果希望光晕包含光环,选中【环形】复选框并指定光晕中心点与最远的光环中心点之间的路径距离、光环数量、最大的光环(作为光环平均大小的百分比)和光环的方向。

知识点滴

选中光晕对象后,选择【对象】|【扩展】命令可以将光晕对象转换为编组对象。取消编组后,可以单独调整光晕中的混合元素。

2.2.12 【钢笔】工具

【钢笔】工具是 Illustrator 中最基本、最重要的工具,利用它可以绘制直线和平滑的曲线,并且可以对线段进行精确的控制。使用【钢笔】工具绘制路径时,控制面板中包含多个用于锚点编辑的工具。

▶ 【将所有锚点转换为尖角】按钮:选中平滑锚点,单击该按钮即可转换为尖角点。

▶ 【将所选锚点转换为平滑】按钮:选中尖角锚点,单击该按钮即可转换为平滑点。

▶ 【显示多个选定锚点的手柄】按钮:当该按钮处于选中状态时,被选中的多个锚点的手柄都将处于显示状态。

▶ 【隐藏多个选定锚点的手柄】按钮:当该按钮处于选中状态时,被选中的多个锚点的手柄都将处于隐藏状态。

▶ 【删除所选锚点】按钮:单击该按钮即可删除选中的锚点。

▶ 【连接所选终点】按钮:在开放路径中,选中不连接的两个端点,单击该按钮即可在两点之间建立路径进行连接。

▶ 【在所选锚点处剪切路径】按钮:选中锚点,单击该按钮即可将所选的锚点分割为两个锚点之间相连。

【例2-2】使用【钢笔】工具绘制图形。

素材 (光盘素材第02章\例2-2)

step ① 在文档中,选择工具箱中的【钢笔】工具,在文档中按下鼠标左键并拖动鼠标,

确定起始节点。此时节点两边将出现两个控制点。

step ② 移动光标,在需要添加锚点处单击左键并拖动鼠标可以创建第二个锚点,控制线段的弯曲度。

step ③ 将光标移至起始锚点的位置,当光标显示为时,单击鼠标左键封闭图形。

step ④ 使用【直接选择】工具调整锚点、控制柄,调整路径形状。在【颜色】面板中,设置描边色为无,填色为C=53 M=24 Y=6 K=0。

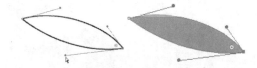

step ⑤ 使用步骤(1)至步骤(3)的操作方法绘制如图所示的图形,然后在【颜色】面板中设置填色为无, 描边色为C=53 M=24 Y=6 K=0。在【描边】面板中设置【粗细】数值为4pt,然后单击【斜角连接】按钮。

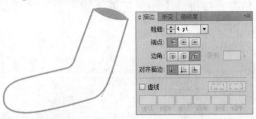

step ⑥ 使用步骤(1)至步骤(3)的操作方法绘制如图所示的图形,使用【选择】工具选中

绘制的条纹图形，然后在【颜色】面板中，设置描边色为无，填色为C=48 M=25 Y=4 K=0。

step 7 使用【钢笔】工具绘制如图所示的图形，使用【选择】工具选中绘制的条纹图形，然后在【颜色】面板中，设置填色为C=65 M=38 Y=7 K=0。

step 8 使用【选择】工具选中步骤(6)和步骤(7)中创建的图形，并单击鼠标右键，在弹出的快捷菜单中选择【排列】|【置于底层】命令。

step 9 使用【选择】工具选中步骤(5)中创建的图形，右击，在弹出的快捷菜单中选择【变换】|【缩放】命令，打开【比例缩放】对话框。在该对话框中，设置【等比】为90%，然后单击【复制】按钮。

step 10 使用【直接选择】工具调整复制的图形对象，并按Shift+Ctrl+]键将其置于顶层，然后在【颜色】面板中，设置描边色为无，填色为C=3 M=10 Y=47 K=0。

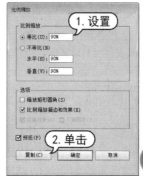

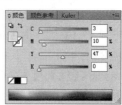

step 11 在【透明度】面板中，设置对象的混合模式为【叠加】，【不透明度】为29%。

step 12 使用【选择】工具选中全部图形对象，并按Ctrl+G键进行编组，然后按Ctrl+Alt键移动并复制编组后对象。

2.2.13 【铅笔】工具

使用【铅笔】工具可以绘制和编辑任意形状的路径，它是绘图时经常用到的一种既方便又快捷的工具。在使用【铅笔】工具绘制路径时，锚点的数量是由路径的长度和复杂性以及【铅笔工具首选项】对话框中的设置来决定的。

双击工具箱中的【铅笔】工具，打开【铅笔工具首选项】对话框。在此对话框中设置的数值可以控制铅笔工具所绘制曲线的精确度与平滑度。在此对话框中设置的数值可以控制【铅笔】工具所绘制曲线的精确度与平滑度。

▶ 【保真度】选项区中，向右拖动滑块，所绘制曲线上的锚点点越少；向左拖动滑块，所绘制曲线上的锚点越多。

▶ 选中【保持选定】复选框，使用铅笔绘制完曲线后，曲线自动处于被选中状态；

若此复选框未被选中，使用【铅笔】工绘制画完曲线后，曲线不再处于选中状态。

▶ 选中【编辑所选路径】复选框，可以在曲线完成绘制后，能够继续对自动创建的路径曲线进行绘制。

▶ 【范围】文本框用于设置可以继续绘制操作的像素距离范围。只要在该像素值范围内进行绘制，即可连接原创建路径进行绘制。

2.3 实时描摹

图像描摹可以自动将置入的图像转换为矢量图，从而可以轻松地对图形进行编辑、处理和调整大小，而不会带来任何失真的问题。图像描摹可大大节约在屏幕上重新创建扫描绘图所需的时间，而图像品质依然完好无损。还可以使用多种矢量化选项来交互调整图像描摹的效果。

2.3.1 实时描摹图稿

使用图像描摹功能可以根据现有的图像绘制新的图形。描摹图稿的方法是将图像打开或置入到 Illustrator 工作区中，然后使用【图像描摹】命令描摹图稿。用户通过控制图像描摹细节级别和填色描摹的方式，得到满意的描摹效果。当置入位图图像后，选中图像，选择【对象】|【图像描摹】|【建立】命令，或单击控制面板中的【图像描摹】按钮，图像将以默认的预设进行描摹。

选中描摹结果后，选择【窗口】|【图像描摹】命令，或直接单击控制面板中的【图像描摹面板】按钮，可以打开【图像描摹】面板。

▶ 【预设】下拉列表指定描摹预设。

▶ 【视图】下拉列表指定描摹结果显示模式。

▶ 【模式】下拉列表指定描摹结果的颜

色模式。包括彩色、灰度和黑白 3 种模式。

▶ 【调板】选项指定用于从原始图像生成颜色或灰度描摹的面板。

▶ 【阈值】数值框指定用于从原始图像生成黑白描摹结果的值。所有比阈值亮的像素转换为白色，而所有比阈值暗的像素转换为黑色。该选项仅在【模式】设置为【黑白】选项时可用。

2.3.2　创建描摹预设

单击【图像描摹】面板中【预设】选项旁的【管理预设】按钮 ，在弹出的下拉列表中选择【存储为新预设】命令，即可打开【存储图像描摹预设】对话框创建新预设。

【例 2-3】在 Illustrator 中，描摹位图图像。

视频+素材 （光盘素材\第 02 章\例 2-3）

step 1　在 Illustrator 中，选择【文件】|【置入】命令，打开【置入】对话框，在其中选择图像文件置入。

step 2　选择【对象】|【图像描摹】|【建立】命令，或单击控制面板中的【图像描摹】按钮，图像将以默认的预设进行描摹。

step 3　单击控制面板中的【图像描摹面板】按钮，打开【图像描摹】面板，在【图像描摹】面板的【模式】下拉列表中选择【彩色】选项，将【颜色】设置为 12。

step 4　单击【图像描摹】面板中【预设】选项旁的【管理预设】按钮 ，在弹出的下拉列表中选择【存储为新预设】命令，打开【存储描摹预设】对话框。在【名称】文本框中输入"彩色 12"，然后单击【确定】按钮。

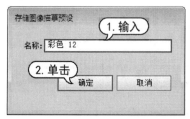

2.3.3　转换描摹对象

如果用户对描摹结果满意，可将描摹转换为路径对象。转换描摹对象后，不能再使用调整描摹选项。

选择描摹结果，单击控制面板中的【扩展】按钮，或选择【对象】|【图像描摹】|

【扩展】命令，将得到一个编组的对象。

用户如果要放弃描摹结果，保留原始置入的图像，可释放描摹对象。选中描摹对象，选择【对象】|【图像描摹】|【释放】命令即可。

2.4 编辑路径

Illustrator 提供了一组调整锚点，编辑路径的工具。熟练掌握这些工具的应用方法后，对后面章节中的图形绘制及编辑操作有很大的帮助作用。

2.4.1 【添加锚点】工具

添加锚点可以增加对路径的控制，也可以扩展开放路径。但不要添加过多锚点，较少锚点的路径更易于编辑、显示和打印。

使用【添加锚点】工具在路径上的任意位置单击，即可增加一个锚点。如果是直线路径，增加的锚点就是直线点；如果是曲线路径，增加的锚点就是曲线点。增加额外的锚点可以更好地控制曲线。

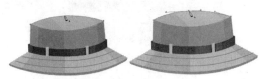

如果要在路径上均匀地添加锚点，可以选择菜单栏中的【对象】|【路径】|【添加锚点】命令，原有的两个锚点之间即可增加一个锚点。

2.4.2 【转换锚点】工具

使用【转换锚点】工具在曲线锚点上单击，可将曲线变成直线点，然后按住鼠标左键并拖动，即可将直线点拉出方向线，也就是将其转化为曲线点。锚点改变之后，曲线的形状也相应地发生变化。

> **实用技巧**
>
> 在使用【钢笔】工具绘图的时候，无需切换到【锚点】工具来改变锚点的属性，只需按住 Alt 键，即可将【钢笔】工具直接切换到【锚点】工具。

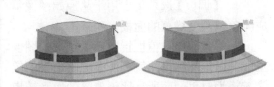

2.4.3 【删除锚点】工具

在绘制曲线时，曲线上可能包含多余的锚点，这时删除一些多余的锚点可以降低路径的复杂程度，在最后输出的时候也会减少输出的时间。

在使用【删除锚点】工具在路径锚点上单击即可将锚点删除。也可以直接单击控制面板中的【删除所选锚点】按钮，或选择【对象】|【路径】|【移去锚点】命令来删除所选锚点。图形会自动调整形状，删除锚点不会影响路径的开放或封闭属性。

在绘制图形对象过程中，无意间单击【钢笔】工具后又选取另外的工具，会产生孤立的游离锚点。游离的锚点会让线稿变得复杂，甚至减慢打印速度。要删除这些游离点，可以选择【选择】|【对象】|【游离点】命令，选中所有游离点。再选择【对象】|【路径】|【清理】命令，打开【清理】对话框。在该对话框中，选中【游离点】复选框，然后单击【确定】按钮即可删除所有的游离点。选择游离点后，用户也可以直接按键盘上的 Delete 键删除游离点。

2.4.4　【平滑】工具

　　【平滑】工具是一种路径修饰工具，可以使路径快速平滑，同时尽可能地保持路径的原来形状。双击工具箱中的【平滑】工具，打开【平滑工具首选项】对话框。在该对话框中，可以设置【平滑】工具的平滑度。向右拖动滑块，对路径的改变越大；向左拖动滑块，对路径的改变越小。

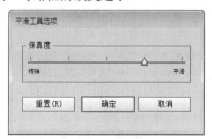

【例 2-4】使用【平滑】工具调整图形效果。

视频+素材 (光盘素材\第 02 章\例 2-4)

step 1 选择【文件】|【打开】命令，打开图形文档。

step 2 在打开的图形文档中，使用【选择】工具选中要做平滑处理的路径。

step 3 双击工具箱中的【平滑】工具，打开【平滑工具选项】对话框。在该对话框中，向右拖动滑块，然后单击【确定】按钮可以调整【平滑】工具的操作效果。

实用技巧

　　在【平滑工具选项】对话框中，单击【重置】按钮可以将【保真度】和【平滑度】的数值恢复到默认数值。

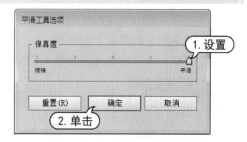

step 4 在路径对象中需要平滑处理的位置外侧按下鼠标左键并由外向内拖动，然后释放左键，即可对路径对象进行平滑处理。

2.4.5　【路径橡皮擦】工具

　　【路径橡皮擦】工具可以删除路径的一部分，是修改路径时常用的一种有效工具。

　　【路径橡皮擦】工具允许删除现有路径的任意一部分，甚至全部，包括开放路径或闭合路径，但不能在文本或渐变网格上使用。

　　在工具箱中选择【路径橡皮擦】工具，然后沿着要擦除的路径拖动【路径橡皮擦】工具。擦除后系统自动在路径的末端生成一个新的锚点，并且路径处于被选中的状态。

2.4.6 【橡皮擦】工具

使用【橡皮擦】工具可快速擦除图稿的任何区域，被抹去的边缘将自动闭合，并保持平滑过渡。

双击工具箱中的【橡皮擦】工具，可以打开【橡皮擦工具选项】对话框，在其中设置【橡皮擦】工具的角度、圆度和直径。

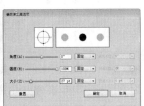

➤ 【角度】选项：设置工具旋转的角度。用户可以拖动预览区中的箭头，或拖动滑块，或在【角度】数值框中输入一个数值。

➤ 【圆度】选项：设置工具的圆度。用户可以将预览区中的黑点朝向或背离中心的方向拖动，或拖动滑块，或在【圆度】数值框中输入数值。该值越大，圆度就越大。

➤ 【大小】选项：设置该工具的直径。用户可以拖动滑块，或在【大小】数值框中输入一个值。

每个选项右侧的下拉列表中可以让用户控制此工具性形状变化。

➤ 【固定】选项：使用固定的角度、圆度或直径。

➤ 【随机】选项：使用随机变化的角度、圆度或直径。在【变化】数值框中输入一个值，可以指定工具特征变化的范围。

2.4.7 【剪刀】工具

使用【剪刀】工具可以针对路径、图形框架或空白文本框架进行操作。【剪刀】工具将一条路径割为两条或多条路径，并且每个部分都具有独立的填充和描边属性。选中将要进行剪切的路径，在要进行剪切的位置上单击，即可将一条路径拆分为两条路径。

2.4.8 【刻刀】工具

使用【刻刀】工具可以将一个对象以任意的分隔线划分为各个构成部分的表面。使用【刻刀】裁过的图形都会变为具有闭合路径的图形。使用【刻刀】工具在图形上拖动，如果拖动的长度大于图形的填充范围，那么得到两条闭合路径。如果拖动的长度小于图形的填充范围，那么得到的路径是一条闭合路径，与原路径相比，该路径的锚点数有所增加。

【例2-5】使用【刻刀】工具调整图形效果。
🎥视频+素材 (光盘素材\第02章\例2-5)

step 1 选择【文件】|【打开】命令，打开图形文档。并使用【选择】工具选中要划分的路径。

step 2 选择【刻刀】工具在打开的图形文档中单击并拖动。

step 3 选择【渐变】工具，调整划分后的图形对象的填充效果。

实用技巧

使用【刻刀】工具的同时按 Shift 键或 Alt 键可以以水平直线、垂直直线或斜 45° 的直线分割对象。

2.5 复合路径、复合形状和路径查找器

在 Illustrator CC 中，使用形状复合功能可以轻松地创建用户所需要的复杂路径。

2.5.1 复合路径

复合路径的作用主要是把一个以上的路径图形组合在一起，在路径重叠部分会产生镂空效果。将对象定义为复合路径后，复合路径中的所有对象都将使用堆叠顺序中最下层对象上的填充颜色和样式属性。

在创建复合路径之前，最好先确认这些路径不是复合路径或是已经编组的路径图形。如果使用复杂的形状作为复合路径或在一个文档中使用几个复合路径，在输出这些文件时，可能会产生问题。如果遇到这种情况可将复杂形状简单化或减少复合路径的使用数量。

知识点滴

选择已创建的复合路径，选择【对象】|【复合路径】|【释放】命令，可以取消已经创建的复合路径。

【例 2-6】在 Illustrator 中，创建复合路径。

素材 (光盘素材第 02 章\例 2-6)

step 1 新建一个空白画板，选择【椭圆】工具，按住 Shift 键拖动绘制一个正圆形。

step 2 双击工具箱中的【比例缩放】工具，打开【比例缩放】对话框。在该对话框中，设置【等比】为 70%，然后单击【复制】按钮，生成一个新的同心圆形。

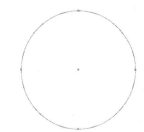

step 3 重复步骤(2)的操作两次，缩小并复制圆形。选择【选择】工具将所有的圆形选中，然后选择【对象】|【复合路径】|【建立】命令，生成复合路径。

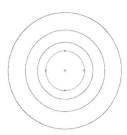
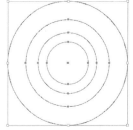

step④ 选择【窗口】|【属性】命令，打开【属性】面板，单击【使用奇偶填充规则】按钮，并在【色板】面板中单击任意色板填充复合路径。实际上未填充颜色的地方是镂空的。

2.5.2 复合形状和路径查找器

复合形状不同于复合路径，复合路径是由一条或多条简单路径组成的，这些路径组合成一个整体，即使是分开的单独路径，只要它们被制作成复合路径，就是联合的整体。通常复合路径用来制作挖空的效果，在蒙版的制作上也起到很大的作用。复合形状是通过对多个路径执行【路径查找器】面板中的相加、交集、差集及分割等命令所得到的一个新的组合。

选择【窗口】|【路径查找器】命令或使用快捷键 Shift+Ctrl+F9 键可以打开【路径查找器】面板。

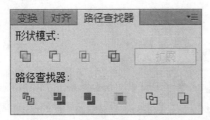

1. 使用【路径查找器】面板

单击【路径查找器】面板中的按钮式可以创建新的形状组合，创建后不能够再编辑原始对象。如果创建后产生了多个对象，这些对象会被自动编组到一起。选中要进行操作的对象，在【路径查找器】面板中单击相应的按钮，即可观察到不同的效果。

▶ 【联集】按钮可以将选定的多个对象合并成一个对象。在合并的过程中，将相

互重叠的部分删除，只留下合并的外轮廓。新生成的对象保留合并之前最上层对象的填色和轮廓色。

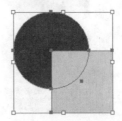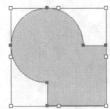

▶ 【减去顶层】按钮可以在最上层一个对象的基础上，把与后面所有对象重叠的部分删除，最后显示最上面对象的剩余部分，并组成一个闭合路径。

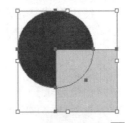

▶ 【交集】按钮可以对多个相互交叉重叠的图形进行操作，仅仅保留交叉的部分，而其他部分被删除。

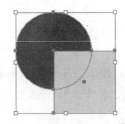

▶ 【差集】按钮应用效果与【交集】按钮应用效果相反。使用该按钮可以删除选定的两个或多个对象的重合部分，而仅仅留下不相交的部分。

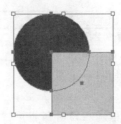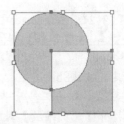

▶ 【分割】按钮可以用来将相互重叠交叉的部分分离，从而生成多个独立的部

分。应用分割后，各个部分保留原始的填充或颜色，但是前面对象重叠部分的轮廓线的属性将被取消。生成的独立对象，可以使用【直接选择】工具选中对象。

▶ 【修边】按钮 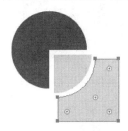 主要用于删除被其他路径覆盖的路径，它可以把路径中被其他路径覆盖的部分删除，仅留下使用【修边】按钮前在页面能够显示出来的路径，并且所有轮廓线的宽度都将被去掉。

▶ 【合并】按钮 的应用效果根据选中对象填充和轮廓属性的不同而不同。如果属性都相同，则所有的对象将组成一个整体，合为一个对象，但对象的轮廓线将被取消。如果对象属性不相同，则相当于应用【裁剪】按钮效果。

▶ 【裁剪】按钮 可以在选中一些重合对象后，把所有在最前面对象之外的部分裁减掉。

▶ 【轮廓】按钮 可以把所有对象都转换成轮廓，同时将相交路径相交的地方断开。

▶ 【减去后方对象】按钮 可以在最上面一个对象的基础上，把与后面所有对象重叠的部分删除，最后显示最上面对象的剩余部分，并组成一个闭合路径。

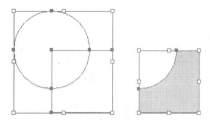

2. 设置路径查找器选项

较为简单的图像在进行路径查找操作时，运行速度比较快，查找的精度也比较高。当图形比较复杂时，可以在【路径查找器】面板菜单中选择【路径查找器选项】命令，在打开的对话框中进行相应的操作。

▶ 【精度】数值框：在该数值框中输入相应的数值，可以影响路径查找器计算对象路径时的精确程度。计算越精确，绘图就越准确，生成结果路径所需的时间就越长。

▶ 【删除冗余点】选项：选中该复选框，再单击【路径查找器】按钮时可以删除不必要的点。

▶ 【分割和轮廓将删除未上色图稿】选项：选中该复选框时，再单击【分割】或【轮廓】按钮可以删除选定图稿中的所有未填充对象。

2.6 案例演练

本章的案例演练部分包括制作礼品券和手机效果图两个综合实例操作，使用户通过练习从而巩固本章所学的图形绘制与编辑知识。

2.6.1 制作礼品券

【例 2-7】制作礼品券。

视频+素材 (光盘素材第 02 章\例 2-7)

step ① 在空白文档中，选择【文件】|【置

入】命令，打开【置入】对话框。在该对话框中，选中所需要的图像文件，并单击【置入】按钮。

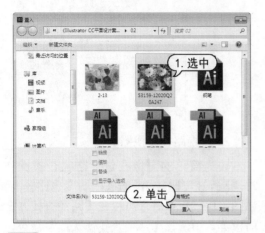

step② 使用【选择】工具在画板上单击，置入图像，调整其大小。

step③ 在控制面板中，单击【图像描摹】按钮，再单击【图像描摹面板】按钮，打开【图像描摹】面板。在面板的【模式】下拉列表中选择【彩色】选项，设置【颜色】数值为20。

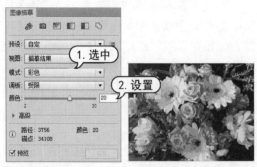

step④ 使用【矩形】工具在画板中单击，打开【矩形】对话框。在该对话框中，设置【宽度】数值为215 mm，【高度】为93 mm，然后单击【确定】按钮。

step⑤ 使用【选择】工具选中所有对象，单击鼠标右键，在弹出的快捷菜单中选择【建立剪切蒙版】命令。

step⑥ 使用【钢笔】工具绘制图形，并设置描边色为无，填色为白色。

step⑦ 使用【矩形】工具绘制矩形，并使用【直接选择】工具调整其形状，然后在【颜色】面板中设置填色为C=67 M=59 Y=56 K=5。

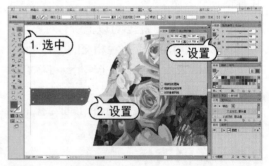

step⑧ 选择【文字】工具在画板中单击，在控制面板中设置字体系列为Vladimir Script，字体大小为81 pt，并在【颜色】面板中设置填色为C=39 M=97 Y=93 K=5，然后输入文字内容。

step⑨ 选择【文字】工具在画板中单击，在控制面板中设置字体系列为Arial，字体大小为30 pt，并在【颜色】面板中设置填色为白

色，然后输入文字内容。输入完成后，使用
【选择】工具调整文字位置。

step 10 选择【文字】工具在画板中单击，在
控制面板中设置字体系列为 Bodoni MT
Poster Compressed，字体大小为 165 pt，并在
【颜色】面板中设置填色为白色，然后输入文
字内容。输入完成后，使用【选择】工具调
整文字位置。

step 11 使用【钢笔】工具在刚输入的文字旁
绘制一条弧线，并在【颜色】面板中设置描
边色为白色，填色为无。

step 12 选择【窗口】|【画笔库】|【箭头】|
【箭头_标准】命令，打开【箭头_标准】画笔
库面板。在该面板中，单击【箭头 1.01】画
笔样式。

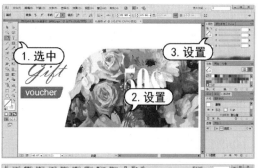

step 13 在【画笔】面板中，双击刚在路径上
应用的【箭头 1.01】画笔样式，打开【散点
画笔选项】对话框。在该对话框中，设置【大
小】为 69%，【间距】为 49%，然后单击【确
定】按钮修改画笔样式。

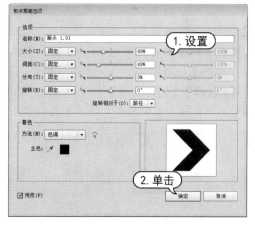

step 14 在弹出的提示对话框中，单击【应用
于描边】按钮。

step 15 使用【选择】工具在弧线上单击鼠标
右键，在弹出的快捷菜单中选择【变换】|

【对称】命令，打开【镜像】对话框，在该对话框中选中【垂直】复选框，然后单击【复制】按钮。

设置【不透明度】为88%。

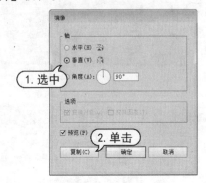

step 16 使用【选择】工具调整步骤(11)和步骤(15)中创建的弧线的位置。

step 17 使用【选择】工具选中步骤(5)创建的对象，选择【效果】|【风格化】|【投影】命令，打开【投影】对话框。在对话框中，设置【X位移】和【Y位移】均为 2 mm，【模糊】为2 mm，然后单击【确定】按钮。

step 20 选择【直线】工具，在矩形中心单击，并按Alt+Shift键拖动绘制直线，然后在【颜色】面板中设置直线填色为无，描边填色为 C=67 M=59 Y=56 K=5。

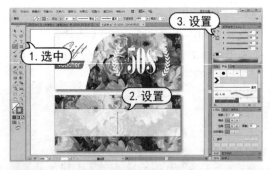

step 18 使用【选择】工具，按Shift+Ctrl+Alt键移动并复制步骤(5)中创建的对象。

step 19 选择【矩形】工具在刚复制的图形对象上拖动绘制矩形，并在【透明度】面板中

step 21 使用【选择】工具选中步骤(8)和步骤(9)中创建的文字，按Ctrl+C键复制，再按Ctrl+F键粘贴在前面，并单击鼠标右键，在弹出的快捷菜单中选择【排列】|【置于顶层】命令，然后使用【选择】工具调整文字位置。

step 22 使用【选择】工具选中复制的步骤(9)的文字，在【颜色】面板中设置填色为C=67 M=59 Y=56 K=5。

step 23 使用步骤(21)至步骤(22)的操作方法，复制步骤(10)至步骤(16)中创建文字和路径，并在【颜色】面板中设置填色为C=67

M=59 Y=56 K=5。

2.6.2 制作手机效果图

【例2-8】手机效果图。

素材 (光盘素材第02章\例2-8)

step① 新建一个A4 大小的空白文档，并选择【视图】|【显示网格】命令，显示网格。

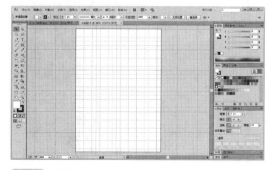

step② 选择【矩形】工具依据网格绘制矩形，

并在打开的【变换】面板中设置【圆角半径】为 10 mm。

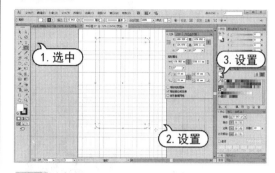

step③ 将刚绘制的矩形描边色设置为无，在【渐变】面板中单击渐变填色框。设置【角度】数值为-90°，填色为C=34 M=27 Y=26 K=0 至C=67 M=59 Y=56 K=6 的渐变。

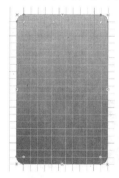

step④ 按Ctrl+C键复制刚创建的圆角矩形，按Ctrl+B键粘贴在下一层。设置刚复制的圆角矩形填色为黑色，并单击鼠标右键，在弹出的快捷菜单中选择【变换】|【缩放】命令，打开【比例缩放】对话框。在该对话框中，设置【等比】为101%，单击【复制】按钮，然后按键盘上→方向键微调图形位置。

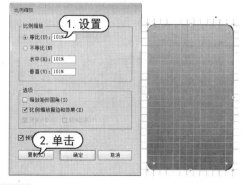

step⑤ 选中步骤(2)创建的图形，单击鼠标右

键，在弹出的快捷菜单中选择【变换】|【缩
放】命令，打开【比例缩放】对话框。在该
对话框中，设置【等比】为95%，单击【复
制】按钮，并在【颜色】面板中设置填色为
黑色。

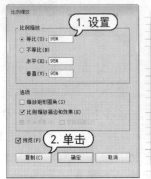
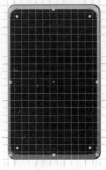

step 6　使用【直接选择】工具选中复制矩形
上部4个锚点，按键盘上↑方向键微调，然
后使用【直接选择】工具选中下部4个锚点，
按键盘上↓方向键微调。

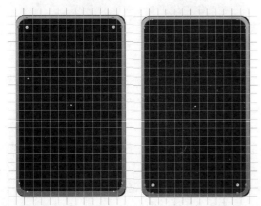

step 7　使用【选择】工具，在刚创建的图形
上单击鼠标右键，在弹出的快捷菜单中选择
【变换】|【缩放】命令，打开【比例缩放】
对话框。在该对话框中，设置【等比】为
100.5%，单击【复制】按钮。并在【颜色】
面板中设置填色为白色。按Ctrl+[键后移一
层，在按键盘上→方向键微调。

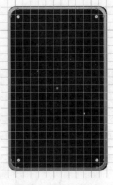

step 8　选择【视图】|【隐藏网格】命令，隐
藏网格。使用【选择】工具选中最上层的圆
角矩形，并在图形上单击鼠标右键，在弹出
的快捷菜单中选择【变换】|【缩放】命令，
打开【比例缩放】对话框。在该对话框中，
设置【等比】为98%，单击【复制】按钮。
然后在【颜色】面板中，设置填色为白色。

step 9　使用【钢笔】工具在画板中绘制如图
所示的图形。使用【选择】工具选中绘制的
图形及上一步创建的圆角矩形，然后在【路
径查找器】面板中单击【减去顶层】按钮。

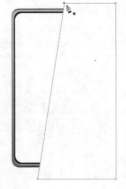

step 10　在【渐变】面板中单击渐变填色框，

并设置填色为C=24 M=27 Y=26 K=0 至C=93 M=87 Y=88 K=80 的渐变。

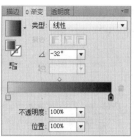

step 11 选择【视图】|【显示网格】命令, 显示网格。使用【矩形】工具依据网格绘制矩形, 并在【颜色】面板中设置填色为黑色, 描边色为无。

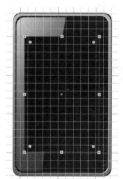
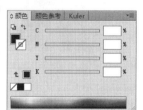

step 12 选择【效果】|【风格化】|【投影】命令, 打开【投影】对话框。在该对话框中, 单击【颜色】选项右侧的色板, 在弹出的拾色器对话框中设置填色为C=23 M=18 Y=17 K=0。在【模式】下拉列表中选择【正常】选项, 设置【X位移】和【Y位移】均为 0.5 mm, 【模糊】为 0 mm, 并单击【确定】按钮。

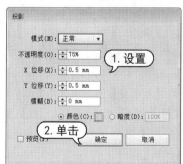

step 13 选择【圆角矩形】工具, 依据网格拖动绘制图形, 并在【颜色】面板中, 设置描边色为黑色, 填色为C=46 M=37 Y=35 K=0。在【描边】面板中, 设置【粗细】为 2 pt, 单击【使描边外侧对齐】按钮。

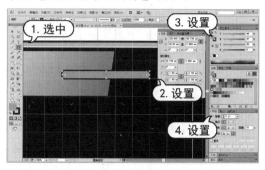

step 14 选择【视图】|【隐藏网格】命令, 隐藏网格。在刚创建的圆角矩形上, 单击鼠标右键, 在弹出的快捷菜单中选择【变换】|【缩放】命令, 打开【比例缩放】对话框。在该对话框中, 设置【等比】为 95%, 单击【复制】按钮。然后在【颜色】面板中, 设置描边色为无, 填色为C=73 M=67 Y=63 K=23。

step 15 在【变换】面板中, 取消选中【约束宽度和高度比例】按钮, 设置【宽度】为 48 mm, 【高度】为 3 mm。

step 16 选择【效果】|【风格化】|【投影】命令, 打开【投影】对话框。在该对话框中, 将投影颜色设置为黑色, 设置【X位移】为

0 mm,【Y位移】为-0.2 mm,【模糊】为 0 mm,然后单击【确定】按钮。

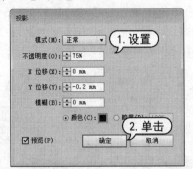

step 17 使用【直线】工具在圆角矩形内拖动绘制直线,在【颜色】面板中,设置绘制的直线填色为无,描边填色为C=46 M=37 Y=35 K=0。在【描边】面板中,设置【粗细】为 1.5 pt,单击【圆头端点】按钮,选中【虚线】复选框,在其下方数值框中输入 4 pt。

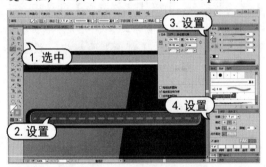

step 18 使用步骤(17)相同的操作方法,在圆角矩形内绘制两外两条虚线。

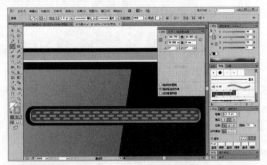

step 19 使用【选择】工具选中绘制的三条虚线,选择【效果】|【应用"投影"】命令,应用上一次的投影设置。

step 20 选择【视图】|【显示网格】命令,显示网格。使用【椭圆】工具拖动绘制圆形,

在【描边】面板中,取消选中【虚线】复选框,设置【粗细】为 1 pt。在【颜色】面板中,设置描边填色为C=73 M=67 Y=63 K=23。在【渐变】面板中单击渐变填色框,设置【角度】为 -90°,填色为C=73 M=73 Y=54 K=14 至C=91 M=89 Y=82 K=75 的渐变。

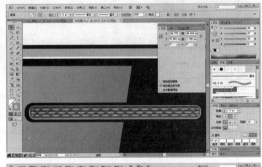

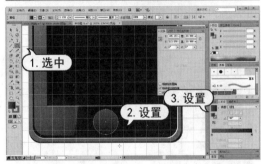

step 21 按Ctrl+C键复制圆形,按Ctrl+F键将其粘贴在前面,并使用【选择】工具调整其形状。将其设置描边色为无,在【渐变】面板中单击渐变填色框,在渐变滑动条上选中左侧色标,将其颜色设置为白色。

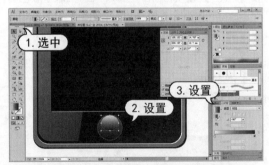

step 22 在【透明度】面板中,设置调整后的圆形混合模式为【滤色】选项,【不透明度】为30%。

step 23 使用【圆角矩形】工具拖动绘制圆角矩形,并在【颜色】面板中设置填色为C=46 M=37 Y=35 K=0。

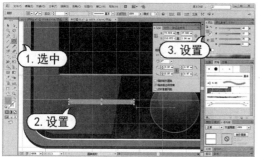

step 24　选择【视图】|【隐藏网格】命令，隐藏网格。按Ctrl+C键复制刚创建的圆角矩形，按Ctrl+F键将其粘贴在前面，在【颜色】面板中，设置填色为C=79 M=74 Y=71 K=45。并按键盘上↓方向键微调复制的圆角矩形。

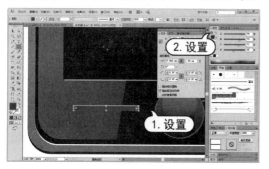

step 25　选择【效果】|【风格化】|【投影】命令，打开【投影】对话框。在该对话框中，设置【Y位移】为 0.4 mm，然后单击【确定】按钮。

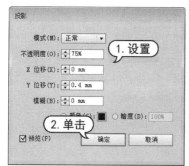

step 26　使用【选择】工具选中步骤(23)和步骤(25)中创建的圆角矩形，按Ctrl+G键进行编组。使用【选择】工具，按Shift+Ctrl+Alt

键移动并复制编组后的对象。

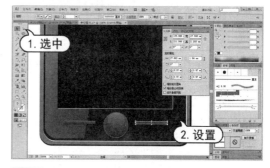

step 27　按Ctrl+A键全选文档中图形对象，按Ctrl+G键进行编组。在编组对象上单击右键，在弹出的快捷菜单中选择【变换】|【对称】命令，打开【镜像】对话框。在该对话框中，选中【水平】单选按钮，然后单击【复制】按钮。

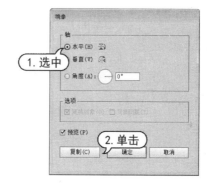

step 28　使用【选择】工具向下移动复制的编组对象，选择【矩形】工具拖动绘制矩形，并在【渐变】面板中单击渐变填色框，设置【角度】为-90°，并调整渐变滑动条上中点【位置】为38%。

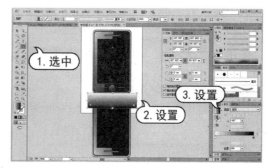

step 29　使用【选择】工具选中复制的编组对象和刚绘制的矩形，在【透明度】面板中单击【制作蒙版】按钮。

step 30 选择【文件】|【置入】命令，打开【置入】对话框。在该对话框中，选中要置入的界面图像，然后单击【置入】按钮。

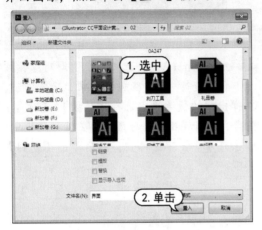

step 31 使用【选择】工具在文档中单击置入图像，完成效果图制作。

第3章

选择、编辑对象

  Illustrator 提供了一系列丰富的图形变形、变换的工具和命令。使用这些工具和命令不仅可以对图形对象外观进行相应的变化，还可以对图形对象进行移动、旋转、镜像、缩放、倾斜以及同时复制的操作。掌握这些常用变形、变换工具和命令的应用，可以在绘制复杂图形对象时更加得心应手。

对应光盘视频

3.1 图形的选择

Illustrator 是一款面向图形对象的软件，在做任何操作前都必须选择图形对象，以指定后续操作所针对的对象。因此，Illustrator 提供多了多种选取相应图形对象的方法。熟悉图形对象的选择方法才能提高图形编辑操作的效率。

3.1.1 选取工具

在 Illustrator 的工具箱中有 5 个选择工具，分别是【选择】工具、【直接选择】工具、【编组选择】工具、【魔棒】工具和【套索】工具，它们分别代表不同的功能，并且在不同的情况下使用。

1. 【选择】工具

使用【选择】工具在路径或图形的任何一处单击，即可选中整条路径或者图形。当【选择】工具在未选中图形对象或路径时，光标显示为 ▶ 形状。当使用【选择】工具选中图形对象或路径后，光标变为 ▶ 形状。当【选择】工具靠近一个锚点时，光标显示为 ▶ 形状。

要使用【选择】工具选择图形有两种方法，一种是使用鼠标单击图形，即可将图形选中。

另一种是使用鼠标拖动矩形框来框选部分图形将图形选中。选中图形后，可以使用【选择】工具拖动鼠标移动图形的位置，还可以通过选中对象的矩形定界框上的控制点缩放、旋转图形。

2. 【直接选择】工具

【直接选择】工具可以选取成组对象中的一个对象、路径上任何一个单独的锚点或某一路径上的线段，在大部分情况下【直接选择】工具用来修改对象形状。

当【直接选择】工具放置在未被选中图形或路径上时，光标显示为 ▶ 形状；当【直接选择】工具放置在已被选中的图形或路径上时，光标变为 ▶ 形状。

使用【直接选择】工具选中一个锚点后，该点以实心正方形显示，其他锚点空心正方形显示。如果被选中的锚点是曲线点，则曲线点的方向线及相邻锚点的方向线也会显示出来。使用【直接选择】工具拖动方向线及锚点就可改变曲线形状及锚点位置，也可以通过拖动线段改变曲线形状。

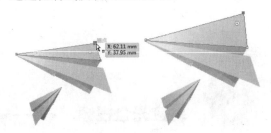

3. 【编组选择】工具

有时为了便于绘图，需要把几个图形进行编组，如果要移动一组图形，只需要使用【选择】工具选择任意图形，就可以把这一组图形都选中。如果这时要选择其中一个图形，则需要使用【编组选择】工具。在成组的图形中，使用【编组选择】工具单击可选中其中的一个图形，双击鼠标即可选中该组图形。如果图形是多重成组图形，则每多单击鼠标一次，就可多选择一组图形。

4．【魔棒】工具

【魔棒】工具的出现为选取具有某种相同或相近属性的对象带来了前所未有的方便，对于位置分散的具有某种相同或相近属性的对象，【魔棒】工具能够单独选取目标的某种属性，从而使整个具有某种相同或相近的属性的对象全部选中。该工具的使用方法与 Photoshop 中的【魔棒】工具的使用方法相似，用户利用该工具可以选择具有相同或相近的填充色、边线色、边线宽度、透明度或者混合模式的图形。

双击【魔棒】工具，打开该工具的面板，在其中可做适当的设置。

▶ 【填充颜色】选项：以填充色为选择基准，其中【容差】的大小决定了填充色选择的范围，数值越大选择范围就越大，反之，范围就越小。

▶ 【描边颜色】选项：以边线色为选择基准，其中【容差】的作用同【填充颜色】中【容差】的作用相似。

▶ 【描边粗细】选项：以边线色为选择基准，其中【容差】决定了边线宽度的选择

范围。

▶ 【不透明度】选项：以透明度为选择基准，其中【容差】决定了透明程度的选择范围。

▶ 【混合模式】选项：以相似的混合模式作为选择的基准。

5．【套索】工具

【套索】工具可以通过自由拖动的方式选取多个图形、锚点或者路径片段。使用【套索】工具勾选完整的一个对象，整个图形即被选中。如果只勾选部分图形，则只选中被勾选的局部图形上的锚点。

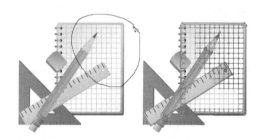

3.1.2 选取命令

【选择】菜单下有多个不同的选择命令。

▶ 【全部】命令用于全选所有页面内的图形。

▶ 【现用画板上的全部对象】命令用于选择当前使用页面中的全部图形对象。

▶ 【取消选择】命令用于取消对页面内图形的选择。

▶ 【重新选择】命令用于选择执行【取消选择】命令前的被选择的图形。

▶ 【反向】命令用于选择当前被选择图形以外的图形。

▶ 当图形被堆叠时，可通过【选择】|【上方的下一个对象】命令选择当选图形紧邻的上面的图形；选择【选择】|【下方的下一个对象】命令可选择当选图形紧邻的下面的图形。

▶ 选择【选择】|【相同】命令或使用控制面板中的【选择类似的对象】，可以自定

义根据对象填充色、描边色、描边粗细等属性选择对象。单击控制面板中【选取相似的对象】按钮 右侧的，可以在弹出的下拉列表选择对象属性。

3.2 即时变形工具的使用

Illustrator 中的即时变形工具可以使文字、图像和其他物体的交互变形变得轻松。这些工具的使用和 Photoshop 中的涂抹工具类似。不同的是，使用涂抹工具得到的结果是颜色的延伸，而即时变形工具可以实现从扭曲到极其夸张的变形。

3.2.1 【宽度】工具

【宽度】工具 可以创建可变宽笔触并将宽度变量保存为可应用到其他笔触的配置文件。使用【宽度】工具滑过一个笔触时，控制柄将出现在路径上，可以调整笔触宽度、移动宽度点数、复制宽度点数和删除宽度点数。使用【宽度】工具可以把单一的线条描绘成富于变化的线条，以表达更加丰富的插画效果。

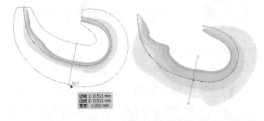

用户可以使用【宽度点数编辑】对话框创建或修改宽度点数。使用【宽度】工具双击笔触，可以在打开【宽度点数编辑】对话框中编辑宽度点数的值。

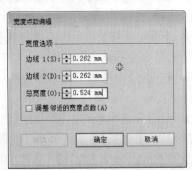

> **知识点滴**
>
> 在【宽度点数编辑】对话框中，如果选中【调整邻近的宽度点数】复选框，则对已选宽度点数的更改将同样影响邻近的宽度点数。

3.2.2 【变形】工具

【变形】工具 能够使对象的形状按照鼠标拖动的方向产生自然的变形，从而可以自由地变换基础图形。

双击工具箱中的【变形】工具，可以打开【变形工具选项】对话框。

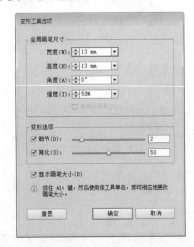

▶ 【宽度】选项：用于设置变形工具画笔水平方向的直径。

▶ 【高度】选项：用于设置变形工具画笔垂直方向的直径。

▶ 【角度】选项：用于设置变形工具画笔的角度。

▶ 【强度】选项：用于设置变形工具的画笔按压的力度。

> ▶ 【细节】选项：用于设置变形工具得以应用的精确程度，设置范围是 1~10，数值越高，表现得越细致。

> ▶ 【简化】选项：用于设置变形工具得以应用的简单程度，设置范围是 0.2~100。

> ▶ 【显示画笔大小】选项：选中该复选框会显示应用相应设置的画笔形状。

3.2.3 【旋转扭曲】工具

【旋转扭曲】工具能够使对象形成涡旋的形状。该工具的使用方法很简单，只要选择该工具，然后在要变形的部分单击，单击的范围就会产生涡旋。也可以持续按住鼠标左键，按住的时间越长，涡旋的程度就越强。

3.2.4 【缩拢】工具

【缩拢】工具能够使对象的形状产生收缩的效果。【缩拢】工具和【旋转扭曲】工具的使用方法相似，只要选择该工具，然后在要变形的部分单击，单击的范围就会产生缩拢。也可以持续按住鼠标左键，按住的时间越长，缩拢的程度就越强。

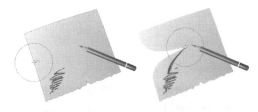

3.2.5 【膨胀】工具

【膨胀】工具的作用与【缩拢】工具的作用刚好相反，【膨胀】工具能够使对象的形状产生膨胀的效果。只要选择该工具，然后在要变形的部分单击，单击的范围就会产生膨胀。也可以持续按住鼠标左键，按住时间越长，膨胀的程度就越强。

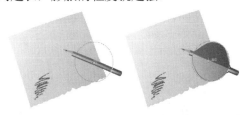

3.2.6 【扇贝】工具

【扇贝】工具能够使对象表面产生贝壳外表波浪起伏的效果。选择该工具，然后在要变形的部分单击，单击的范围就会产生波纹效果。也可以持续按住鼠标左键，按住的时间越长，波动的程度就越强。

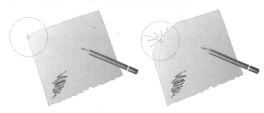

3.2.7 【晶格化】工具

【晶格化】工具的作用和【扇贝】工具相反，它能够使对象表面产生尖锐外凸的效果。选择该工具，然后在要变形的部分单击，单击的范围就会产生尖锐的凸起效果。也可以持续按住鼠标左键，按住的时间越长，凸起的程度就越强。

3.2.8 【褶皱】工具

【褶皱】工具用来制作不规则的波浪，是用于改变对象形状的工具。选择该工具，然后在要变形的部分单击，单击的范围就会产生波浪。也可以持续按住鼠标左键，按住的时间越长，波动的程度就越强烈。

3.3 编辑对象

在图形软件中，改变形状工具的使用频率非常高。用户除了可以使用菜单中的变形命令之外，工具箱中还常备了【旋转】工具、【比例缩放】工具、【镜像】工具、【倾斜】工具以及【整形】工具等改变形状的工具。

3.3.1 旋转对象

在 Illustrator 中，用户可以直接使用【旋转】工具旋转对象，还可以使用【对象】|【变换】|【旋转】命令，或双击【旋转】工具，打开【旋转】对话框准确设置旋转选中对象的角度，并且可以复制选中对象。

【例 3-1】在 Illustrator 中，使用工具或命令旋转对象。
素材 (光盘素材第 03 章例 3-1)

step ① 在打开的图形文档中，选择【选择】工具单击选中需要旋转的对象，然后将光标移动到对象的定界框手柄上，待光标变为弯曲的双向箭头形状 时，拖动鼠标即可旋转对象。

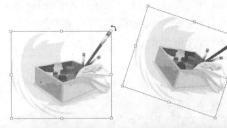

知识点滴
如果对象包含图案填充，同时选中【图案】复选框以旋转图案。如果只想旋转图案，而不想旋转对象，则需要取消选中【对象】复选框。

step ② 使用【选择】工具选中对象后，选择工具箱中的【旋转】工具 ，然后单击文档窗口中的任意一点，以重新定位参考点，将光标从参考点移开，并拖动光标作圆周运动。

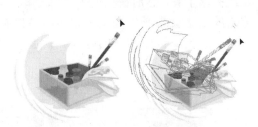

step ③ 选择对象后，选择菜单栏中的【对象】|【变换】|【旋转】命令，或双击【旋转】工具打开【旋转】对话框，在【角度】文本框中输入旋转角度 45°。输入负角度可顺时针旋转对象，输入正角度可逆时针旋转对象。单击【确定】，或单击【复制】以旋转并复制对象。

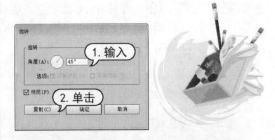

3.3.2 比例缩放对象

使用【比例缩放】工具 可随时对 Illustrator 中的图形进行缩放，用户不但可以在水平或垂直方向放大和缩小对象，还可以同时在两个方向上对对象进行整体缩放，其操作方法与【旋转】工具类似。

如果要精确控制缩放的角度，在工具箱中选择【比例缩放】工具后，按住 Alt 键，然后在画板中单击鼠标，或双击工具箱中的【比例缩放】工具打开【比例缩放】对话框。

当选中【等比】单选按钮时，可在【比例缩放】文本框中输入百分比。当选中【不等比】单选按钮时，在下面会出现两个选项，可分别在【水平】和【垂直】文本框中输入水平和垂直的缩放比例。如果选中【预览】复选框可以在页面中看到图形的变化。

> **知识点滴**
>
> 如果图形中包含有描边或效果，并且描边或效果也要同时缩放，则可选中【比例缩放描边和效果】复选框。

3.3.3　镜像对象

使用【镜像】工具 可以按照镜像轴旋转图形。选择图形后，使用【镜像】工具在页面中单击确定镜像旋转的轴心，然后按住鼠标左键拖动，图形对象就会沿对称轴做镜像旋转。也可以按住 Alt 键在页面中单击，

或双击【镜像】工具，打开【镜像】对话框精确定义对称轴的角度镜像对象。

【例 3-2】 在 Illustrator 中，使用工具和命令翻转对象。

素材 (光盘素材\第 03 章\例 3-2)

step 1 在打开的图形文档中，使用【选择】工具选中图形对象。选择【自由变换】工具，拖动定界框的手柄，使其越过对面的边缘或手柄，直至对象位于所需的镜像位置。若要维持对象的比例，在拖动角手柄越过对面的手柄时，按住 Shift 键。

step 2 使用【选择】工具选择对象后，选择工具箱中的【镜像】工具，在文档中任何位置单击，以确定轴上的参考点。当光标变为黑色箭头时，即可拖动对象进行翻转操作。按住 Shift 键拖动鼠标，可限制角度保持 45°。当镜像轮廓到达所需位置时，释放鼠标左键即可。

step 3 使用【选择】工具选择对象后，选择【镜像】工具，在文档中任何位置单击，以确定轴上的参考点，再次单击以确定不可见轴上的第二个参考点，所选对象会以所定义的轴为轴进行翻转。

step 4 使用【选择】工具选择对象后，右击鼠标，在弹出的菜单中选择【变换】|【对称】命令，在打开的【镜像】对话框中，输入角度80°，然后单击【复制】按钮，即可将所选对象进行翻转并复制。

3.3.4 倾斜对象

【倾斜】工具 可以使图形发生倾斜。选择图形后，使用【倾斜】工具在页面中单击确定倾斜的固定点，然后按住鼠标左键拖动即可倾斜变形图形。倾斜的中心点不同，倾斜的效果也不同。拖拽的过程中，按住 Alt 键可以倾斜并复制图形对象。

如果要精确定又倾斜的角度，则按住 Alt 键在画板中单击，或双击工具箱中的【倾斜】工具开打【倾斜】对话框。在对话框的【倾斜角度】文本框中，可输入相应的角度值。在【轴】选项组中有 3 个选项，分别为【水平】、【垂直】和【角度】。当选中【角度】单选按钮后，可在其后面的文本框中输入相应的角度值。

3.3.5 使用【整形】工具

【整形】工具 可以保持图形形状的同时移动锚点。如果要同时移动几个锚点，按住 Shift 键的同时继续选择，此时使用【整形】工具在页面中拖拽，被选中的锚点也随之移动，而其他锚点位置保持不变。如果此时使用【整形】工具在路径上单击，则路径上就会出现新的曲线锚点。

3.3.6 使用【自由变换】工具

使用【自由变换】工具 可以自由地旋转、缩放图形对象。在使用【自由变换】工具前需要使用【选择】工具选中需要变形的图形，然后将鼠标光标移动到图形定界框上出现↔手柄或↕手柄时可以在垂直或水平方向上缩放图形，显示 手柄时按下 Shift 键可以保持原有的比例进行缩放，按下 Alt 键拖动可以从边框向中心进行缩放。当光标形状变为↻之后再拖动鼠标旋转对象。

> **知识点滴**
>
> 选择图形后，在拖动过程中按住 Ctrl 键可以对图形进行一个角的变形处理；按住 Shift+Alt+Ctrl 键可以对图形进行透视处理。使用【自由变换】工具也可以镜像图形。

3.3.7 使用【变换】面板

使用【变换】面板同样可以移动、缩放、旋转和倾斜图形，选择【窗口】|【变换】命令，可以打开【变换】面板。

面板的【宽】、【高】数值框里的数值分别表示图形的宽度和高度，改变这两个数值框中的数值，图形的大小也会随之发生变化。面板底部的两个数值框分别表示旋转角度值和倾斜角度值，在这两个数值框中输入数值，可以旋转和倾斜选中的图形对象。面板中间会根据当前选取图形对象显示其属性设置选项。

> **知识点滴**
>
> 面板左侧的 图标表示图形外框。选择图形外框上不同的点，它后面的 X、Y 数值表示图形相应点的位置。同时，选中的点将成为后面变形操作的中心点。

【例3-3】在 Illustrator 中，使用【变换】面板调整图形对象。

素材 (光盘素材\第 03 章\例 3-3)

step 1 使用【选择】工具选中图形对象后，选择菜单栏中的【窗口】|【变换】命令，显示【变换】面板。在该面板中，单击参考点定位器 右上角的白色方块，使对象围绕其参考点旋转。

step 2 在【变换】面板的【角度】数值框中输入旋转角度为 30°。

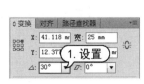

step 3 在【变换】面板中，单击锁定比例按钮 保持对象的比例。单击参考点定位器 中央的白色方块，更改缩放参考点。在【宽】框中输入新值，即可缩放对象。

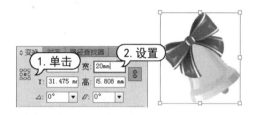

step 4 在【变换】面板的【倾斜】文本框中输入一个值，即可倾斜对象。

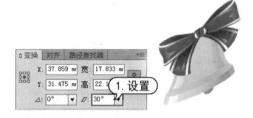

3.3.8　再次变换

在 Illustrator 中，还可以进行重复的变换操作，软件会默认所有的变换设置，直到选择不同的对象或指向不同的命令任务为止。选择【对象】|【变换】|【再次变换】命令时，还可以对对象进行变换复制操作，可以按照一个相同的变换操作复制一系列的对象。用户也可以按快捷键 Ctrl+D 键应用相同变换操作。

【例3-4】在 Illustrator 中，使用【再次变换】命令制作图形对象。

素材 (光盘素材\第 03 章\例 3-4)

step 1 使用【钢笔】工具绘制一个三角形，并在【颜色】面板中设置描边填色为无，填色为C=60 M=0 Y=3 K=0。

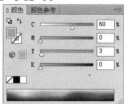

step 2 使用【选择】工具选中三角形，选择【镜像】工具按Alt键单击三角形底部的锚点，打开【镜像】对话框。在对话框中选中【垂直】单选按钮，然后单击【复制】按钮。

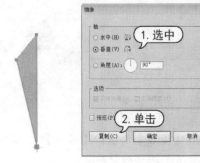

step 3 在【颜色】面板中，设置复制的三角形填色为C=65 M=50 Y=0 K=0。

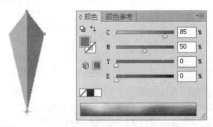

step 4 使用【选择】工具选中两个三角形，按Ctrl+G键进行编组。选择【旋转】工具按Alt键单击编组图形底部的锚点，打开【旋转】对话框。在对话框中，设置【角度】为30°，然后单击【复制】按钮。

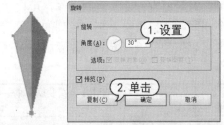

step 5 多次按Ctrl+D键重复执行【再次变换】命令，得到一组如图所示的图形。

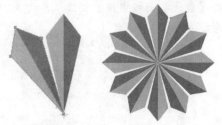

3.3.9 分别变换

选中多个对象时，如果直接进行变换操作，则是将所选对象作为一个整体进行变换，而使用【分别变换】命令则可以对所选的对象以各自中心点进行分别变换。

选择【对象】|【变换】|【分别变换】命令，可以在打开的【分别变换】对话框中对【缩放】、【移动】以及【旋转】等参数进行设置。

【例3-5】在 Illustrator 中，使用【分别变换】命令制作图形对象。

素材 (光盘素材\第03章\例3-5)

step 1 使用【椭圆】工具，按Alt键在页面中绘制两个椭圆形。

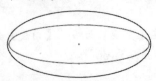

step 2 使用【选择】工具选中两个椭圆形，选择【窗口】|【路径查找器】命令，打开【路径查找器】面板，在面板中单击【减去顶层】按钮。

step ③ 在【颜色】面板中，设置编辑后图形的描边填色为无。在【渐变】面板中，单击填色框，再单击渐变填色框，然后设置填色为 C=0 M=45 Y=83 K=0 至 C=15 M=100 Y=100 K=0 的渐变。

step ④ 使用【选择】工具在图形对象上单击鼠标右键，在弹出的菜单中选择【变换】|【分别变换】命令，打开【分别变换】对话框。在对话框中，设置变换参考中心点为右下角，在【缩放】选项区中设置【水平】为95%，

【垂直】为 80%，设置旋转【角度】为-30°，然后单击【复制】按钮。

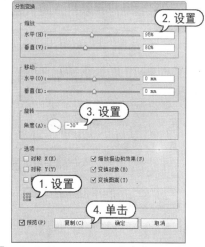

step ⑤ 多次按Ctrl+D键重复执行【再次变换】命令，得到一组如图所示的图形。

3.4　封套扭曲

封套扭曲是对选定对象进行扭曲和改变形状的工具。用户可以利用画板上的对象来制作封套，或者使用预设的变形形状或网格作为封套。可以在任何对象上使用封套，但图标、参考线和链接对象除外。

3.4.1　用变形建立

使用【用变形建立】命令可以通过预设的形状创建封套。选中图形对象后，选择【对象】|【封套扭曲】|【用变形建立】命令，打开【变形选项】对话框。在【样式】下拉列表中选择变形样式。

▶ 【样式】：在该下拉列表中，选择不同的选项，可以定义不同的变形样式。在该下拉列表中可以选择【弧形】、【下弧形】、【上弧形】、【拱形】、【凸出】、【凹壳】、【凸壳】、【旗形】、【波形】、【鱼形】、【上升】、【鱼眼】、【膨胀】、【挤压】和【扭转】选项。

▶ 【水平】、【垂直】单选按钮：选中【水平】、【垂直】单选按钮时，将定义对象变形的方向。

▶ 【弯曲】选项：调整该选项中的参数，可以定义扭曲的程度，绝对值越大，弯曲的程度越大。正值是向上或向左弯曲，负值是向下或向右弯曲。

▶【水平】选项：调整该选项中的参数，可以定义对象扭曲时在水平方向单独进行扭曲的效果。

▶【垂直】选项：调整该选项中的参数，可以定义对象扭曲时在垂直方向单独进行扭曲的效果。

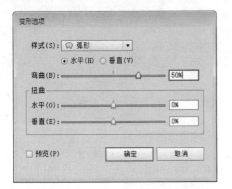

3.4.2 用网格建立

设置一种矩形网格作为封套，可以使用【用网格建立】命令在【封套网格】对话框中设置行数和列数。选中图形对象后，选择【对象】|【封套扭曲】|【用网格建立】命令，打开【封套网格】对话框。设置完行数和列数后，可以使用【直接选择】工具和【转换锚点】工具对封套外观进行调整。

【例3-6】在 Illustrator 中，对图形对象进行封套扭曲操作。

素材 (光盘素材\第 03 章\例 3-6)

step 1 在打开的图形文档中，使用【选择】工具选中文字对象。

step 2 选择菜单栏中的【对象】|【封套扭曲】|【用网格建立】命令，打开【封套网格】对

话框，设置【行数】和【列数】均为 2，然后单击【确定】按钮。

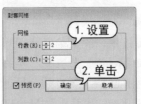

step 3 使用【直接选择】工具调整封套网格中锚点的位置，并对对象进行扭曲变换操作。

3.4.3 用顶层对象建立

设置一个对象作为封套的形状，将形状放置在被封套对象的最上方，选择封套形状和被封套对象，然后选择【对象】|【封套扭曲】|【用顶层对象建立】命令。

【例3-7】制作 APP 图标。

素材 (光盘素材\第 03 章\例 3-7)

step 1 选择【文件】|【新建】命令，打开【新建文档】对话框。在对话框中设置【宽度】和【高度】为 150 mm，然后单击【确定】按钮。

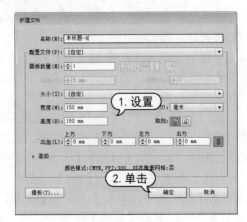

step 2 选择【视图】|【显示网格】命令，显示网格。选择【矩形】工具在画板中心单击，并按Alt+Shift键拖动绘制矩形，然后在打开【变换】面板的【矩形属性】选项区中设置【圆角半径】为 8 mm。

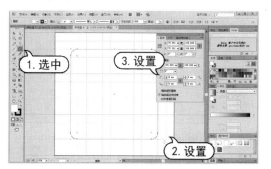

step 3 设置刚创建的矩形描边色为无，在【渐变】面板中单击渐变填色框，设置【角度】为-90°，填色为C=67 M=22 Y=0 K=0 至 C=95 M=55 Y=15 K=0 的渐变。

step 4 选择【效果】|【风格化】|【投影】命令，打开【投影】对话框。在对话框中，单击【颜色】选项右侧色块，在弹出的拾色器中设置投影颜色为C=96 M=75 Y=58 K=26，然后设置【不透明度】为85%，【X位移】为 0 mm，【Y位移】为 3 mm，【模糊】为 0 mm，然后单击【确定】按钮。

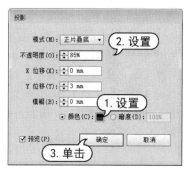

step 5 使用【矩形】工具依据网格拖动绘制矩形，并在【颜色】面板中设置填色为白色。

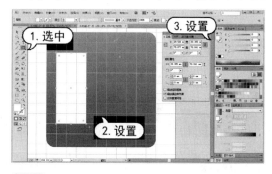

step 6 选择【倾斜】工具，向上拖动变换绘制的矩形。

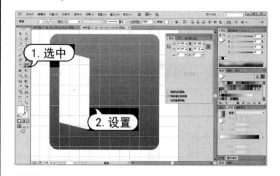

step 7 使用【选择】工具在刚编辑完的图形上单击鼠标右键，在弹出的菜单中选择【变换】|【对称】命令，打开【镜像】对话框。在对话框中，选中【垂直】单选按钮，然后单击【复制】按钮。

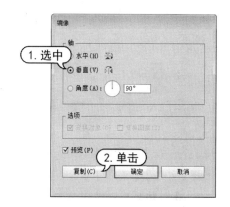

step 8 使用【选择】工具移动刚复制的图形位置，然后按Ctrl+Alt+Shift键移动复制步骤(5)中创建的图形。

step 9 使用【选择】工具选中步骤(5)至步骤

(8)中创建的图形对象，并在【路径查找器】
面板中单击【联集】按钮。

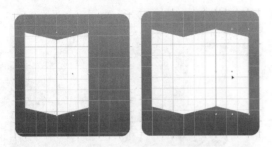

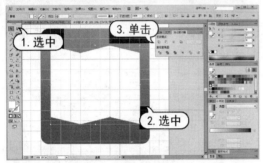

step 10 在合并后的图形上，单击鼠标右键，
在弹出的快捷菜单中选择【变换】|【缩放】
命令，打开【比例缩放】对话框。在对话框
中，设置【等比】为95%，然后单击【复制】
按钮。

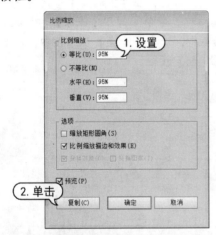

step 11 选择【文件】|【置入】命令，打开【置
入】对话框。在对话框中，选中所需的文档，
然后单击【置入】按钮。

step 12 使用【选择】工具在画板中单击，置
入图形文档，并按Ctrl+[键将其后移一层，将
其放置在步骤(9)创建的图形对象下方。

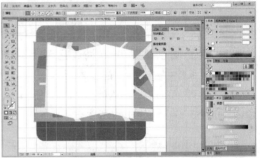

step 13 使用【选择】工具选中置入图形对象
和步骤(9)创建的图形对象，选择菜单栏中的
【对象】|【封套扭曲】|【用顶层对象建立】
命令，即可对选中的图形对象进行封套扭曲。

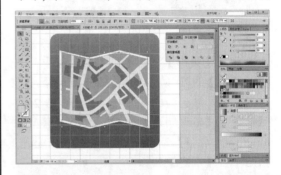

step 14 使用【钢笔】工具绘制如图所示的图
形，并在【颜色】面板中设置填色为C=58
M=52 Y=50 K=0，在【透明度】面板中设置
混合模式为【滤色】，【不透明度】为70%。

step 15 继续使用【钢笔】工具绘制如图所
示的图形，并在【透明度】面板中设置混
合模式为【正片叠底】，【不透明度】为45%。

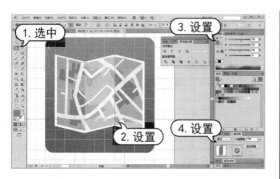

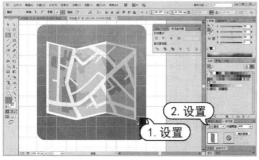

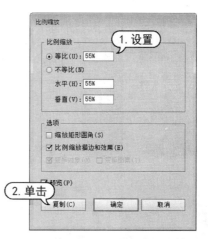

step 16 选择【椭圆】工具，按Alt+Shift键拖动绘制圆形，并在【颜色】面板中设置填色为C=0 M=90 Y=85 K=0。

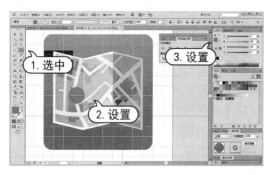

step 17 在刚绘制的圆形上单击鼠标右键，在弹出的快捷菜单中选择【变换】|【缩放】命令，打开【比例缩放】对话框。在对话框中，设置【等比】为 55%，然后单击【复制】按钮。

step 18 使用【选择】工具选中两个圆形，在【路径查找器】面板中单击【减去顶层】按钮。选择【直接选择】工具选中外部圆形的下方锚点，然后单击控制面板中的【将所选锚点转换为尖角】按钮，并调整该锚点位置。

step 19 使用【选择】工具移动并复制步骤(18)创建的图形，然后调整其大小。在【颜色】面板中，设置填色为C=14 M=8 Y=100 K=0。

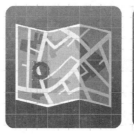

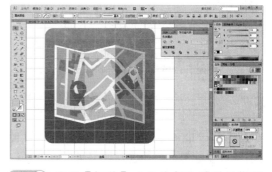

step 20 使用【钢笔】工具绘制如图所示的图形，并在【颜色】面板中设置填色为黑色，在【透明度】面板中设置混合模式为【正片叠底】，【不透明度】为 30%。

step 21 使用【钢笔】工具绘制如图所示的图形，在【渐变】面板中单击渐变填色框，设置【角度】为 135°，填色为K=0，【不透明度】为 0%至K=90，【不透明度】为 80%至K=100 的渐变。

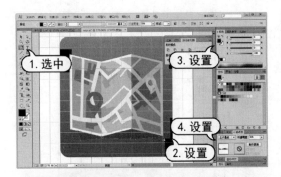

step 22 在【透明度】面板中，设置步骤(21)中创建的图形对象混合模式为【正片叠底】，【不透明度】为 40%。

3.4.4 设置封套选项

选择一个封套变形对象后，除了可以使用【直接选择】工具进行调整外，还可以选择【对象】|【封套扭曲】|【封套选项】命令，打开【封套选项】对话框控制封套。

▶ 【消除锯齿】：在使用封套扭曲对象时，可使用此选项来平滑栅格。取消选择【消除锯齿】选项，可降低扭曲栅格所需的时间。

▶ 【保留形状，使用】：当用非矩形封套扭曲对象时，可使用此选项指定栅格应以何种形式保留其形状。选中【剪切蒙版】选项以在栅格上使用剪切蒙版，或选择【透明度】选项以对栅格应用 Alpha 通道。

▶ 【保真度】选项：调整该选项中的参数，可以指定使对象适合封套模型的精确程度。增加保真度百分比系统会向扭曲路径添加更多的点，而扭曲对象所使用的时间也会随之增加。

▶ 【扭曲外观】、【扭曲线性渐变】和【扭曲图案填充】复选框，分别用于决定是否扭曲对象的外观、线性渐变和图案填充。

3.4.5 释放或扩展封套

当一个对象进行封套变形后，该对象可以通过封套组件来控制对象外观，但不能对该对象进行其他的编辑操作。此时，选择【对象】|【封套扭曲】|【扩展】命令可以将作为封套的图形删除，只留下已扭曲变形的对象，且留下的对象不能再进行和封套编辑有关的操作。

如果要将制作的封套对象恢复到操作之前的效果，选择【对象】|【封套扭曲】|【释放】命令即可，而且还会保留封套的部分。

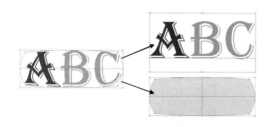

3.4.6 编辑内容

当对象进行了封套编辑后，使用工具箱中的【直接选择】工具或其他编辑工具对该对象进行编辑时，只能选中该对象的封套部分，而不能对其本身进行调整。

如果要对对象进行调整，选择【对象】|【封套扭曲】|【编辑内容】命令，或单击控制面板中【编辑内容】按钮 ，将显示原始对象的边框，通过编辑原始图形可以改变复合对象的外观。编辑内容操作结束后，选择【对象】|【封套扭曲】|【编辑封套】命令，或单击控制面板中【编辑封套】按钮 ，结束内容编辑。

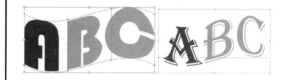

3.5 混合对象

在 Illustrator 中可以混合对象以创建形状，并在两个对象之间平均分布形状，也可以在两个开放路径之间进行混合，在对象之间创建平滑的过渡；或者组合颜色和对象的混合，在特定对象形状中创建颜色过渡。Illustrator 中的混合工具和混合命令，可以在两个或多个对象之间创建一系列的中间对象。可在两个开放路径、两个封闭路径、不同渐变之间产生混合。并且可以使用移动、调整尺寸、删除或加入对象的方式，编辑与建立混合。在完成编辑后，图形对象会自动重新混合。

3.5.1 创建混合

使用【混合】工具 和【混合】命令可以为两个或两个以上的图形对象创建混合。选中需要混合的路径后，选择【对象】|【混合】|【建立】命令，或选择【混合】工具分别单击需要混合的图形对象，即可生成混合效果。

【例 3-8】在 Illustrator 中，创建图形混合。
视频+素材 (光盘素材第 03 章\例 3-8)

step 1 选择【文件】|【打开】命令，打开图形文档。

3.5.2 设置混合选项

选择混合的路径后，双击工具箱中的【混合】工具，或选择【对象】|【混合】|【混合选项】命令，可以打开【混合选项】对话框。其中可以对混合效果进行设置。

step 2 选择【混合】工具，在文档中的两个图形对象上分别单击，创建混合效果。

▶ 【间距】选项用于设置混合对象之间的距离大小，数值越大，混合对象之间的距离越大。其中包含 3 个选项，分别是【平滑颜色】、【指定的步数】和【指定的距离】选项。【平滑颜色】选项表示系统将按照要混合的两个图形的颜色和形状来确定混合步数。【指定的步数】选项用于控制混合的步数。【指定的距离】选项用于控制每一步混合间的距离。

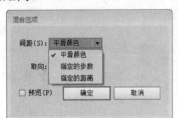

> 【取向】选项可以设定混合的方向。
按钮以对齐页面的方式进行混合，按钮以对齐路径的方式进行混合。

> 【预览】复选框被选中后，可以直接预览更改设置后的所有效果

【例 3-9】在 Illustrator 中，创建混合对象并设置混合选项。

视频+素材 (光盘素材\第 03 章\例 3-9)

step 1 选择【文件】|【打开】命令，打开图形文档。

step 2 选择【混合】工具，在图形文档中的两个图形对象上分别单击，创建混合效果。

step 3 选择【对象】|【混合】|【混合选项】命令，打开【混合选项】对话框。在对话框的【间距】下拉列表中选择【指定的距离】选项，并设置为 16 mm。

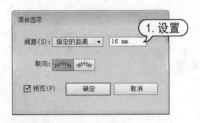

step 4 单击【确定】按钮关闭【混合选项】对话框，应用混合选项的设置。

3.5.3 编辑混合对象

创建混合图形对象后，还可以对混合图形进行编辑修改。

1. 调整混合路径

使用 Illustrator 的编辑工具能移动、删除或变形混合；也可以使用任何编辑工具来编辑锚点和路径或改变混合的颜色。当编辑原始对象的锚点时，混合也会随之改变。原始对象之间所混合的新对象不会拥有其本身的锚点。

【例 3-10】在 Illustrator 中，创建混合对象并编辑混合对象路径。

视频+素材 (光盘素材\第 03 章\例 3-10)

step 1 选择【文件】|【打开】命令，打开图形文档。

step 2 选择【混合】工具，在图形文档中的两个图形对象上分别单击，创建混合效果。

step 3 选择【对象】|【混合】|【混合选项】命令，打开【混合选项】对话框。在对话框的【间距】下拉列表中选择【指定的步数】选项，并设置数值为 4，然后单击【确定】按钮设置混合选项。

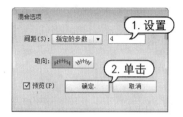

step 4　选择【锚点】工具，单击混合轴上锚点并调整混合轴路径。

2. 替换混合轴

在 Illustrator 中，使用【对象】|【混合】|【替换混合轴】命令可以使需要混合的图形按照一条已经绘制好的开放路径进行混合，从而得到所需要的混合图形。

【例 3-11】在 Illustrator 中，创建混合对象并使用绘制的路径替换混合轴。

视频+素材（光盘素材\第 03 章\例 3-11）

step 1　选择【文件】|【打开】命令，选择打开图形文档。

step 2　选择【混合】工具，在文档中的两个图形对象上分别单击，创建混合效果。

step 3　选择【对象】|【混合】|【混合选项】命令，打开【混合选项】对话框。在对话框的【间距】下拉列表中选择【指定的步数】选项，并设置数值为 7，然后单击【确定】按钮。

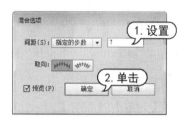

step 4　选择【螺旋线】工具，在画板中单击打开【螺旋线】对话框。在对话框中，设置【半径】为 40 mm，【衰减】为 80%，【段数】数值为 6，然后单击【确定】按钮创建螺旋线。

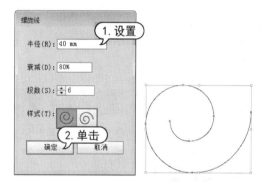

step 5　使用【选择】工具选中混合图形和路径，然后选择【对象】|【混合】|【替换混合轴】命令。此时，图形对象将依据绘制的路径进行混合。

3. 反向混合轴

使用【选择】工具选中混合图形后，选择【对象】|【混合】|【反向混合轴】命令可以互换混合的两个图形位置，其效果类似于镜像功能。

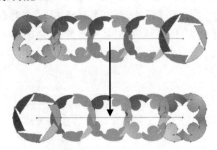

4. 反向堆叠

选择【对象】|【混合】|【反向堆叠】可以转换进行混合的两个图形的前后位置。

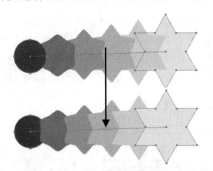

3.5.4　扩展混合对象

如果要将相应的对象恢复到普通对象的

属性，但又保持混合后的效果状态，可以选择【对象】|【混合】|【扩展】命令。此时，混合对象将转换为普通对象，并且保持混合后的效果状态。

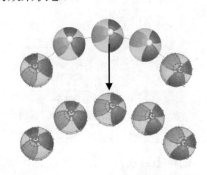

3.5.5　释放混合对象

创建混合后，在连接路径上包含了一系列逐渐变化的颜色与性质都不相同的图形。这些图形是一个整体，不能够被单独选中。如果不需要再使用混合，可以将混合释放，释放后原始对象以外的混合对象即被删除。

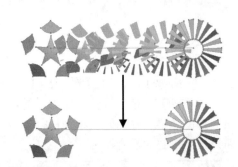

3.6　透视图

在 Illustrator 中，透视图工具可以在绘制透视效果时作为辅助工具，使对象以当前设置的透视规则进行变形。

3.6.1　透视网格预设

要在文档中查看默认的两点透视网格，可以选择【透视网格】工具在画布中显示出透视网格，或选择【视图】|【透视网格】|【显示网格】命令，或按 Ctrl+Shift+I 键显示透视网格，还可以使用相同的组合键来隐藏

可见的网格。

> **实用技巧**
>
> 在透视网格中，【活动平面】是指绘制对象的平面。使用快捷键 1 可以选中左侧网格平面；使用快捷键 2 可以选中水平网格平面；使用快捷键 3 可以选中右侧网格平面；使用快捷键 4 可以选中无活动的网格平面。

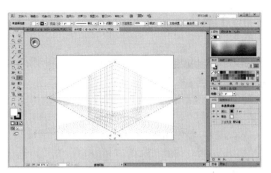

在选择透视网格时，还将出现平面切换构件。在【平面切换构件】上的某个平面上单击即可将所选平面设置为活动的网格平面进行编辑处理。

无活动的网格平面

左侧网格平面　　　　　右侧网格平面

水平网格平面

在 Illustrator 中，还可以在【视图】|【透视网格】命令子菜单中进行透视网格预设的选择。其中包括一点透视、两点透视和三点透视。

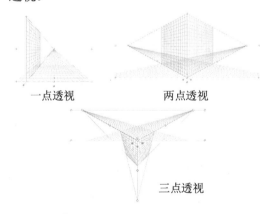

一点透视　　　　　两点透视

三点透视

3.6.2　在透视中绘制新对象

在透视网格开启的状态下绘制图形时，所绘制的图形将自动沿网格透视进行变形。在平面切换构件中选择不同的平面时光标也会呈现不同的形状。

【例3-12】在透视网格中创建对象。

素材 (光盘素材第 03 章\例 3-12)

step ① 在空白文档，选择【视图】|【透视网格】|【三点透视】|【三点-正常视图】命令，显示透视网格。

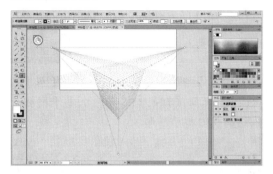

step ② 使用【透视网格】工具调整三点透视网格效果。

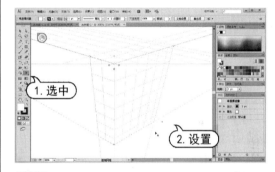

step ③ 在【平面切换构件】上单击【右侧网格(3)】，然后将光标移动到右侧网格平面上，此时，光标显示为　状态。使用【矩形】工具单击并向右下拖拽光标，可以看到绘制出了带有透视效果的矩形。

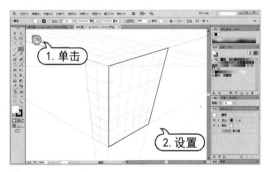

step ④ 在【平面切换构件】上单击【左侧网格(1)】，然后将光标移动到左侧网格平面上继续使用【矩形】工具拖动绘制。

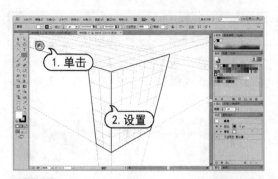

step 5 在【平面切换构件】上单击【水平网格(2)】，选择【钢笔】工具，在水平网格区域绘制如图所示图形。

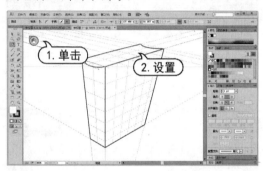

step 6 选择【视图】|【透视网格】|【隐藏网格】命令。使用【直接选择】工具和【锚点】工具，调整图形对象形状。

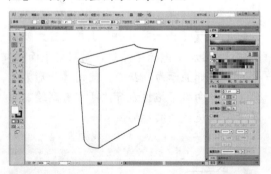

step 7 使用【选择】工具选中左侧图形对象，设置对象描边填色为无，在【渐变】面板中单击渐变填色框，设置填色为C=26 M=93 Y=93 K=5 至C=0 M=70 Y=95 K=0 至C=35 M=93 Y=93 K=5 的渐变，【角度】为2°。

step 8 使用【选择】工具选中右侧图形对象，设置对象描边填色为无，在【渐变】面板中单击渐变填色框，设置填色为C=35 M=93 Y=93 K=5 至C=0 M=70 Y=95 K=0 的渐变，

【角度】数值为-9°。

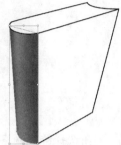

step 9 使用【选择】工具选中顶部的图形对象，设置对象描边填色为无，在【渐变】面板中单击渐变填色框，设置填色为 K=60 至 K=40 的渐变，【角度】为99°。

step 10 按Ctrl+C键复制顶部图形对象，按Ctrl+F键粘贴。设置复制的图形对象描边填色为黑色，填色为无，并在【描边】面板中，设置【粗细】为 2 pt，单击【使描边内侧对齐】按钮。

step 11 选择【对象】|【路径】|【轮廓化描边】命令，然后使用【钢笔】工具绘制如左图所示图形对象。使用【选择】工具选中描边对象和绘制的图形，在【路径查找器】面板中单击【减去顶层】按钮。

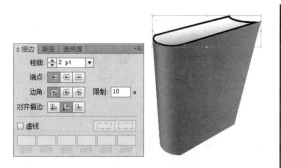

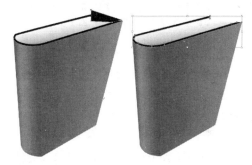

step 12 在【渐变】面板中单击渐变填色框，设置对象填色为C=26 M=93 Y=93 K=5 至 C=3 M=71 Y=95 K=1 至C=35 M=93 Y=93 K=5 至C=0 M=70 Y=95 K=0 的渐变。

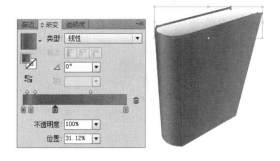

step 13 选择【直接选择】工具和【锚点】工具，调整图形对象形状效果。

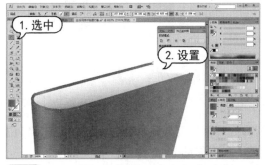

step 14 使用【钢笔】工具在文档中绘制如图

所示的图形对象，并在【渐变】面板中设置填色为C=63 M=100 Y=100 K=0 至C=34 M=93 Y=99 K=0 的渐变，【角度】为104°。

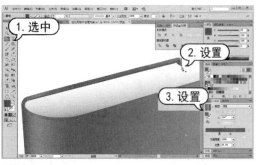

step 15 使用【钢笔】工具在文档中绘制线条，并在【颜色】面板中设置填色为C=0 M=0 Y=0 K=22。使用相同的操作方法，继续使用【钢笔】工具绘制其他线条。

step 16 选择【视图】|【透视网格】|【显示网格】命令，显示透视网格。选择【文字】工具在画板中单击，在控制面板中设置字体样式为Arial Bold，字体大小为16 pt，在【颜色】面板中设置填色为白色，然后输入文字内容。

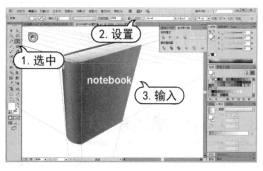

step 17 选择【透视选区】工具，在【平面切换构件】中单击【右侧网格(3)】，然后将需

要置入透视网格的文字对象拖动到右侧透视网格中，并调整其大小。

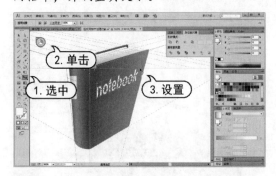

step 18 选择【视图】|【透视网格】|【隐藏网格】命令，隐藏透视网格。

3.6.3 将对象附加到透视中

使用【透视选区】工具可以在透视网格中加入对象、文本和符号，以及在透视空间中移动、缩放和复制对象。向透视中加入现有对象或图稿时，所选对象的外观、大小将发生更改。在移动、缩放、复制和将对象置入透视时，透视选区工具将使对象与活动面板网格对齐。

要将常规对象加入透视网格中可以使用【透视选区】工具选择对象，然后通过使用【平面切换构件】或快捷键选择要置入对象的活动平面，直接将对象拖放到所需位置即可。

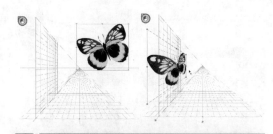

> **知识点滴**
>
> 如果在使用【透视网格】工具时按住 Ctrl 键，可以临时切换为【透视选区】工具；按下 Shift+V 键则可以直接选择【透视选区】工具。

选择【对象】|【透视】|【附加到现用平面】命令，也可以将已经创建了的对象放置到透视网格的活动平面上。

3.6.4 使用透视释放对象

如果要释放带有透视图的对象，选择【对象】|【透视】|【通过透视释放】命令，或右击鼠标在弹出的快捷菜单中选择【透视】|【通过透视释放】命令。所选对象将从相关的透视平面中释放，并可作为正常图稿使用。使用【通过透视释放】命令后再次移动对象，对象形状不再发生变化。

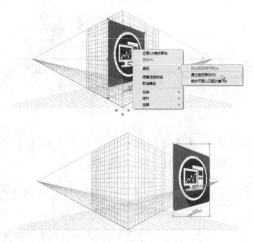

3.7 其他编辑命令

在 Illustrator 中，还有一些其他编辑命令可以编辑对象外观效果，其包括【轮廓化描边】命令、【偏移路径】命令、【图形复制】命令以及【图形移动】命令等。

3.7.1 轮廓化描边

渐变颜色不能添加到对象的描边部分。如果要在一条路径上添加渐变色或其他特殊的填充方式，可以使用【轮廓化描边】命令。选中需要进行轮廓化的路径对象，选择【对象】|【路径】|【轮廓化描边】命令，此时该路径对象将转换为轮廓，即可对路径进行形态的调整以及渐变的填充。

3.7.2 路径偏移

【偏移路径】命令可以使路径偏移以创建出新的路径副本，可以用于创建同心图形。选中需要进行偏移的路径，然后选择【对象】|【路径】|【偏移路径】命令，打开【偏移路径】对话框。设置偏移路径选项，设置完成后，单击【确定】按钮进行偏移。

【例3-13】制作网页按钮。

📀 视频+素材（光盘素材\第03章\例3-13）

step 1 在文档中，选择【圆角矩形】工具在画板中单击，打开【圆角矩形】对话框。在对话框中设置【宽度】为 98 mm，【高度】为 16 mm，【圆角半径】为 8 mm，然后单击【确定】按钮。

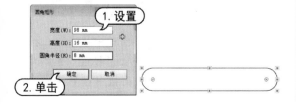

step 2 在工具箱中，将绘制的图形对象的描边填色设置为无。在【渐变】面板中单击渐变填色框，设置【角度】为90°，并设置填色为C=60 M=0 Y=100 K=0 至C=20 M=0 Y=60 K=0 的渐变色。

step 3 选择【多边形】工具在文档中单击，打开【多边形】对话框。在对话框中，设置【半径】为 18 mm，【边数】数值为 3，然后单击【确定】按钮创建图形对象。

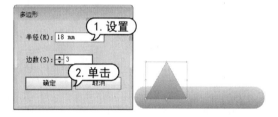

step 4 在创建的三角形对象上，单击鼠标右键，在弹出的快捷菜单中选择【变换】|【对称】命令，打开【镜像】对话框。在对话框中，选中【水平】单选按钮，然后单击【确定】按钮。

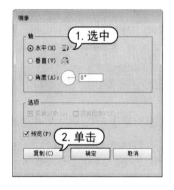

step 5 在【变换】面板中，单击参考点定位器🔲下方中间的白色方块，然后设置【高】为 16 mm。

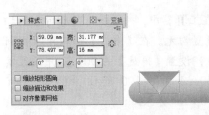

step 6 选择【直接选择】工具，在控制面板中设置【边角】为 1.5 mm。

step 7 选择【矩形】工具在文档中绘制矩形，并使用【直接选择】工具选中矩形上部的两个锚点，在控制面板中设置【边角】为 1.5 mm。

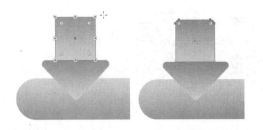

step 8 使用【选择】工具选中绘制的三角形和矩形，并在【路径查找器】面板中单击【联集】按钮。

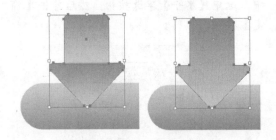

step 9 在【渐变】面板中，单击【反向渐变】按钮，并设置创建的箭头图形对象的填色为 C=20 M=0 Y=60 K=0 至 C=60 M=0 Y=100 K=0 至 C=70 M=0 Y=100 K=0 的渐变色。

step 10 使用【选择】工具调整箭头图形对象的大小及位置。

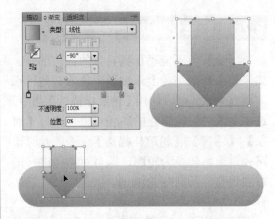

step 11 选择【对象】|【路径】|【偏移路径】命令，打开【偏移路径】对话框。在对话框中，设置【位移】为 1.5 mm，并在【颜色】面板中设置填色为白色。

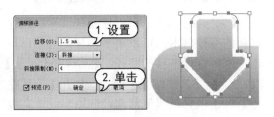

step 12 选择【椭圆】工具在箭头下方绘制椭圆形，并在【颜色】面板中设置填色为C=60 M=0 Y=100 K=30。

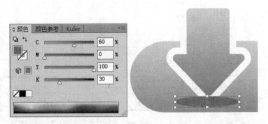

step 13 保持刚绘制的椭圆形的选中状态，并按Ctrl+[键两次排列图形对象。

step 14 选择【文字】工具画板中单击，在控制面板中设置字体样式为Arial Bold、字体大小为 32 pt，并在【色板】面板中设置填色为白色，然后输入文字内容。

step ⑮ 使用【选择】工具调整文字位置，并按Ctrl+C键复制，按Ctrl+B键将复制的文字粘贴下一层。在【颜色】面板中，设置文字填色为C=60 M=0 Y=100 K=30，再次按键盘上方向键调整文字位置。

3.7.3　图形复制

在绘制图稿过程中经常需要绘制重复的对象。在 Illustrator 中无须重复创建对象，选中对象进行复制、粘贴即可。通过【复制】命令可以快捷地制作出多个相同的对象。选择要复制的对象后，选择【编辑】|【复制】命令或按 Ctrl+C 键，即可将其复制。选择【编辑】|【粘贴】命令或按 Ctrl+V 键，即可将复制的对象粘贴到当前画板中。用户也可以在选中要复制对象后，按住 Ctrl+Alt 键移动并复制对象。

在 Illustrator 中，还有多种粘贴方式，可以将复制或剪切的对象贴在前面或后面，也

可以就地粘贴，还可以在所有画板上粘贴该对象。

▶ 选择【编辑】|【贴在前面】命令，或按 Ctrl+F 键，可将剪贴板中的对象粘贴到文档中原始对象所在的位置，并将其置于当前图层中对象堆叠的顶层。

▶ 选择【编辑】|【贴在后面】命令或按 Ctrl+B 键，可将剪贴板中的对象粘贴到对象堆叠的底层或选定对象之后。

▶ 选择【编辑】|【就地粘贴】命令或按 Shift+Ctrl+V 键，可以将图稿粘贴到当前画板中。

▶ 选择【编辑】|【在所有画板上粘贴】命令或按 Alt+Shift+Ctrl+V 键，可将其粘贴到所有画板上。

3.7.4　图形移动

在 Illustrator 中要移动对象，可以使用【选择】工具移动对象，也可以通过【移动】命令精确移动对象。单击工具箱中的【选择】工具，选中要进行移动的对象，(可以选择单个对象，也可以选择多个对象)，然后直接拖拽到要移动的位置即可。

如果要微调对象的位置，可以单击工具箱中的【选择】工具选中需要移动的对象，然后通过按键盘上的上、下、左、右方向键进行调整。在移动的同时按住 Alt 键，可以对相应的对象进行复制。

选择【对象】|【变换】|【移动】命令，或按 Shift+Ctrl+M 键，或双击工具箱中的【选择】工具，在弹出的【移动】对话框中设置相应的参数，单击【确定】按钮，可以精确地移动对象。

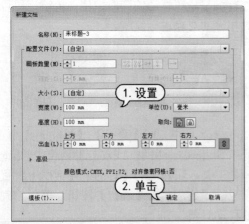

▶【水平】选项：在该文本框中输入相应数值，可以定义对象在画板上水平方向的定位位置。

▶【垂直】选项：在该文本框中输入相应数值，可以定义对象在画板上垂直方向的定位位置。

▶【距离】选项：在该文本框中输入相应数值，可以定义对象移动的距离。

▶【角度】选项：在该文本框中输入相应数值，可以定义对象移动的角度。

▶【选项】选项：当对象中填充图案时，可以通过选中【变换对象】和【变换图案】复选框，定义对象移动的部分。

▶【预览】选项：选中该复选框，可以在进行最终的移动操作前查看相应的效果。

▶【复制】选项：单击该按钮，可以将移动的对象进行复制。

3.8　案例演练

本章案例演练部分包括制作标签和手拎袋效果两个综合实例操作，使用户通过练习进一步巩固图形对象的创建以及本章所学对象选择、变换的操作方法。

3.8.1　制作标签图形对象

【例 3-14】制作标签图形对象。
📀 视频+素材 (光盘素材\第 03 章\例 3-14)

step 1 选择【文件】|【新建】命令，打开【新建文档】对话框。在对话框中，设置【宽度】和【高度】均为 100 mm，然后单击【确定】按钮。

step 2 选择【视图】|【显示网格】命令，显示网格。选择【编辑】|【首选项】|【参考线

和网格】命令，打开【首选项】对话框。在对话框中，设置【网格线间隔】为 50 mm，【次分隔线】数值为 5，然后单击【确定】按钮应用。

step 3 在图形文档中，选择【椭圆】工具，按住 Alt+Shift 键绘制圆形。

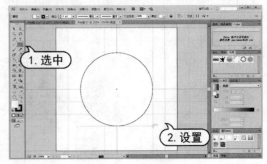

step 4 设置刚绘制的圆形描边填色为无，在

【渐变】面板中单击渐变填色框，设置【角度】
为 90°，填色为C=45 M=0 Y=95 K=0 至C=85
M=20 Y=100 K=0 至 C=41 M=0 Y=100 K=0 至
C=56 M=15 Y=100 K=0 的渐变。

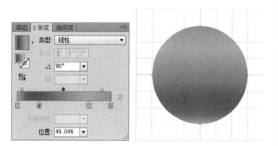

step 5 在圆形上单击鼠标右键，在弹出的快
捷菜单中选择【变换】|【缩放】命令，打开
【比例缩放】对话框。在对话框中，设置【比
例缩放】为 85%，然后单击【复制】按钮。
在【颜色】面板中设置复制的圆形的填色为
无，描边为白色。在【描边】面板中设置【粗
细】为 3 pt。

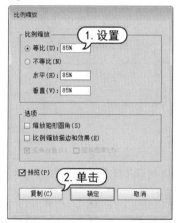

step 6 使用【选择】工具选中步骤(3)中绘制
的圆形，设置描边填色为白色，在【描边】
面板中设置【粗细】为 3 pt。

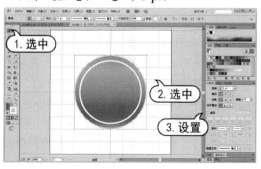

step 7 选择【矩形】工具在图像中拖动绘制
矩形，并将绘制的矩形描边填色设置为无，
然后选择【对象】|【路径】|【添加锚点】
命令。

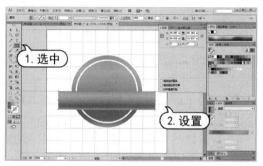

step 8 使用【矩形】工具继续绘制矩形条，
并设置填色为白色，使用【选择】工具，按
住Ctrl+Alt键拖动复制刚绘制的矩形条。

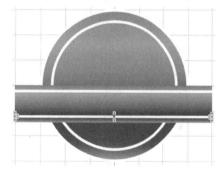

step 9 使用【直接选择】工具，选中步骤(7)
中绘制的矩形，并调整矩形两端中间的锚点
位置。

step 10 保持步骤(7)中绘制的矩形的选中
状态，在【渐变】面板中，设置【角度】
为 0°，填色为C=40 M=0 Y=100 K=0 至
C=85 M=20 Y=100 K=0 至 C=40 M=0 Y=100
K=0 的渐变。

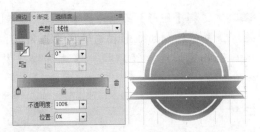

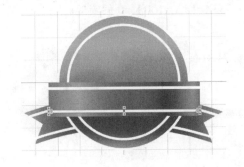

step 14 使用【矩形】工具继续绘制矩形条，并设置填色为白色，然后使用【选择】工具，按住Ctrl+Alt键拖动复制刚绘制的矩形条。

step 11 使用【选择】工具选中步骤(7)至步骤(8)中创建的矩形，按Ctrl+G键进行编组。选择【对象】|【封套扭曲】|【用变形建立】命令，打开【变形选项】对话框。在对话框的【样式】下拉列表中选择【弧形】选项，设置【弯曲】为 22%，然后单击【确定】按钮。

step 15 使用【选择】工具选中步骤(13)至步骤(14)中创建的矩形，按Ctrl+G键进行编组。选择【对象】|【封套扭曲】|【用变形建立】命令，打开【变形选项】对话框。在对话框的【样式】下拉列表中选择【弧形】选项，设置【弯曲】为 22%，然后单击【确定】按钮。

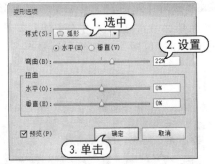

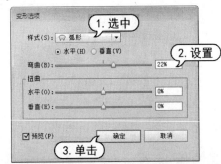

step 12 按Shift+Ctrl+[键将上一步中编组的对象置于底层，并调整其位置。

step 16 使用【选择】工具移动图形对象位置，并调整其形状。

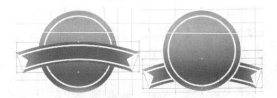

step 13 使用【矩形】工具在文档中绘制矩形，并在【渐变】面板中，设置填色为C=70 M=13 Y=100 K=0 至C=40 M=0 Y=100 K=0 至C=76 M=6 Y=100 K=0 至C=85 M=27 Y=100 K=0 至C=56 M=0 Y=100 K=0 至C=74 M=13 Y=100 K=0 的渐变。

step 17 选中步骤(3)中绘制的圆形，按Ctrl+C键复制，按Ctrl+F键粘贴，并单击工具箱中的【默认填色和描边】按钮。

step 18 选择【钢笔】工具绘制在图形文件中绘制如图所示的图形。使用【选择】工具选中步骤(17)中创建的图形和刚绘制的图形对

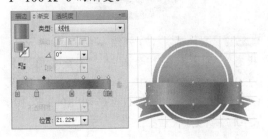

象，选择【窗口】|【路径查找器】命令，打
开【路径查找器】面板，并单击【减去顶层】
按钮。

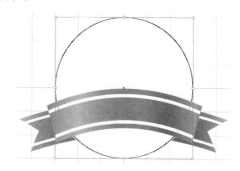

step 19 使用【直接选择】工具，调整剪切后
图形对象的形状。

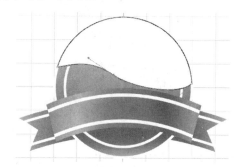

step 20 将刚创建的图形对象描边填色设置
为无，在【透明度】面板中设置混合模式为
【变亮】。在【渐变】面板中，设置【角度】
为90°，填色为C=47 M=0 Y=94 K=0至C=23
M=1 Y=56 K=0至C=58 M=3 Y=100 K=0至
C=45 M=0 Y=93 K=0的渐变。

step 21 使用【文字】工具在文档中单击，并
在控制面板中设置字体样式为Exotc350 Bd
BT Bold，字体大小为44 pt，在【颜色】面
板中设置填色为白色，然后输入文字内容。

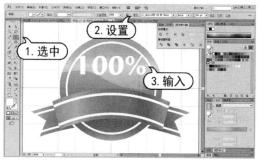

step 22 使用【文字】工具在文档中单击，并
在控制面板中设置字体样式为Exotc350 Bd
BT Bold，字体大小为25 pt，在【颜色】面
板中设置填色为白色，然后输入文字内容。

step 23 使用【选择】工具分别调整两行文字
的位置。

step 24 选择【星形】工具，按住Alt+Shift键
拖动绘制图形。

step 25 使用【选择】工具选中刚绘制的星形，
按Ctrl+Alt键拖动复制图形对象。

step 26 使用【选择】工具选中第二行文字和星形，在控制面板中单击【垂直居中对齐】按钮。

step 27 使用【选择】工具选中全部文字和星形，按Ctrl+C键复制，按Ctrl+B键粘贴，并在【颜色】面板中设置填色为C=90 M=30 Y=95 K=30，然后按键盘上方向键移动选中对象。

step 28 使用【选择】工具选中第二行文字和星形，选择【对象】|【封套扭曲】|【用变形建立】命令，打开【变形选项】对话框。在对话框的【样式】下拉列表中选择【弧形】选项，设置【弯曲】为22%，并单击【确定】按钮。

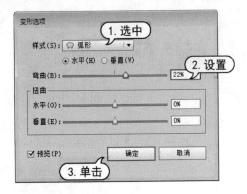

step 29 使用【选择】工具调整文字位置，完成制作效果。

3.8.2 制作手拎袋效果

【例 3-15】制作手拎袋效果图。
素材 (光盘素材\第 03 章\例 3-15)

step 1 选择【文件】|【新建】命令，打开【新建文档】对话框。在对话框的【名称】文本框中输入"手拎袋"，设置【画板数量】为3，单击【按行排列】按钮，在【大小】下拉列表中选择A4选项，单击【横向】按钮，然后单击【确定】按钮。

step 2 在新建文档中，选中画板2，并单击【画板】工具进入画板编辑模式。在控制面板中单击【纵向】按钮，设置【高】为 267 mm。

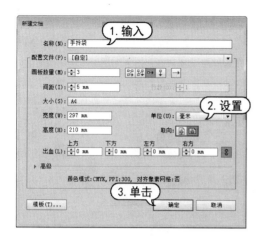

step 3 按Esc键退出画板编辑模式，并选中画板 1。选择【视图】|【显示网格】命令，显示网格。选择【钢笔】工具绘制如图所示形状，设置描边填色为无，并在【渐变】面板中单击渐变填色框，设置填色为C=78 M=18 Y=1 K=0 至C=83 M=50 Y=8 K=0 至C=97 M=100 Y=47 K=9 的渐变。

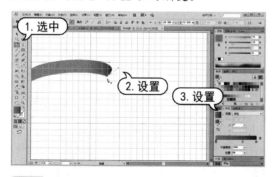

step 4 使用【钢笔】工具，按住Ctrl键在空白处单击，然后继续使用【钢笔】工具绘制形状，并在【渐变】面板中，设置【角度】为-180°。

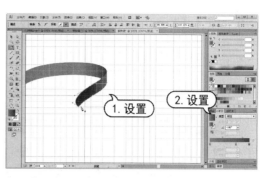

step 5 选择【钢笔】工具继续绘制形状，并在【渐变】面板中，单击【反向渐变】按钮。

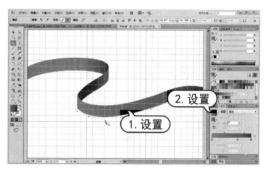

step 6 使用【选择】工具选中步骤(4)中绘制的图形，按住Ctrl+Alt键向下拖动并复制图形，并调整其大小，然后在【颜色】面板中设置填色为C=10 M=0 Y=0 K=0，在【透明度】面板中设置混合模式为【正片叠底】。

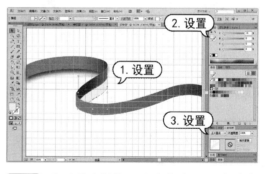

step 7 使用【选择】工具选中步骤(5)中绘制的图形，按Ctrl+C键复制，并按Ctrl+F键粘贴。选择【变形】工具，配合Alt键调整【变形】工具大小、直径，在复制的图形上涂抹改变其形状。

step 8 使用【选择】工具选中步骤(3)至步骤(7)创建的对象，选择【效果】|【风格化】|【投影】命令，打开【投影】对话框。在对话

框中，设置【X位移】为-2 mm，【Y位移】为 6 mm，【模糊】为 3 mm，然后单击【确定】按钮。

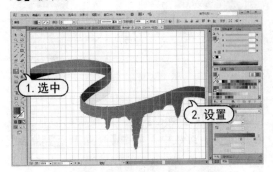

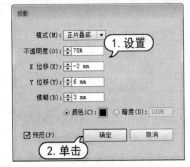

step 9 选择【钢笔】工具绘制图形高光，并在【颜色】面板中设置填色为白色。

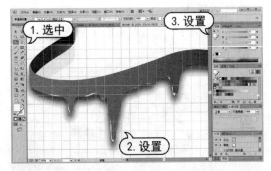

step 10 使用【选择】工具选中全部图形对象，按Ctrl+G键进行编组。

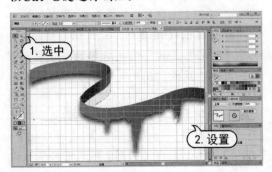

step 11 选择【矩形】工具依据网格绘制矩形，并在【颜色】面板中设置填色为C=70 M=15 Y=0 K=0。

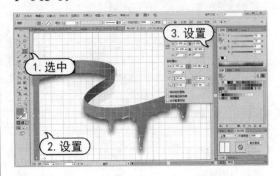

step 12 使用【选择】工具选中刚绘制的矩形，按住Ctrl+Alt+Shift键拖动并复制图形，然后在【颜色】面板中设置填色为C=0 M=90 Y=85 K=0。

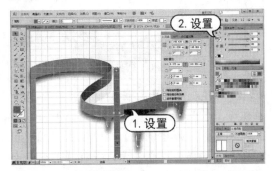

step 13 选择【混合】工具在步骤(11)至步骤(12)中创建的两个矩形上单击，创建混合。

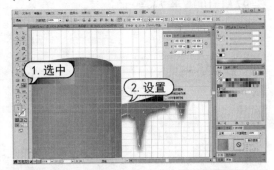

step 14 选择【对象】|【混合】|【混合选项】命令，打开【混合选项】对话框。在对话框的【间距】下拉列表中选择【指定的步数】选项，并设置为6，然后单击【确定】按钮。

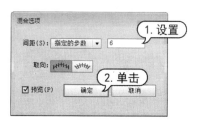

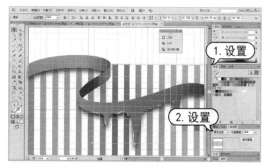

和C=5 M=0 Y=90 K=0。

step ⑮ 在【透明度】面板中，设置混合对象的混合模式为【颜色加深】。

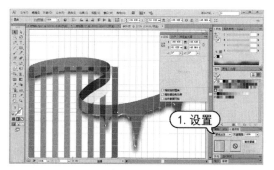

step ⑯ 使用【选择】工具在混合对象上单击鼠标右键，在弹出的快捷菜单中选择【变换】|【对称】命令，打开【镜像】对话框。在对话框中，选中【垂直】单选按钮，并单击【复制】按钮。

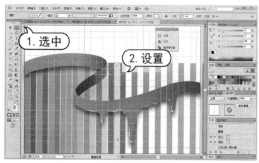

step ⑲ 使用【选择】工具在步骤(13)中创建的混合对象上单击鼠标右键，在弹出的快捷菜单中选择【变换】|【对称】命令，打开【镜像】对话框。在对话框中，选中【垂直】单选按钮，并单击【复制】按钮，移动其位置。

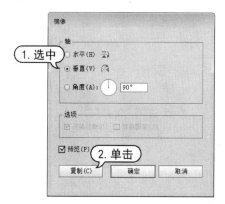

step ⑰ 使用【选择】工具移动镜像后的混合对象，并选中创建的两组混合对象，按Shift+Ctrl+[键将其置于底层。在【透明度】面板中设置混合模式为【颜色加深】。

step ⑱ 使用【选择】工具，按住Ctrl+Alt+Shift键拖动并复制步骤(13)创建的混合对象，并使用【直接选择】工具选中混合对象中的矩形，分别设置填色为C=100 M=0 Y=100 K=0

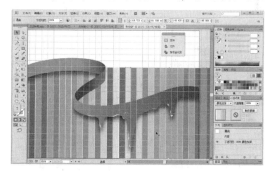

step ⑳ 选择【矩形】工具绘制与画板同样大小的矩形，在【渐变】面板中单击渐变填色框，设置【角度】为90°，填色为C=20 M=9 Y=4 K=0 至C=5 M=4 Y=0 K=0 的渐变，然后按Shift+Ctrl+[键置于底层。

step ㉑ 使用【选择】工具选中四组混合对象，按Ctrl+G键进行编组。使用【矩形】工具在编组对象上方绘制一个矩形，并在【渐变】面板中，设置填色为C=0 M=0 Y=0 K=0 至

C=0 M= 0 Y=0 K=100 的渐变。

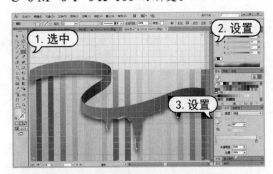

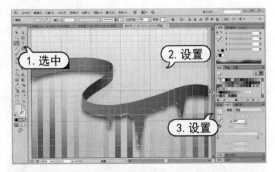

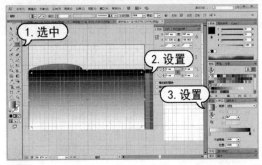

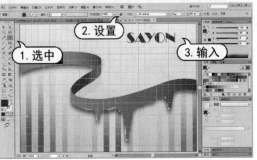

step 22 使用【选择】工具，选中刚绘制的矩形和编组混合对象，单击【透明度】面板中的【制作蒙版】按钮。

step 25 选择【文字】工具在画板中单击，在控制面板中设置字体系列为Franklin Gothic Medium，字体大小为 28 pt，在【颜色】面板中设置填色为C=100 M=0 Y=0 K=0，然后输入文字内容。

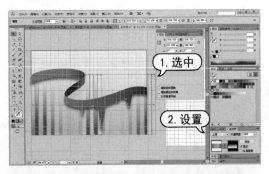

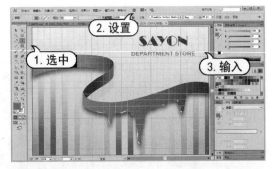

step 23 使用【钢笔】工具依据蓝色曲线带上部的形状进行绘制，并在【渐变】面板中单击渐变填色框，设置【角度】数值为90°，填色为C=20 M=9 Y=4 K=0 至C=5 M=4 Y=0 K=0 的渐变，然后按Ctrl+[键后移一层。

step 24 选择【文字】工具在画板中单击，在控制面板中设置字体系列为Broadway，字体大小为 68 pt，在【颜色】面板中设置填色为 C=100 M=95 Y=5 K=0，然后输入文字内容。

step 26 使用【选择】工具分别调整两组文字位置。选中两组文字，在【对齐】面板中设置【对齐】选项为【对齐所选对象】，然后单击【水平居中对齐】按钮。

step 27 使用【矩形】工具绘制与画板同等大小的矩形，并按Ctrl+A键全选对象，然后在画板上单击鼠标右键，在弹出的快捷菜单中选择【建立剪切蒙版】命令。

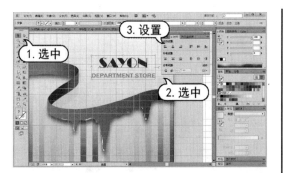

step 28 按Ctrl+C键复制刚创建的蒙版对象，选中画板 2，按Ctrl+F键粘贴蒙版对象。

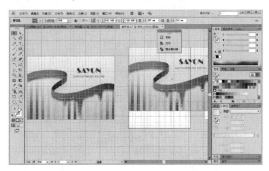

step 29 在【变换】面板中，选中【约束宽度和高度比例】按钮，设置变换中心点为左上角，然后设置【宽】为 210 mm。

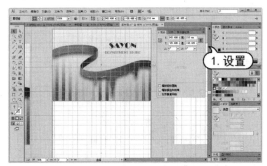

step 30 在【对齐】面板中，设置【对齐】选项为【对齐画板】，并单击【垂直居中对齐】

按钮，然后在剪切蒙版对象上单击鼠标右键，在弹出的菜单中选择【释放剪切蒙版】命令。

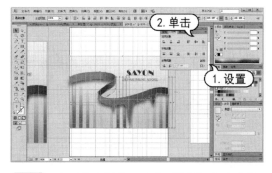

step 31 使用【选择】工具分别调整图形对象，并再次选中画板 2 中所有对象，然后单击鼠标右键，在弹出的快捷菜单中选择【建立剪切蒙版】命令。

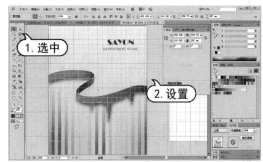

step 32 使用【选择】工具选中画板 1 上的蒙版对象，按Ctrl+C键复制，选中画板 3，按Ctrl+F键粘贴。在复制的蒙版对象上单击鼠标右键，在弹出的快捷菜单中选择【变换】|【缩放】命令，打开【比例缩放】对话框。在对话框中，设置【等比】为 40%，然后单击【确定】按钮。

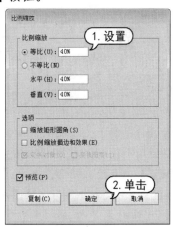

step 33 使用【倾斜】工具，调整复制的剪切蒙版对象效果。

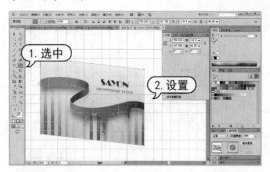

step 34 使用【钢笔】工具在剪切蒙版对象的下面部分绘制形状，并在【透明度】面板中设置混合模式为【正片叠底】，然后在【渐变】面板中设置【角度】为 84°，填色为C=0 M=0Y=0 K=40 至C=0 M=0 Y=0 K=0 的渐变。

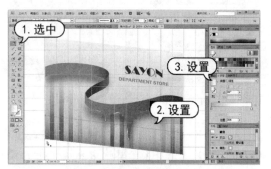

step 35 使用【钢笔】工具在剪切蒙版对象上部绘制形状，并在【透明度】面板中设置混合模式为【正片叠底】，【不透明度】为 30%。

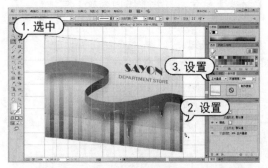

step 36 使用【选择】工具选中剪切蒙版对象和刚绘制的两个图形，按Ctrl+G键进行编组。选择【矩形】工具绘制矩形，并在【渐变】面板中，设置【角度】为-84°，填色为C=100 M=95 Y=23 K=0 至C=86 M=54 Y=8 K=0 的渐变。

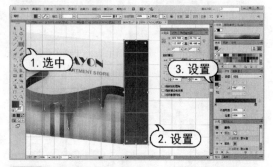

step 37 使用【倾斜】工具，调整绘制的矩形对象效果。

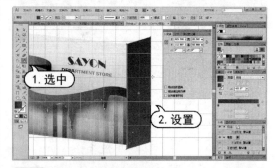

step 38 按Ctrl+[键将对象后移一层，然后使用【选择】工具调整其位置。

step 39 选择【矩形】工具绘制矩形，在【颜色】面板中设置填色为C=0 M=0 Y=0 K=50。

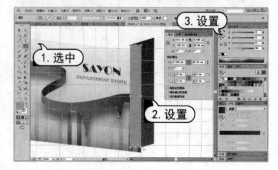

step 40 按Ctrl+[键将对象后移一层，然后使用【倾斜】工具，调整对象效果。

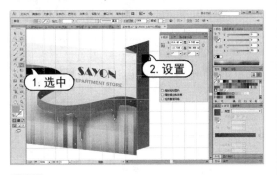

step 41 使用【钢笔】绘制如图所示的图形，并在【渐变】面板中，设置【角度】为-107°，填色为C=100 M=35 Y=0 K=0 至C=100 M=95 Y=23 K=0 的渐变。

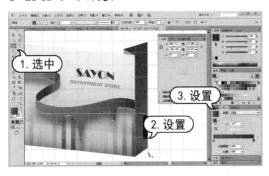

step 42 使用【直接选择】工具选中步骤(36)创建的对象，按Ctrl+Alt键移动复制对象，并调整其下部的锚点位置，然后在【颜色】面板中设置对象填色为 C=0 M=0 Y=0 K=50。

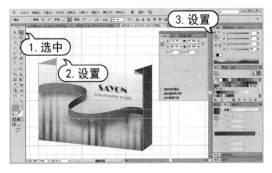

step 43 使用【直接选择】工具选中步骤(39)创建的对象，按Ctrl+Alt键移动复制对象，按Ctrl+[键将对象后移一层。使用【吸管】工具单击步骤(36)创建的对象，并在【渐变】面板中单击【反向渐变】按钮。

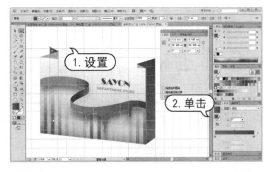

step 44 选择【钢笔】工具绘制如图所示的图形，并在【渐变】面板中设置【角度】为84°，填色为C=31 M=18 Y=13 K=0 至C=8 M=6 Y=6 K=0 的渐变。

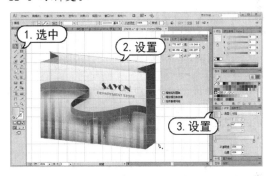

step 45 使用【椭圆】工具绘制圆形，并在【颜色】面板中设置填色为黑色，然后使用【选择】工具移动复制绘制的圆形，并调整其在图像中的位置。

step 46 使用【钢笔】工具绘制路径，在【颜色】面板中设置描边色为C=80 M=75 Y=65 K=40，并在【描边】面板中设置【粗细】为6 pt，单击【圆头端点】按钮。

step 47 在路径对象上单击鼠标右键，在弹出的快捷菜单中选择【变换】|【对称】命令，

打开【镜像】对话框。在对话框中，选中【垂直】单选按钮，然后单击【复制】按钮。

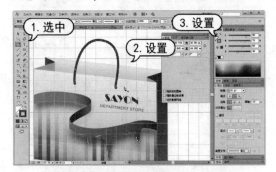

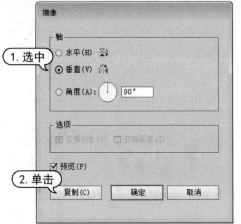

step 48 使用【选择】工具移动复制的路径，然后按Shift+Ctrl+[键置于底层。

step 49 使用【钢笔】工具绘制如图所示的图形，设置描边填色为无，在【渐变】面板中单击渐变填充框，设置【角度】为123°，填色为白色至黑色的渐变。

step 50 使用【钢笔】工具绘制如图所示的图形，在【渐变】面板中单击渐变填充框，设置【角度】为83°。

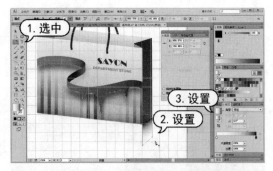

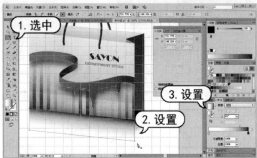

step 51 选中画板3中的所有对象，按Ctrl+G键进行编组。

step 52 使用步骤(33)至步骤(51)的操作方法，绘制另外一手拎袋效果。

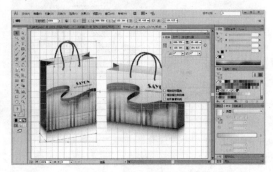

step 53 选择【视图】|【隐藏网格】命令，隐藏网格。使用【选择】工具调整画板3中两个手拎袋的位置。

step 54 使用【矩形】工具绘制与画板同等大小的矩形，在【渐变】面板的【类型】下拉列表中选择【径向】选项，并设置填色为K=10 至K=50 的渐变，然后按Shift+Ctrl+[键置于底层。

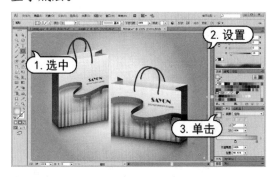

step 55 继续使用【矩形】工具绘制矩形，并在【颜色】面板中设置填色为白色，在【透明度】面板中设置混合模式为【滤色】，设置【不透明度】为 28%。

step 56 使用【选择】工具选中刚绘制的矩形，在【变换】面板中设置【旋转】为 45°，并调整其位置。

step 57 使用【选择】工具移动复制矩形至画板另一边，并选择【混合】工具分别单击两个矩形，创建混合。

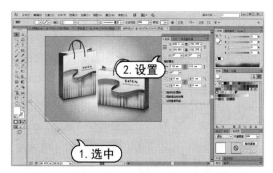

step 58 选择【对象】|【混合】|【混合选项】命令，打开【混合选项】对话框。在对话框的【间距】下拉列表中选择【指定的步数】选项，并设置其数值为 30，然后单击【确定】按钮。

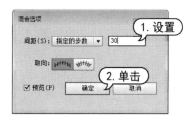

step 59 使用【直接选择】工具选中创建混合对象的两个矩形，在【变换】面板中，设置矩形高度为 380 mm。

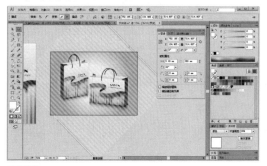

step 60 使用【矩形】工具绘制与画板同等大

小的矩形，然后使用【选择】工具选中矩形和混合对象，单击鼠标右键，在弹出的快捷菜单中选择【建立剪切蒙版】命令。

step 61 按Ctrl+[键两次后移对象，并在【透明度】面板中设置【不透明度】为40%。完成制作效果。

第4章

填充与描边对象

　　对图形对象进行填充及描边处理是运用 Illustrator 进行设计工作时经常用到的操作。Illustrator 为用户提供了多种填充方法，熟练掌握这些方法，可以大大提高工具效率。本章将详细讲解图形的色彩模式、填充单色、填充渐变、填充图案、实时上色以及设置描边等操作方法。

对应光盘视频

4.1　颜色模式

颜色模式是使用数字描述颜色的方式。使用颜色工具之前，首先需要了解颜色的基本理论知识。无论屏幕颜色还是印刷颜色，都是模拟自然界的颜色，差别在于模拟的方式不同。模拟色的颜色方位远小于自然界的颜色范围。同样作为模拟色，由于表现颜色的方式不同，印刷颜色的颜色范围又小于屏幕颜色的颜色范围，所以屏幕颜色与印刷颜色并不匹配。

在 Illustrator CC 中使用了 5 种颜色模式，即 RGB 模式、CMYK 模式、HSB 模式、灰度模式和 Web 安全 RGB 模式。

➤ RGB 模式利用红、绿、蓝三种基本颜色来表示色彩。通过调整三种颜色的比例可以获得不同的颜色。由于每种基本颜色都有 256 种不同的亮度值，因此，RGB 颜色模式约有 256×256×256 的 1670 余种不同颜色。当用户绘制的图形只要用于屏幕显示时，可采用此种颜色模式。

➤ CMYK 模式即常说的四色印刷模式，CMYK 分别代表青、品红、黄、黑四种颜色。CMYK 颜色模式的取值范围用百分数来表示，百分比较低的油墨接近白色，百分比较高的油墨接近黑色。

➤ HSB 模式是利用色彩的色相、饱和度和亮度来表现色彩。H 代表色相，指物体固有的颜色。S 代表饱和度，指色彩的饱和度，其取值范围为 0%(灰色)~100%(纯色)。B 代表亮度，指色彩的明暗程度，其取值范围是 0%(黑色)~100%(白色)。

➤ 灰度模式具有从黑色到白色的 256 种灰度色域的单色图像，只存在颜色的灰度，没有色彩信息。其中，0 级为黑色，255 级为白色。每个灰度级都可以使用 0%(白)~100%(黑)百分比来测量。灰度模式可以与 HSB 模式、RGB 模式、CMYK 模式互相转换。但将色彩转换为灰度模式后，再要将其转换回彩色模式，将不能恢复原有图像的色彩信息，画面将转为单色。

➤ Web 安全 RGB 模式是网页浏览器所支持的 216 种颜色，与显示平台无关。当所绘图像只用于网页浏览时，可以使用该颜色模式。

4.2　填充单色

Illustrator CC 中的拾色器、【颜色】面板和【色板】面板用来进行颜色的定义、命令、编辑和管理等操作。

4.2.1　使用【色板】面板

选择【窗口】|【色板】命令，打开【色板】面板。【色板】面板主要用于存储颜色，并且还能存储渐变色、图案等。存储在【色板】面板中的颜色、渐变色、图案均以正方形，即色板的形式显示。利用【色板】面板可以应用、创建、编辑和删除色板。在【色板】面板中，单击【显示列表视图】按钮和【显示缩览图视图】按钮可以直接更改色板显示状态。

用户也可以通过选择面板菜单中的命令更改色板的显示状态。

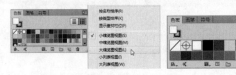

【色板】面板底部还包含几个功能按钮，

其作用如下。

▶ 【"色板库"菜单】按钮▥｜：用于显示色板库扩展菜单。

▶ 【显示"色板类型"菜单】按钮▥｜：用于显示色板类型菜单。

▶ 【色板选项】按钮▣｜：用于显示色板选项对话框。

▶ 【新建颜色组】按钮▢｜：用于新建一个颜色组。

▶ 【新建色板】按钮▣｜：用于新建和复制色板。

▶ 【删除色板】按钮🗑｜：用于删除当前选择的色板。

1. 创建和删除颜色

在 Illustrator 中，用户可以将自己定义的颜色、渐变或图案创建为色样，存储到【色板】面板中。

在【颜色】面板中定义好颜色后，使用鼠标将其拖动到【色板】面板中，这时【色板】面板中就会增加一种新的颜色。

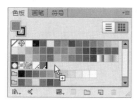 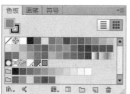

选择【色板】面板菜单中的【新建色板】命令，打开【新建色板】对话框。在该对话框中同样可以定义新的颜色。也可以单击【色板】面板底部的【新建色板】按钮，在打开的【新建色板】对话框中定义新的颜色。

要删除颜色时，首先选中要删除的颜色，然后将其拖动到【色板】面板中的【删除色板】按钮上释放即可。也可以在选中颜色后，单击【删除色板】按钮，在弹出的提示框中单击【是】按钮。

【例 4-1】在 Illustrator 中，创建自定义色板。

🔴 视频+素材 (光盘素材\第 04 章\例 4-1)

step 1 在【色板】面板中，单击面板右上角面板菜单按钮，在打开的下拉菜单中选择【新建色板】命令，打开【新建色板】对话框。在对话框中，新色样的默认颜色为【颜色】面板中的当前颜色。

step 2 在【新建色板】对话框中，在【色板名称】文本框中输入"粉果绿"，设置颜色为 C=35 M=0 Y=35 K=0，然后单击【确定】按钮，关闭对话框，将设置的色板添加到面板中。

step 3 打开一幅图形文档，使用【选择】工具选中绘制的图形。

step 4 在【色板】面板中，单击【新建颜色

组】按钮。在打开的【新建颜色组】对话框
的【名称】文本框中输入"可爱色系",选中
【选定的图稿】单选按钮,然后单击【确定】
按钮,即可创建新颜色组。

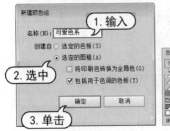

2. 颜色的淡化处理

如果定义的颜色明度低,不能满足要求,用户则可以对其进行淡化处理。在【色板】面板中选中定义好的颜色。打开【颜色】面板,这时就会看到如图所得颜色滑动条,拖动这个滑动条上的滑块,就可以得到不同明度的颜色。

如果要对该颜色进行保存,选择【色板】面板菜单中的【新建颜色】命令,新建颜色的名称就是原来的颜色名称加上淡化的百分比。

4.2.2 使用色板库

在 Illustrator CC 中,还提供了几十种固定的色板库,每个色板库中均含有大量的颜色供用户使用。

【例4-2】在 Illustrator 中,使用色板库,并将色板库中的颜色添加至【色板】面板中。 视频

step① 选择【色板】面板菜单中的【打开色板库】命令,在显示的子菜单中包含了系统提供的所有色板库,用户可以根据需要选择合适的色板库,打开相应的色板库。

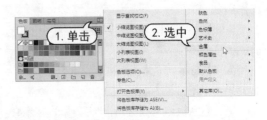

step② 在打开的色板库下方有一个 按钮,表示其中的色样为只读状态。单击选中色板,选择面板菜单中的【添加到色板】命令,或者直接将其拖动到【色板】面板中,即可将色板库中的色板添加到【色板】面板中。

step③ 双击【色板】面板中的刚添加的色板,即可打开【色板选项】对话框。

step④ 在对话框的【色板名称】文本框中输入"蛋壳黄",并调整色值,然后单击【确定】按钮即可应用对色板的修改。

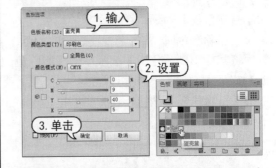

4.2.3 使用【颜色】面板

【颜色】面板是 Illustrator 中重要的常用

面板，使用【颜色】面板可以将颜色应用于对象的填色和描边，也可以编辑和混合颜色。【颜色】面板还可以使用不同颜色模式显示颜色值。选择菜单栏【窗口】|【颜色】命令，即可打开【颜色】面板。

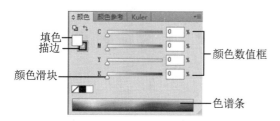

在【颜色】面板的右上角单击面板菜单按钮，可以打开【颜色】面板菜单。

💡 **知识点滴**

在使用 HSB 或 RGB 颜色时，有时会在面板中出现一个带有感叹号的三角形标志⚠️，表示这种颜色在可印刷的 CMYK 范围之外，这种现象通常称为溢色。三角形标志旁边的色块内显示的是最接近的 CMYK 颜色，使用鼠标单击该色块的颜色就可以用它来替换溢色。

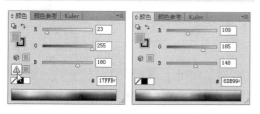

填色色块和描边框的颜色用于显示当前填充颜色和边线颜色。单击填色色块或描边框，可以切换当前编辑颜色。拖动颜色滑块或在颜色数值框内输入数值，填充色或描边色会随之发生变化。

当将鼠标移至色谱条上时，光标变为吸管形状，这时按住鼠标并在色谱条上移动，

滑块和数值框内的数字会随之变化，同时填充色或描边色也会不断发生变化。释放鼠标后，即可以将当前的颜色设置为当前填充色或描边色。

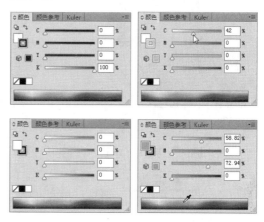

用鼠标单击无色色块，即可将当前填色或描边色改为无色。

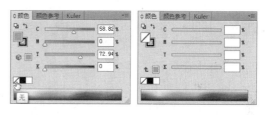

若单击【最后一个颜色】图标，可将当前填色或描边色恢复为最后一次设置的颜色。

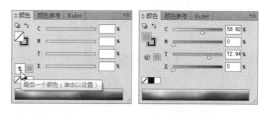

4.2.4　使用拾色器

在 Illustrator 中，双击工具箱下方的【填色】或【描边】图标均可以打开【拾色器】对话框。在【拾色器】对话框中可以基于 HSB、RGB 以及 CMYK 等颜色模型指定颜色。

在【拾色器】对话框中左侧的主颜色框中单击鼠标可选取颜色，该颜色会显示在右侧上方颜色方框内，同时右侧文本框的数值会随之改变。用户也可以在右侧的颜色文本

框中输入数值，或拖动主颜色框右侧颜色滑竿的滑块来改变主颜色框中的主色调。

按钮，可以显示颜色色板选项。在其中可以直接单击选择色板设置填充或描边颜色。单击【颜色模型】按钮可以返回选择颜色状态。

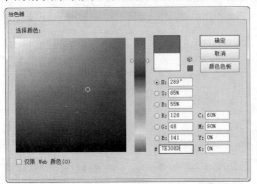

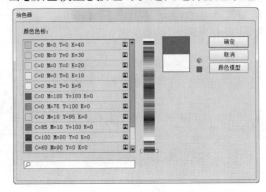

单击【拾色器】对话框中的【颜色色板】

4.3 填充渐变

渐变填充是设计作品中一种重要的颜色表现方式，能够增强对象的可视效果。在 Illustrator 中可将渐变存储为色板，从而便于将渐变应用于多个对象。Illustrator 中提供了线性渐变和径向渐变两种方式。

4.3.1 使用【渐变】面板

选择【窗口】|【渐变】命令或按快捷键 Ctrl+F9 键，打开【渐变】面板。在其中可以对渐变类型、颜色、角度以及透明度等参数进行设置。

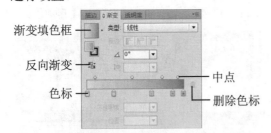

填充对象的渐变颜色由【渐变】面板中渐变滑动条上的一些列色标决定。色标标记渐变从一种颜色到另一种颜色的转换点。色标下部的颜色块显示了当前指定给渐变色标的颜色。使用径向渐变时，最左边的色标定义了中心点的填充颜色，它呈辐射状向外逐渐过渡到最右侧的色标颜色。

在【渐变】面板中，渐变填色框显示了当前的渐变色和渐变类型。单击渐变填色框，当前选定的对象即可填充此渐变。单击渐变

填色框的按钮，可以打开预设渐变下拉列表，此下拉列表列出了可供选择的所有默认渐变和预存渐变。单击列表底部的【添加到色板】按钮，即可将当前渐变填色设置存储为色板。

默认情况下，【渐变】面板中只包含开始和结束色标，但用户可以通过单击渐变滑动条中的任意位置来添加更多的色标。

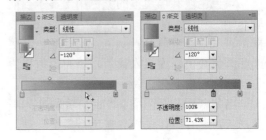

双击渐变色标，可以打开渐变色标颜色面板，从而可以从【颜色】面板或【色板】面板中选择一种颜色。

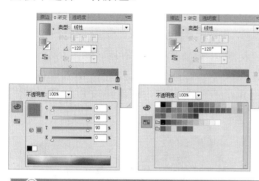

知识点滴

在设置【渐变】面板中的颜色时，还可以直接将【色板】面板中的色块拖动到【渐变】面板中的颜色滑块上释放。

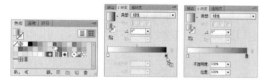

【例4-3】在 Illustrator 中，使用【渐变】面板填充图形对象。

素材 (光盘素材\第 04 章\例4-3)

step ① 在图形文档中，使用【选择】工具选中图形对象。打开【渐变】面板，单击渐变填色框，即可应用预设渐变。

step ② 在【渐变】面板中，拖动渐变滑动条上中心点位置滑块，调整渐变的中心位置。

step ③ 在【渐变】面板中，设置【角度】为-120°。

step ④ 双击【渐变】面板中的起始颜色滑块，在弹出的面板中设置颜色。

step ⑤ 双击【渐变】面板中的终止颜色滑块，在弹出的面板中设置颜色。

step ⑥ 完成渐变设置后，在【色板】面板中单击【新建色板】按钮，打开【新建色板】对话框。在对话框中的【色板名称】文本框中输入"红-橙"，然后单击【确定】按钮即可将渐变色板添加到面板中。

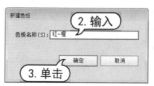

4.3.2　使用【渐变】工具

【渐变】工具可以为对象添加或编辑渐变，也提供了【渐变】面板所提供的大部分功能。在未选中非渐变填充对象中，利用【渐变】工具单击，将应用上次使用的渐变来填充对象。

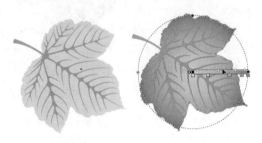

在选中非渐变填充对象时，在【渐变】面板中定义要使用的渐变色。再单击工具箱中的【渐变】工具按钮或按 G 键。此时系统会在选中对象上显示渐变滑动条。

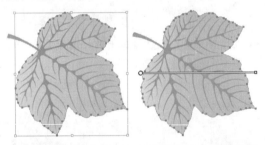

直接移动该渐变滑动条，可以改变渐变的起始位置。用户也可以在要应用渐变的开始位置上单击，拖动到渐变结束位置上释放鼠标设置渐变起始和终止的位置。如果要应用的是径向渐变色，则需要在应用渐变的中心位置单击，然后拖动到渐变的外围位置上释放鼠标即可。

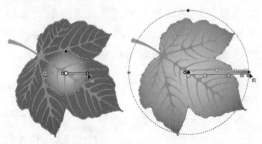

在使用【渐变】工具时，选中对象中显

示的渐变滑动条与【渐变】面板中渐变滑动条功能相似。用户可以在渐变滑动条上修改渐变的颜色、线性渐变的角度、位置和范围，或者修改径向渐变的焦点、原点和范围。还可以在渐变条上添加或删除渐变色标。

双击渐变滑动条上的色标，可以弹出设置面板。在面板中，可以重新指定色标的颜色和不透明度设置，或将渐变色标拖动到新位置。

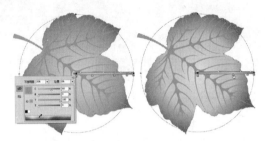

将光标移到渐变滑动条的圆形端，可以通过拖动重新定位渐变的起始点。

将光标移到渐变滑动条的方形端一侧时，拖动方形端可以扩大或缩小渐变的范围。而光标变为 ↻ 状态时，可以通过拖动来重新定位渐变的角度。

实用技巧

在使用径向渐变时，更改【渐变】面板中的【长宽比】数值，或使用【渐变】工具在渐变滑动条范围圈上移动长宽比控制点，即可将其变为椭圆渐变。

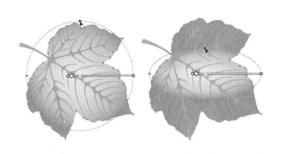

4.3.3　使用【网格】工具

【网格】工具 🖼 可以基于矢量对象创建网格对象,在对象上形成网格,即创建单个多色对象。其中颜色能够向不同的方向流动,并且从一点到另一点形成平滑过渡。通过在图形对象上创建精细的网格和每一点的颜色设置,可以精确地控制网格对象的色彩。

1. 创建渐变网格

使用【网格】工具进行渐变上色时,首先要对图形进行网格的创建。Illustrator 中提供了一种自动创建网格的方式。选中要创建网格的图形,选择【对象】|【创建渐变网格】命令,打开【创建渐变网格】对话框。

创建渐变网格
行数(R): 4
列数(C): 4
外观(A): 平淡色 ▼
高光(H): 100%
☑ 预览(P)　　确定　　取消

> 🐭 **实用技巧**
>
> 选中渐变填充对象,选择【对象】|【扩展】命令,在打开的【扩展】对话框中选中【渐变网格】单选按钮,然后单击【确定】按钮将渐变填充对象转换为网格对象。

▶ 【行数】:定义渐变网格线的行数。

▶ 【列数】:定义渐变网格线的列数。

▶ 【外观】:表示创建渐变网格后的图形高光的表现形式,包含【平淡色】、【至中心】和【至边缘】3 个选项。选择【平淡色】

选项,图像表面的颜色均匀分布,会将对象的原色均匀地覆盖在对象表面,不产生高光。选择【至中心】选项,在对象的中心创建高光。选择【至边缘】选项,图形的高光效果位于边缘。【至边缘】会在对象的边缘处创建高光。

▶ 【高光】:定义白色高光处的强度。100%代表将最大的白色高光值应用于对象,0%则代表不将任何白色高光应用于对象。

在 Illustrator 中,还可以使用手动创建的方法创建网格。手动创建网格可以更加灵活地调整对象渐变效果。要手动创建渐变网格,选中要添加渐变网格的对象,然后单击工具箱中的【网格】工具按钮或按快捷键 U 键,将鼠标指针放置在图形上时,鼠标指针下方出现一个小加号形状;在图形要创建网格的位置上单击鼠标,图形中的节点即可变为网格点,并创建一组网格线。

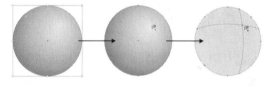

2. 编辑渐变网格

创建渐变网格后,可以使用多种方法来修改网格对象,如删除和移动网格点,更改网格颜色,以及将网格对象恢复为常规对象等。

按住 Alt 键,将鼠标指针放在网格点上,鼠标指针下方出现一个小减号,此时单击鼠标即可删除此网格点以及形成网格点的两条网格线。也可以直接使用【网格】工具选中网格点,单击键盘上 Delete 键删除网格点。

使用【网格】工具或【直接选择】工具直接拖动网格点,可移动网格点的位置。要沿一条弯曲的网格线移动网格点,而不使该网格线发生扭曲,可以按住 Shift 键并使用【网

格】工具拖动网格点，该网格点将保持在网格线上移动。

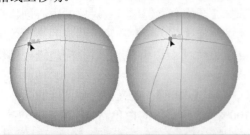

【例4-4】在 Illustrator 中，创建、编辑渐变网格。
视频+素材 (光盘素材\第 04 章\例 4-4)

step 1 选中要添加渐变网格的对象，选择【网格】工具在图形要创建网格的位置上单击添加网格点。

step 2 使用【网格】工具或【直接选择】工具，将需要定义颜色的网格点选中，然后在【颜色】面板中设置要使用的颜色，即可在选定的网格点上添加颜色。

step 3 要删除网格点，按住Alt键使用【网格】工具单击该网点即可。

---

step 4 使用【网格】工具将需要定义颜色的网格点选中，然后在【颜色】面板中设置要使用的颜色。

step 5 使用【网格】工具拖动网格点的控制柄，调整颜色渐变效果。

step 6 使用【网格】工具将需要定义颜色的网格点选中，然后在【颜色】面板中设置要使用的颜色。

step 7 使用【网格】工具拖动网格点的控制柄，调整颜色渐变效果。

4.3.4 将渐变应用于描边

在选中图形对象描边后，单击【渐变】面板中的渐变填色框，即可将当前渐变设置应用于描边。在【渐变】面板中，还提供了三种类型的描边渐变设置。

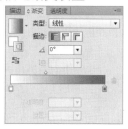

> 在描边中应用渐变▇：类似于使用渐变将描边扩展到填充的对象。

> 沿描边应用渐变▇：沿着描边的长度水平应用渐变。

> 跨描边应用渐变▇：沿着描边的宽度垂直应用渐变。

4.4 填充图案

Illustrator 提供了很多图案，用户可以通过【色板】面板来使用这些图案填充对象。同时，用户还可以自定义现有的图案，或使用绘制工具创建自定义图案。

4.4.1 使用图案

在 Illustrator 中，图案可用于轮廓和填充，也可以用于文本。但要使用图案填充文本时，要先将文本转换为路径。

【例4-5】在 Illustrator 中，使用图案填充图形。

素材 (光盘素材\第 04 章\例 4-5)

step 1 在打开的图形文档中，使用【选择】工具选中需要填充图案的图形。

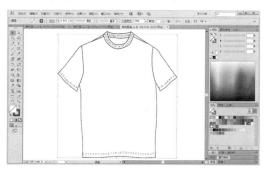

step 2 选择【窗口】|【色板库】|【图案】|【基本图形】|【基本图形_线条】命令，打开图案色板库。单击色板库右上角面板菜单按钮▇，在弹出的菜单中选择【大缩览图视图】命令。

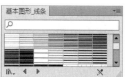

step 3 从【基本图形_线条】面板中单击【6 lpi 80%】图案色板，即可填充选中的对象。

> **知识点滴**
>
> 在工具箱中单击【描边】选框，然后从【色板】面板中选择一个【图案】色板，即可填充对象描边填充图案。

4.4.2 创建图案色板

在 Illustrator 中，除了系统提供的图案外，还可以创建自定义的图案，并将其添加到图案色板中。利用工具箱中的绘图工具绘制好图案后，使用【选择】工具选中图案，将其拖动到【色板】面板中，该图案就能应用到其他对象的填充或轮廓上。

【例4-6】在 Illustrator 中，创建自定义图案。

素材 (光盘素材第 04 章\例4-6)

step 1 在打开的图形文档中，使用【选择】工具来选择要定义的图案对象。

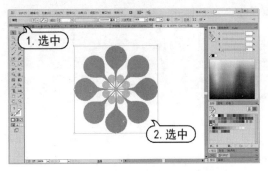

step 2 选择【对象】|【图案】|【建立】命令，打开信息提示对话框和【图案选项】面板。在信息提示对话框中单击【确定】按钮。

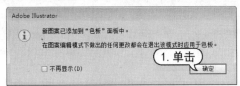

step 3 在【图案选项】面板中的【色板名称】文本框中输入"几何图形"，在【拼贴类型】下拉列表中选择【网格】选项。单击【保持宽度和高度比例】按钮，设置【宽度】为20mm，在【份数】下拉列表中选择【3×3】选项，然后单击绘图窗口顶部的【完成】按钮。该图案将显示在【色板】面板中。

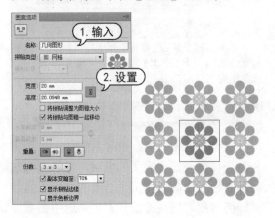

实用技巧

【拼贴类型】下拉列表提供了【网格】、【砖形(按行)】、【砖形(按列)】、【十六进制(按列)】以及【十六进制(按行)】5种不同的拼贴方式。

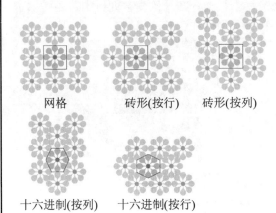

网格　　　　砖形(按行)　　　砖形(按列)

十六进制(按列)　　十六进制(按行)

4.4.3 编辑图案单元

除了创建自定义图案外，用户还可以对已有的图案色板进行编辑、修改和替换操作。

【例4-7】编辑已创建的图案。

素材 (光盘素材第 04 章\例4-7)

step 1 确保图稿中未选择任何对象后，在【色板】面板中选择要修改的图案色板，并单击【编辑图案】按钮，在工作区中显示图案并显示【图案选项】面板。

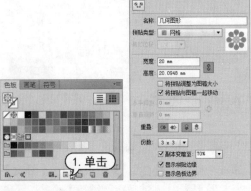

step 2 使用【选择】工具选中图案图形，并在【颜色】面板中调整填色为C=60 M=30 Y=0 K=0，编辑图案拼贴。

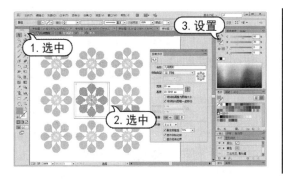

step 3 修改图案拼贴后，单击绘图窗口顶部的【完成】按钮保存图案编辑。

> **实用技巧**
>
> 用户可以将修改后的图案拖至【色板】面板的空白处释放，将修改后的图案创建为新色板。

4.5 实时上色

【实时上色】是一种创建彩色图稿的直观方法。利用该方法不必考虑围绕每个区域使用了多少不同的描边，描边绘制的顺序以及描边之间是连接方式。当创建了实时上色组后，每条路径都会保持完全可编辑的特点。移动或调整路径形状时，前期已应用的颜色不会像在自然介质作品或图像编辑程序中那样保持在原处；相反，Illustrator 会自动将其重新应用于由编辑后的路径所形成的新区域中。简而言之，【实时上色】结合了上色程序的直观与矢量插图程序的强大功能和灵活性。

4.5.1 创建实时上色组

使用【实时上色】工具 为表面和边缘上色，首先需要创建一个实时上色组。在 Illustrator 中绘制图形并选中后，选择工具箱中的【实时上色】工具在图形上单击，或选择【对象】|【实时上色】|【建立】命令，即可创建实时上色组。

实时上色组中可以上色的部分称为边缘和表面。边缘是一条路径与其他路径交叉后，处于交点之间的路径部分。表面是由一条边缘或多条边缘所围成的区域。在【色板】面板中选择颜色，使用【实时上色】工具可以随心所欲地填色。

在工具箱中选择【实时上色选择】工具 ，可以挑选实色上色组中的填色和描边进行上色，并可以通过【描边】面板或控制面板修改描边宽度。

【例4-8】在 Illustrator 中，使用【实时上色】工具填充图形对象。
素材 (光盘素材\第 04 章\例 4-8)

step 1 选择【文件】|【打开】命令，选择并打开一幅图形文档。

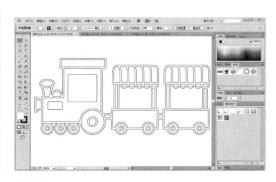

step 2 选择【选择】工具选中文档中全部路径，然后选择【对象】|【实时上色】|【建立】命令建立实时上色组。

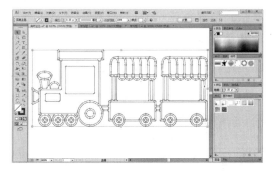

step 3 双击工具箱中的【实时上色】工具，打开【实时上色工具选项】对话框。该对话框用于指定实时上色工具的工作方式，即可

以选择只对填充进行上色或只对描边进行上色；以及当工具移动到表面和边缘上时如何对其进行突出显示。这里单击【确定】按钮应用默认设置。

step 4 在【颜色】面板中设置填色为C=80 M=20 Y=0 K=0，然后使用【实时上色】工具移动至需要填充对象表面上时，它将变为油漆桶形状，并且突出显示填充内侧周围的线条。单击需要填充的对象，以对其进行填充。

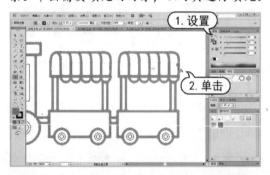

step 5 在【颜色】面板中，将描边色设置为无。将光标靠近图形对象边缘，当路径加粗显示时，光标变为 状态时单击，即可为边缘路径上色。

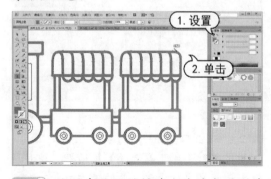

step 6 使用步骤(4)的操作方法填充图形其

他区域，并使用键盘上的左、右方向箭头键，切换需要填充的颜色。

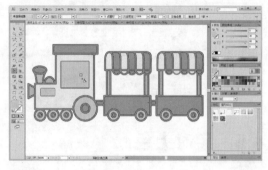

step 7 使用步骤(5)的操作方法填充图形中的其他路径描边。

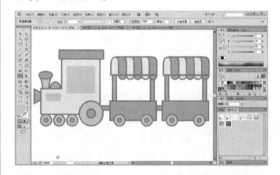

知识点滴

在使用【实时上色】工具时，工具指针上方显示颜色方块，它们表示选定填充或描边颜色；如果使用色板库中的颜色，则表示库中所选颜色及两边相邻颜色。通过按向左或向右箭头键，可以访问相邻的颜色以及这些颜色旁边的颜色。

4.5.2 在实时上色组中添加路径

修改实时上色组中的路径，会同时修改现有的表面和边缘，还可能创建新的表面和边缘，如图所示。也可以向实时上色组中添加更多的路径。选中实时上色组和要添加的路径，单击控制面板中的【合并实时上色】按钮或选择【对象】|【实时上色】|【合并】命令，即可将路径添加到实时上色组内。使用【实时上色选择】工具可以为新的实时上色组重新上色。

【例4-9】在 Illustrator 中，编辑实时上色组。
素材 (光盘素材\第04章\例4-9)

step 1 选择【文件】|【打开】命令，选择打开一幅图形文档。

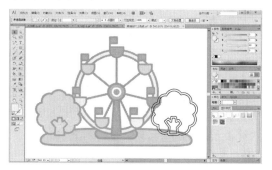

step 2 使用【选择】工具选中实时上色组和路径，并单击控制面板中的【合并实时上色】按钮，或选择【对象】|【实时上色】|【合并】命令，将路径添加到实时上色组中。

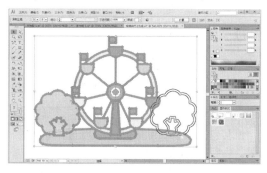

step 3 在【颜色】面板中设置填充颜色，然后使用【实时上色】工具移动至需要填充对象表面上时，单击鼠标即可根据设置填充图形。

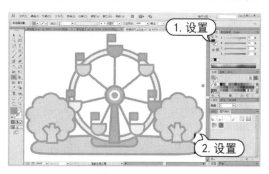

1. 设置

2. 设置

知识点滴

对实时上色组执行【对象】|【实时上色】|【扩展】命令，可将其拆分成相应的表面和边缘。

4.5.3 间隙选项

间隙是由于路径和路径之间未对齐而产生的。用户可以手动编辑路径来封闭间隙，也可以选择【实时上色选择】工具后，单击控制面板上的【间隙选项】按钮，打开【间隙选项】对话框预览并控制实时上色组中可能出现的间隙。选中【间隙检测】复选框对设置进行微调，以便 Illustrator 可以通过指定的间隙大小来防止颜色渗漏。每个实时上色组都有自己独立的间隙设置。

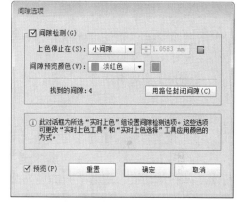

在【间隙检测】对话框中，选中【间隙检测】复选框。在选项区中的【上色停止在】下拉列表中选择间隙的大小或者通过【自定】选项自定间隙的大小。在【间隙预览颜色】下拉列表中选择一种与图稿有差异的颜色以便预览。选中【预览】复选框，可以看到线条稿中的间隙被自动连接起来。对预览结果满意后，先单击【用路径封闭间隙】按钮，然后单击【确定】按钮，即可以用【实时上色】工具为实时上色组进行上色。

4.6 【描边】面板

在 Illustrator 中，不仅可以对选定的对象的描边应用颜色和图案填充，还可以设置其他属性，如描边的粗细、描边端点形状，使用虚线描边等。

选择【窗口】|【描边】命令，或按 Ctrl+F10 键，可以打开【描边】面板。【描边】面板提

供了对描边属性的控制，其中包括描边线的粗细、斜接限制、对齐描边及虚线等设置。

▶【粗细】数值框用于设置描边的宽度，在数值框中输入数值，或者用微调按钮调整，每单击一次数值以 1 为单位递增或递减；也可以单击后面的向下箭头，从弹出的下拉列表中直接选择所需要的宽度值。

▶【端点】右边有 3 个不同的按钮，表示 3 种不同的端点，分别是平头端点、圆头端点和方头端点。

▶【边角】右侧同样有 3 个按钮，用于表示不同的拐角连接状态，分别为斜接连接、圆角连接和斜角连接。使用不同的连接方式得到不同的连接结果。当拐角连接状态设置为【斜接连接】时，【限制】数值框中的数值是可以调整的，用来设置斜接的角度。当拐角连接状态设置为【圆角连接】或【斜角连接】时，【限制】数值框呈现灰色，为不可设定项。

▶【对齐描边】右侧有 3 个按钮，可以

使用【使描边居中对齐】、【使描边内侧对齐】或【使描边外侧对齐】按钮来设置路径上描边的位置。

▶【虚线】选项是 Illustrator 中很有特色的一项功能。选中【描边】对话框中的【虚线】复选框，在其下方会显示 6 个文本框，可以在其中可输入相应的数值。数值不同，所得到的虚线效果也不同，再使用不同粗细的线及线端的形状，会产生各种各样的效果。

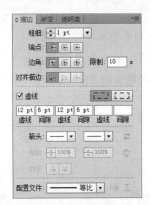

知识点滴

在 Illustrator 的【描边】面板中【保留虚线和间隙的精确长度】选项和【使虚线与边角和路径终端对齐，并调整到合适长度】选项，这两个选项可以让创建的虚线看起来更有规律。

4.7　案例演练

本章的案例演练部分包括制作播放按钮和婚礼邀请卡的两个综合实例操作，使用户通过练习从而进一步巩固在 Illustrator 中绘制对象的方法，以及本章所学的对象填充与描边知识。

4.7.1　制作播放按钮

【例4-10】制作播放按钮。
素材 (光盘素材\第 04 章\例 4-10)

step 1 选择【文件】|【新建】命令，打开【新

建文档】对话框。在对话框的【名称】文本框中输入"播放按钮"，设置【宽度】和【高度】均为 100 mm，然后单击【确定】按钮。

step 2 选择【视图】|【显示网格】命令，在图形文档中显示网格。选择【圆角矩形】工

具，按住Alt+Shift键依据网格拖动绘制圆角矩形，并在打开【变换】面板中设置【边角类型】为 8 mm。

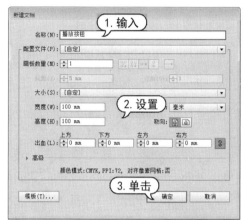

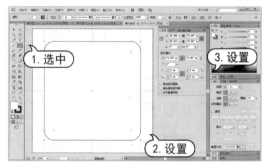

step 3　在【渐变】面板中，单击渐变填色框，设置【角度】为-90°，设置填色为C=0 M=0 Y=0 K=0 至C=60 M=54 Y=47 K=0 的渐变，中点【位置】为 75%。

step 4　在工具箱中单击【描边】设置，在【描边】面板中，设置【粗细】为 2 pt。

step 5　在【渐变】面板中，单击渐变填色框，设置【角度】为-68°，设置填色为C=0 M=0 Y=0 K=7 至C=60 M=54 Y=47 K=45 的渐变，中点【位置】为 60%。

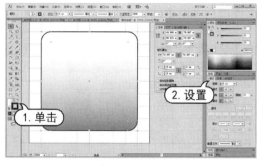

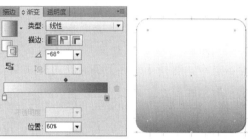

step 6　在刚绘制的圆角矩形对象上单击鼠标右键，在弹出的快捷菜单中选择【变换】|【缩放】命令，打开【比例缩放】对话框。在对话框中，设置【等比】为98%，然后单击【复制】按钮，在工具箱中设置描边为无。

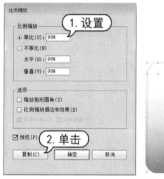

step 7　使用【选择】工具选中步骤(2)中创建的圆角矩形，在【渐变】面板中，单击【填色】设置，更改【角度】为-55°。

step 8　选择【编辑】|【首选项】|【参考线

和网格】命令，打开【首选项】对话框。在其中取消选中【网格置后】复选框，然后单击【确定】按钮。

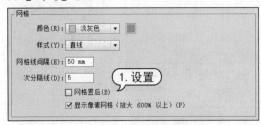

step 9　使用【选择】工具选中步骤(6)中创建的圆角矩形，按Ctrl+C键复制，按Ctrl+F键粘贴在前面。选择【矩形】工具在图形文档中拖动绘制矩形。

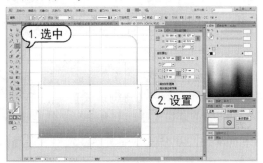

step 10　使用【选择】工具选中刚复制的圆角矩形和绘制的矩形，在【路径查找器】面板中单击【减去顶层】按钮，在【透明度】面板中，设置混合选项为【叠加】。

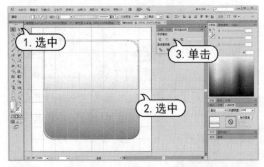

step 11　在【渐变】面板中，设置中点【位置】为40%。然后按Ctrl+A键全选文档中的图形对象，并按Ctrl+G键进行编组。

step 12　选择【椭圆】工具，按住Alt+Shift键依据网格拖动绘制圆形，并在【渐变】面板中单击【反向渐变】按钮。

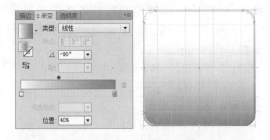

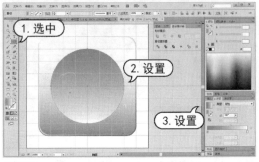

step 13　在【渐变】面板中，将渐变填色调整为C=35 M=27 Y=26 K=0 至C=0 M=0 Y=0 K=0 的渐变，中点【位置】为50%。

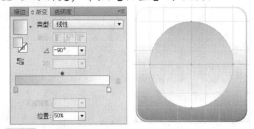

step 14　在图形对象上单击鼠标右键，在弹出的快捷菜单中选择【变换】|【缩放】命令，打开【比例缩放】对话框。在对话框的【等比】选项右侧的文本框中输入数值98%，然后单击【复制】按钮。

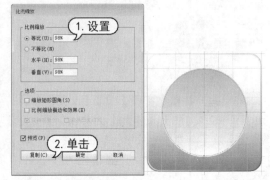

step 15　在【渐变】面板中，双击渐变滑动条中间添加色标，并设置渐变填色为C=0 M=0

Y=0 K=100 至 C=0 M=0 Y=0 K=70 至 C=0 M=0 Y=0 K=50 的渐变。

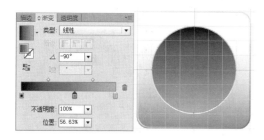

step 16 在图形对象上单击鼠标右键，在弹出的快捷菜单中选择【变换】|【缩放】命令，打开【比例缩放】对话框。在对话框的【等比】选项右侧文本框中输入数值 98%，然后单击【复制】按钮。

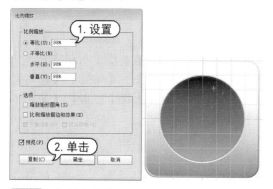

step 17 在【渐变】面板的【类型】下拉列表中选择【径向】选项，并设置渐变填色为 C=10 M=90 Y=90 K=0 至 C=24 M=100 Y=100 K=0 至 C=55 M=100 Y=100 K=45 的渐变。

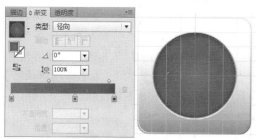

step 18 按 Ctrl+C 键复制刚创建的圆形，按 Ctrl+F 键粘贴在前面。在【渐变】面板中设置填色为 C=100 M=100 Y=100 K=100 至 C=0 M=45 Y=25 K=0 的渐变。

step 19 在【透明度】面板中，设置混合选项为【滤色】，【不透明度】数值为 60%。

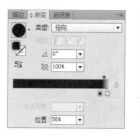

step 20 在图形对象上单击鼠标右键，在弹出的快捷菜单中选择【变换】|【缩放】命令，打开【比例缩放】对话框。在对话框中，设置【等比】数值为 90%，然后单击【复制】按钮。

step 21 在【渐变】面板的【类型】下拉列表中选择【线性】选项，设置【角度】数值为 56°，渐变填色为 C=0 M=0 Y=0 K=0 至 C=15 M=100 Y=100 K=0 至 C=100 M=100 Y=100 K=100 的渐变。在控制面板中设置【不透明度】数值为 50%。

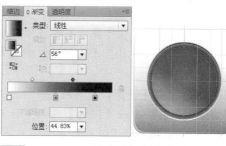

step 22 按 Ctrl+C 键复制刚创建的圆形，按

Ctrl+F键粘贴在前面，并调整图形形状。

step 23 在【渐变】面板中，单击【反向渐变】按钮，设置【角度】为20°；在【透明度】面板中，设置【不透明度】数值为17%。

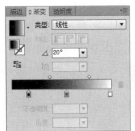

step 24 选择【椭圆】工具，将填色设置为无，描边色为白色，然后按Alt+Shift键拖动绘制圆形。在【描边】面板中设置【粗细】为3 pt，单击【使描边外侧对齐】按钮。

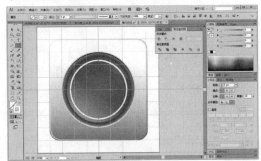

step 25 继续使用【椭圆】工具按Alt+Shift键拖动绘制圆形，然后在【描边】面板中设置【粗细】为12 pt，并单击【使描边内侧侧对齐】按钮。

step 26 继续使用【椭圆】工具按Alt+Shift键拖动绘制圆形，然后在【描边】面板中设置【粗细】为6 pt，并单击【使描边内侧侧对齐】按钮。

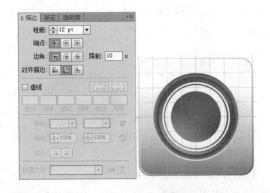

step 27 使用【选择】工具选中刚创建的三个圆形路径，选择【对象】|【路径】|【轮廓化描边】命令，然后再选择【对象】|【复合路径】|【建立】命令。

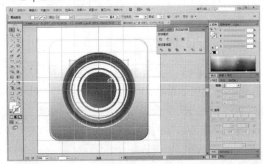

step 28 使用【钢笔】绘制如左图所示图形对象，然后使用【选择】工具选中该图形对象和上一步创建的复合路径，在【路径查找器】面板中单击【减去顶层】按钮。

step 29 在【渐变】面板中，单击渐变填色框，设置【角度】为84°，并调整渐变滑动条上

的色标位置，然后在控制面板中设置【不透明度】数值为 45%。

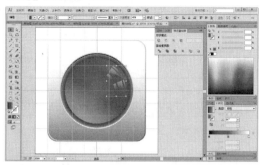

step 30　选择【旋转】工具，在文档中心点单击设置旋转中心，然后按 Alt 键旋转复制图形对象，使用【选择】工具，按住 Alt+Shift 键缩小图形对象。

step 31　在【渐变】面板中，单击【反向渐变】按钮，设置【角度】为 53°，并在控制面板中设置【不透明度】数值为 30%。

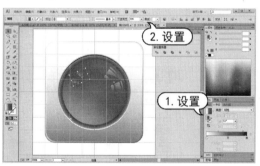

step 32　使用【选择】工具选中步骤(28)中创建的图形对象，单击鼠标右键，在弹出的快捷菜单中选择【变换】|【缩放】命令，打开【比例缩放】对话框。在对话框的【等比】选项右侧文本框中输入 30%，然后单击【复制】按钮。

step 33　使用【选择】工具调整复制对象的位

置及角度，然后在【透明度】面板中设置混合选项为【叠加】，【不透明度】数值为 70%。

step 34　选择【星形】工具，按 Alt+Shift 键在文档中心点单击，并结合键盘上的向下箭头绘制正三角形。

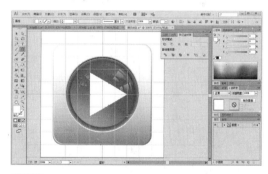

step 35　在【颜色】面板中，设置填色为黑色，然后在【透明度】面板中设置混合选项为【正片叠底】，【不透明度】数值为 45%。

4.7.2 制作婚礼邀请卡

【例4-11】制作婚礼邀请卡。

视频+素材 (光盘素材\第04章\例4-11)

step 1 选择【文件】|【新建】命令，打开【新建文档】对话框。在对话框的【名称】文本框中输入"婚礼邀请卡"，并设置【宽度】和【高度】为150mm，然后单击【确定】按钮。

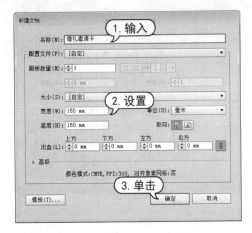

step 2 选择【矩形】工具绘制与画板同等大小的矩形，并在【颜色】面板中，设置描边填色为无，填色为C=40 M=52 Y=82 K=3。

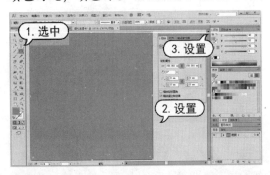

step 3 选择【网格】工具在绘制的矩形中单击，添加网格点，并在【颜色】面板中设置添加的网格点的填色为C=12 M=16 Y=25 K=0。

step 4 在【图层】面板中，锁定【图层1】，并单击【创建新图层】按钮，新建【图层2】。

step 5 选择【矩形】工具在画板中心单击，并按Alt+Shift键拖动绘制矩形，然后在【颜色】面板中设置填色为C=72 M=48 Y=42

K=38。

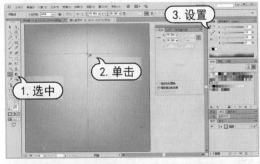

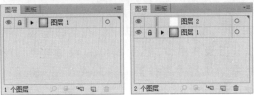

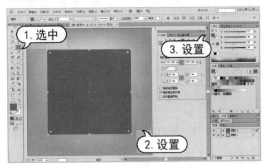

step 6 选择【文件】|【打开】命令，打开【打开】对话框。在其中选中需要的图案文件，然后单击【打开】按钮。

step 7 使用【选择】工具选中图案，并按住鼠标左键将其拖动至【色板】面板中，创建图案色板。

step 8 在【色板】面板菜单中，选择【将色板库存储为AI】命令，打开【另存为】对话框，在其中单击【保存】按钮。

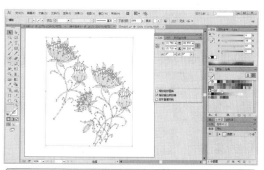

step 9 返回创建的"婚礼邀请卡"文档，按 Ctrl+C 键复制步骤(5)中绘制的矩形，按 Ctrl+F 键粘贴。在【色板】面板菜单中，选择【打开色板库】|【用户定义】|【花卉纹样】命令。在打开的色板库中，单击刚定义的花卉纹样色板。

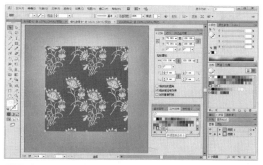

step 10 双击【色板】面板中的花卉纹样色板，打开【图案选项】面板。在面板的【名称】文本框中输入"花卉纹样"，单击【锁定比率】按钮，设置【宽度】为 40 mm，在【份数】下拉列表中选择【5×5】选项。

step 11 设置完成后，单击文档窗口顶部的【完成】链接，退出图案编辑模式。

step 12 在【色板】面板中，将"花卉纹样"色板拖动至【新建色板】按钮上释放复制。双击复制的"花卉纹样"色板，打开【图案选项】面板。

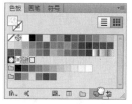 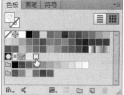

step 13 使用【选择】工具选中图案，在【颜色】面板中将填色设置为C=62 M=41 Y=35 K=31。

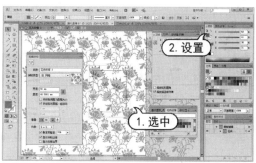

Illustrator CC 平面设计案例教程

step⑭ 在图案上单击鼠标右键，在弹出的快捷菜单中选择【变换】|【对称】命令，打开【镜像】对话框。在对话框中，选中【垂直】单选按钮，然后单击【确定】命令。

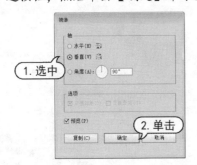

step⑮ 单击文档窗口顶部的【完成】链接，退出图案编辑模式。按Ctrl+C键复制步骤(11)中填充图案的矩形，按Ctrl+B将其粘贴在下方，然后在【色板】面板中单击上一步复制编辑后的花卉纹样色板进行填充。

step⑯ 在【图层】面板中，锁定【图层2】，单击【创建新图层】按钮新建【图层3】。

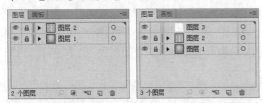

step⑰ 选择【矩形】工具在画板中心单击，并按Alt+Shift键拖动绘制矩形，然后在【颜色】面板中设置填色为白色，描边填色为C=4 M=18 Y=57 K=0。在【描边】面板中设置【粗细】为3 pt，单击【使描边外侧对齐】按钮。

step⑱ 在绘制的矩形上单击鼠标右键，在弹出的快捷菜单中选择【变换】|【缩放】命令，打开【比例缩放】对话框。在对话框中，设置【等比】数值为95%，然后单击【复制】按钮。

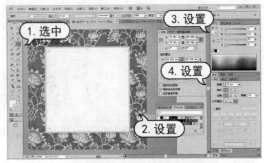

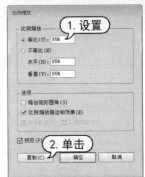

step⑲ 在【描边】面板中，设置复制的矩形的【粗细】为2 pt。

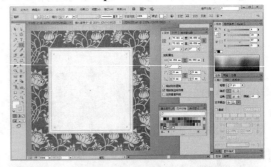

step⑳ 使用【矩形】工具在画板中拖动绘制矩形，然后在【颜色】面板中设置描边色为无，填色为C=4 M=18 Y=57 K=0。

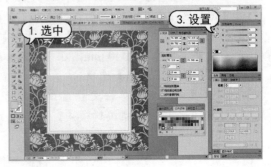

step 21 使用【矩形】工具继续在画板中拖动绘制矩形，然后在【颜色】面板中设置填色为白色。

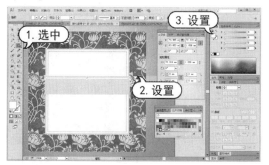

step 22 使用【选择】工具选中刚绘制的矩形，并按Ctrl+Alt+Shift键移动、复制刚绘制的白色矩形条。按Shift键选中步骤(20)至步骤(22)中创建的 3 个矩形，按Ctrl+G键进行编组。

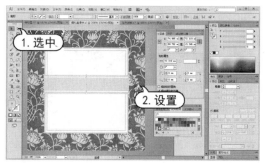

step 23 选择【对象】|【封套扭曲】|【用变形建立】命令，打开【变形选项】对话框。在对话框的【样式】下拉列表中选择【旗形】选项，设置【弯曲】数值为-50%，然后单击【确定】按钮。

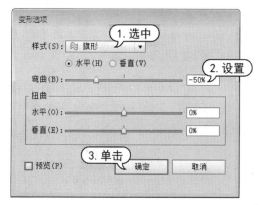

step 24 使用【选择】工具调整图形对象的位置及其大小。

step 25 使用【钢笔】工具在画板中绘制如图所示的图形，并在【颜色】面板中设置填色为C=4 M=31 Y=78 K=13。

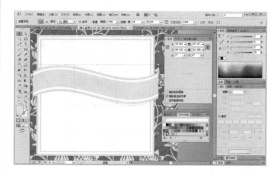

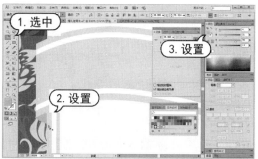

step 26 使用【钢笔】工具在另一边绘制相同图形，然后使用【选择】工具选中封套扭曲的对象和钢笔绘制的对象，按Ctrl+G键进行编组。

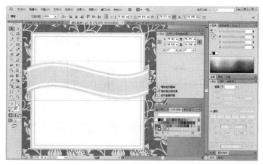

step 27 使用【文字】工具在画板中单击，再在【颜色】面板中设置填色为C=72 M=48 Y=42 K=38。按Ctrl+T键打开【字符】面板，在其中设置字体系列为Roboto，字体大小为9 pt，【水平缩放】数值为 80%。然后输入文字内容，并使用【选择】工具调整文字位置。

step 28 使用【钢笔】工具在画板中绘制如图所示的路径。

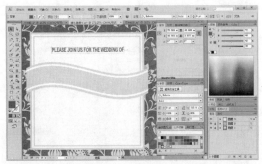

step 29 选择【路径文字】工具在路径上单击，在【字符】面板中设置字体系列为Berlin Sans FB，字体大小为24 pt，在【颜色】面板中设置填色为白色，然后输入文字内容。

step 30 选择【直线】工具在画板中拖动绘制直线，并在【颜色】面板中设置描边色为C=4 M=18 Y=57 K=0，在【描边】面板中设置【粗细】为2 pt。

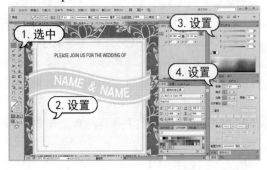

step 31 使用【选择】工具选中刚绘制的直线，按住Ctrl+Alt+Shift键移动并复制直线。

step 32 使用【文字】工具在画板中单击，再在【颜色】面板中设置填色为C=72 M=48 Y=42 K=38。在【字符】面板中设置字体系列为Bell MT，字体大小为18 pt。然后输入文字内容，并使用【选择】工具调整文字位置。

step 33 使用【文字】工具在画板中单击，再在【颜色】面板中设置填色为C=72 M=48 Y=42 K=38。在【字符】面板中设置字体大小为6 pt。输入文字内容，并使用【选择】工具调整文字位置。

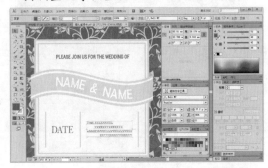

第5章

对象的编辑管理

在 Illustrator 中,一幅完整的设计作品往往由多组图形对象构成。因此,在创作过程中,准确地找到所要编辑的对象尤为重要。本章进一步介绍了在对象编辑过程中准确选取、进行特定编辑的操作方法。

对应光盘视频

5.1 显示、隐藏对象

在处理复杂图形文档时，用户可以根据需要对操作对象进行隐藏和显示，以减少干扰因素。选择【对象】|【显示全部】命令可以显示全部对象。选择【对象】|【隐藏】命令可以在选择了需要隐藏对象后将其隐藏。

【例5-1】在 Illustrator 中，隐藏和显示选定的对象。

视频+素材 (光盘素材\第 05 章\例 5-1)

step 1 选择【文件】|【打开】命令，在【打开】对话框中选择要打开的图形文档，并选择【窗口】|【图层】命令，显示【图层】面板。

step 2 在图形文档中，使用【选择】工具选中一个路径图形，然后选择菜单栏中的【对

象】|【隐藏】|【所选对象】命令，或在【图层】面板中单击图层中的可视按钮，即可隐藏所选对象。

step 3 选择【对象】|【显示全部】命令，即可将所有隐藏的对象显示出来。

5.2 锁定、解锁对象

在 Illustrator 中，锁定对象可以使该对象避免被修改或移动，尤其是在进行复杂的图形绘制时，可以避免误操作，提高工作效率。

在页面中使用【选择】工具选中需要锁定的对象，选择【对象】|【锁定】命令，或按快捷键 Ctrl+2 键可以锁定对象。当对象被锁定后，不能使用选择工具进行选定操作，也不能移动、编辑对象。

如果需要对锁定的对象进行修改、编辑操作，必须将其解锁。选择【对象】|【全部解锁】命令，或按快捷键 Ctrl+Alt+2 键即可解锁对象。

用户也可以通过【图层】面板锁定与解锁对象。在【图层】面板中单击要锁定对象前的编辑列，当编辑列中显示为 🔒 状态时即可锁定对象。再次单击编辑列即可解锁对象。

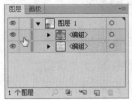

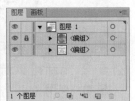

5.3 图形的排列与分布

对象的堆叠方式决定了最终的显示效果。在 Illustrator 中，使用【排列】命令可以随时更改图稿中对象的堆叠顺序，还可以使用【对齐与分布】命令定义多个图形的排列、分布方式。

5.3.1 对象的排列

选择【对象】|【排列】命令子菜单中的

命令，可以改变图形的前后堆叠顺序。【置于顶层】命令可将所选图形放置在所有图形的最前面。【前移一层】命令可将所选中对象向前移动一层。【后移一层】命令可将所选图形向后移动一层。【置于底层】命令可将所选图形放置在所有图形的最后面。

【例 5-2】 在打开的图形文档中，重新排列选中的图形对象。

🎬 视频+素材 (光盘素材第 05 章\例 5-2)

step 1 在打开的图形文档中，使用工具箱中的【选择】工具选中图形对象。

step 2 在选中对象上单击鼠标右键，在弹出的快捷菜单中选择【排列】|【置于顶层】命令，重新排列图形对象的叠放顺序。

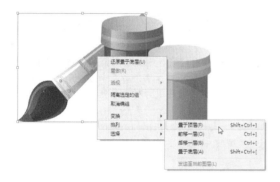

step 3 此时，可以看到选中的图形对象堆叠顺序和图层发生了相应的变化。

🖱 **实用技巧**

在实际操作过程中，用户可以在选中图形对象后，单击鼠标右键，在弹出的快捷菜单中选择【排列】命令，或直接通过键盘快捷键排列图形对象。按 Shift+Ctrl+]键可以将所选对象置于顶层；按 Ctrl+]键可将所选对象前移一层；按 Ctrl+[键可将所选对象后移一层；按 Shift+Ctrl+[键可将所选对象置于底层。

5.3.2　对齐与分布

在 Illustrator 中，使用【对齐】面板和控制面板中的【对齐】选项都可以沿指定的轴对齐或分布所选对象。在页面中将要进行对齐的对象选中，然后选择【窗口】|【对齐】命令或按 Shift+F7 键，打开【对齐】面板，在其中的【对齐对象】选项中可以看到对齐控制按钮，在【分布对象】选项中可以看到分布控制按钮。

面板中，【对齐对象】选项中共有 6 个按钮，分别是【水平左对齐】按钮🔲、【水平居中对齐】按钮🔲、【水平右对齐】按钮🔲、【垂直顶对齐】按钮🔲、【垂直居中对齐】按钮🔲和【垂直底对齐】按钮🔲。

【分布对象】选项中也共有 6 个按钮，分别是【垂直顶分布】按钮🔲、【垂直居中分布】按钮🔲、【垂直底分布】按钮🔲、【水平左分布】按钮🔲、【水平居中分布】按钮🔲和【水平右分布】按钮🔲。

1. 调整对齐依据

在 Illustrator 中，可以对对齐依据进行设置。【对齐】选项中提供了【对齐所选对象】、【对齐关键对象】和【对齐面板】3 种对齐依据，设置不同的对齐依据得到的对齐或分布效果不同。

▶ 【对齐所选对象】选项：使用该选项可以以所有选定对象的定界框进行对齐或分布操作。

▶ 【对齐关键对象】选项：该选项可以相对于一个对象进行对齐或分布。在对齐之前首先需要使用选择工具，单击要用作关键对象的对象,关键对象将周围出现一个轮廓。然后单击与所需的对齐或分布类型对应的按钮即可。

▶ 【对齐画板】选项：选择要对齐或分布的对象在对齐依据中选择该选项，然后单击所需的对齐或分布类型的按钮，即可将所选对象按照当前的画板进行对齐或分布。

实用技巧

使用【直接选择】工具按住 Shift 键的同时选中要对齐或分布的锚点，所选择的最后一个锚点会作为关键锚点，并且选中【对齐】或控制面板中的【对齐关键锚点】选项，然后在【对齐】面板中或控制面板中单击所需的对齐或分布类型对应的按钮。

2. 按照特定间距分布对象

在 Illustrator 中,可用对象路径之间的精确距离来分布对象。选择要分布的对象，在【对齐】面板中的【分布间距】文本框中输入要在对象之间显示的间距量。如果未显示【分布间距】选项，则在【对齐】面板菜单中选择【显示选项】命令。使用【选择】工具选中要在其周围分布其他对象的路径，选中的对象将在原位置保持不动，然后单击【垂直分布间距】按钮或【水平分布间距】按钮。

【例5-3】使用【对齐】面板排列分布对象。
视频+素材 (光盘素材\第05章\例5-3)

step 1 选择菜单栏中的【文件】|【打开】命令，在【打开】对话框中选择打开图形文档，并选择

【窗口】|【对齐】命令，显示【对齐】面板。

step 2 选择【选择】工具，框选第一排图形，在【对齐】选项中选择【对齐所选对象】选项,然后在【对齐】面板中单击【垂直居中对齐】按钮，即可将选中的图形对象垂直居中对齐。

实用技巧

用来对齐的基准对象是创建顺序或选择顺序决定的。如果框选对象，则会使用最后创建的对象为基准。如果通过多次选择单个对象来选择对齐对象组，则最后选定的对象将成为对齐其他对象的基准。

step 3 使用【选择】工具选中第二排图形对象，在【对齐】面板中设置【对齐】选项为【对齐关键对象】，并单击中间的图形对象，将其设置为关键对象，然后单击【垂直顶对齐】按钮。

step 4 在【对齐】面板指定间距值为 30 mm,在分布间距选项区中单击【水平间距分布】按钮，即可将图形对象水平居中分布。

5.4　管理链接图稿

在 Illustrator 中设计作品时经常需要使用其他应用程序创建的图稿。如果将这些图稿置入到文档中，会增加文档容量，从而影响程序运行速度。而使用链接图稿不仅可以大大提高操作效率，还可以对原图稿进行编辑。

5.4.1　更新链接的图稿

使用【链接】面板来查看和管理 Illustrator 文档中所有链接或嵌入的图稿。选择【窗口】|【链接】命令即可打开【链接】面板，可以通过【链接】面板来选择、识别、监控和更新链接文件。

在源文件更改时如果要更新链接的图稿，有以下两种方法。

➤ 在工作窗口中选择链接的图稿。在控制面板中，单击文件名并选择【更新链接】命令。

➤ 在【链接】面板中，选择显示感叹号图标的一个或多个链接。单击【更新链接】按钮，或从面板弹出菜单中选择【更新链接】命令。

5.4.2　重新链接的图稿

如果要重新连接至缺失的链接图稿，可以在工作窗口中选择链接的图稿。在控制面板中，单击文件名并选择【重新链接】，或者在【链接】面板中，单击【重新链接】按钮，或从【链接】面板菜单中选择【重新链接】命令。在打开的【置入】对话框中的选择链接的图稿，然后单击【确定】按钮可以重新链接图稿。重新链接的图稿将保留所替换图稿的大小、位置和变换特征。

5.4.3　编辑链接的图稿

如要编辑图形文档中链接的图稿，可以执行下列操作之一。

➤ 在工作窗口中选择链接的图稿。在控制面板中单击【编辑原稿】按钮。

➤ 在【链接】面板中，选择链接，然后单击【编辑原稿】按钮，或者从面板弹出菜单中选择【编辑原稿】。

➤ 选择链接的图稿，然后选择【编辑】|【编辑原稿】命令即可。

5.5　蒙版应用

在 Illustrator 中有两种类型的蒙版，即剪切蒙版和不透明蒙版。使用蒙版功能可以制作出更加丰富的变化效果。

5.5.1　剪切蒙版

剪切蒙版是一个可以用其形状遮盖其他图稿的对象，因此使用剪切蒙版，用户只能看到蒙版形状内的区域。从效果上来说，就是将图稿裁剪为蒙版的形状。剪切蒙版和遮盖的对象称为剪切组合。可以通过选择的两个或多个对象或者一个组或图层中的所有对象来创建剪切组合。

1. 创建剪切蒙版

在 Illustrator 中，无论是单一路径、复合

路径、群组对象或文本对象都可以用来创建剪切蒙版，创建为蒙版的对象会自动群组在一起。选择【对象】|【剪切蒙版】|【建立】命令对选中的图形图像创建剪切蒙版，并可以进行编辑修改。在创建剪切蒙版后，用户还可以通过控制面板中的【编辑剪切蒙版】按钮和【编辑内容】按钮来选择编辑对象。

【例5-4】在 Illustrator 中，创建剪切蒙版。

视频+素材 (光盘素材第 05 章\例 5-4)

step 1 选择【文件】|【打开】命令，打开图形文档。

step 2 选择【斑点画笔】工具，配合键盘上的[键和]键放大、缩小画笔，在文档中拖动绘制蒙版图形。

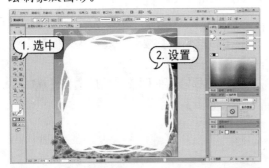

step 3 使用【选择】工具，选中作为剪切蒙版的对象和被蒙版对象。

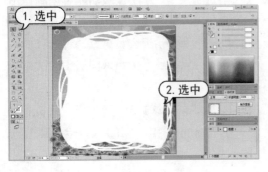

step 4 选择【对象】|【剪切蒙版】|【建立】命令，或单击【图层】面板底部的【建立/释放剪切蒙版】按钮，创建剪切蒙版。剪切蒙版以外的图形都被隐藏，只剩下蒙版区域内的图形。

2. 创建文本剪切蒙版

Illustrator 允许使用各种各样的图形对象作为剪贴蒙版的形状外，还可以使用文本作为剪切蒙版。用户在使用文本创建剪切蒙版时，可以先把文本转化为路径，也可以直接将文本作为剪切蒙版。

【例5-5】在 Illustrator 中，使用文字创建剪切蒙版。

视频+素材 (光盘素材第 05 章\例 5-5)

step 1 选择【文件】|【打开】命令，打开图形文档。

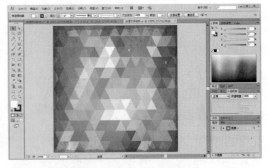

step 2 选择【文字】工具，在文档中输入文字内容，然后使用【选择】工具选中文字，并在控制面板中设置字体为 Bauhaus 93，字体大小为 47 pt。

step 3 继续使用【选择】工具，选中图像与文字。

step④ 选择菜单栏中的【对象】|【剪切蒙版】|【建立】命令，或单击【图层】面板中的【建立/释放剪切蒙版】按钮，即可使用文字创建剪切蒙版。

step⑤ 使用【文字】工具在文档中添加文字蒙版内容。

step⑥ 使用【选择】工具选中文字蒙版，按

快捷键Alt+Ctrl+T键打开【段落】面板，单击其中的【居中对齐】按钮，并使用【选择】工具调整文字蒙版位置。在控制面板中更改字体样式为Impact，字体大小为 66 pt。

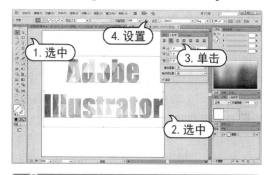

> **知识点滴**
>
> 如果使用文字创建剪切蒙版，来将文本转换为轮廓，用户仍然可以对文本进行编辑修改，如改变字体的大小、样式等，还可以改变文字的内容。如果将文本转换为轮廓，则不可再对文本进行编辑操作。

3. 编辑剪切蒙版

在 Illustrator 中，用户还可以对剪切蒙版进行一定的编辑，在【图层】面板中选择剪贴路径，可以执行下列任意操作。

▶ 使用【直接选择】工具拖动对象的中心参考点，可以移动剪贴路径。

▶ 使用【直接选择】工具可以改变剪贴路径形状。

▶ 对剪贴路径可以进行填色或描边操作。

另外，还可以从被遮盖的图形中添加内容或者删除内容。在【图层】面板中，将对象拖入或拖出包含剪贴路径的组或图层即可。

4. 释放剪切蒙版

建立蒙版后，用户还可以随时将蒙版释放。只需选定蒙版对象后，选择菜单栏中的【对象】|【剪切蒙版】|【释放】命令，或在【图层】面板中单击【建立/释放剪切蒙版】按钮，即可释放蒙版。此外，也可以在选中蒙版对象后，单击右键，在弹出菜单中选择【释放剪切蒙版】命令，或选择【图层】面板

控制菜单中的【释放剪切蒙版】命令，同样可以释放蒙版。释放蒙版后，将得到原始的被蒙版对象和一个无外观属性的蒙版对象。

5.5.2 不透明蒙版

在 Illustrator 中可以使用不透明蒙版和蒙版对象来更改图稿的透明度，可以透过不透明蒙版提供的形状来显示其他对象。蒙版对象定义了透明区域和透明度，可以将任何着色对象或栅格图像作为蒙版对象。

Illustrator 使用蒙版对象中颜色的等效灰度来表示蒙版中的不透明度。如果不透明蒙版为白色，则完全显示图稿。如果不透明蒙版为黑色，则隐藏图稿。蒙版中的灰阶会导致图稿中出现不同程度的透明度。

创建不透明蒙版时，在【透明度】面板中被蒙版的图稿缩览图右侧将显示蒙版对象的缩览图。

移动被蒙版的图稿时，蒙版对象也会随之移动；而移动蒙版对象时，被蒙版的图稿却不会随之移动。可以在【透明度】面板中取消蒙版链接，以将蒙版锁定在合适的位置并单独移动被蒙版的图稿。

1. 创建不透明蒙版

选择一个对象或组，或在【图层】面板中选择需要运用不透明度的图层，打开【透明度】面板。在紧靠【透明度】面板缩览图右侧双击，将创建一个空蒙版，并且 Illustrator 自动进图蒙版编辑模式。

使用绘图工具绘制好蒙版后，单击【透明度】面板中被蒙版图稿的缩览图即可退出蒙版编辑的模式。

如果已经有需要设置为不透明蒙版的图形，可以直接将它设置为不透明蒙版。选中被蒙版的对象和蒙版图形，然后从【透明度】面板菜单中选择【建立不透明蒙版】命令，或单击【制作蒙版】按钮，那么最上方的选定对象或组将成为蒙版。

通过编辑蒙版对象可以更改蒙版的形状或透明度。单击【透明度】面板中的蒙版对象缩览图，按住 Alt 键并单击蒙版缩览图以隐藏文档窗口中的所有其他图稿。不按住 Alt 键也可以编辑蒙版，但是画面上除了蒙版外的图形对象不会隐藏，从而可能会造成相互干扰。用户可以使用任何编辑工具来编辑蒙版，完成后单击【透明度】面板中的被蒙版的图稿的缩览图以退出蒙版编辑模式。

2. 取消链接或重新链接不透明蒙版

要取消链接蒙版，可在【图层】面板中定位被蒙版的图稿，然后单击【透明度】面板中缩览图之间的链接符号，或者从【透明度】面板菜单中选择【取消链接不透明蒙版】命令，将锁定蒙版对象的位置和大小，这样可以独立于蒙版来移动被蒙版的对象并调整其大小。

要重新链接蒙版，可在【图层】面板中定位被蒙版的图稿，然后单击【透明度】面板中缩览图之间的区域，或者从【透明度】面板菜单中选择【链接不透明蒙版】命令。

3. 停用与删除不透明蒙版

要停用蒙版，可在【图层】面板中定位被蒙版的图稿，然后按住 Shift 键并单击【透明度】面板中的蒙版对象的缩览图，或者从【透明度】面板菜单中选择【停用不透明蒙版】命令。停用不透明蒙版后，【透明度】面板中的蒙版缩览图上会显示一个红色的×号。

要重新激活蒙版，可在【图层】面板中定位被蒙版的图稿，然后按住 Shift 键并单击

【透明度】面板中的蒙版对象的缩览图，或者从【透明度】面板菜单中选择【启用不透明蒙版】命令。

在【图层】面板中定位被蒙版的图稿，然后从【透明度】面板菜单中选择【释放不透明蒙版】命令，或按【释放】按钮，蒙版对象会重新出现在被蒙版的对象的上方。

5.6　透明度和混合模式

在 Illustrator 中，使用透明度设置可以改变单个对象、一组对象或图层中所有对象的不透明度，或者一个对象的填色或描边的不透明度。使用混合模式可以用不同的方法将对象颜色与底层对象的颜色混合。

5.6.1　设置透明度

在 Illustrator 中，使用【透明度】面板中的【不透明度】选项设置可以为对象的填色、描边、对象编组或图层设置不透明度。不透明度从 100%的不透明至 0%的完全透明，当降低对象的不透明度时，其下方的图形会透过该对象可见。

选择【窗口】|【透明度】命令，可以打

开【透明度】面板，单击面板菜单按钮，在弹出的菜单中选择【显示选项】命令，可以将隐藏的选项全部显示出来。

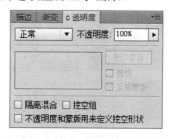

如果要更改填充或描边的不透明度，选择一个对象或组后，在【外观】面板中选择填充或描边，然后在【透明度】面板或控制面板中设置【不透明度】选项即可。

【透明度】面板上提供了【挖空组】选项，在透明挖空组中，元素不能透过彼此而显示。

5.6.2 设置混合模式

使用【透明度】面板的混合模式选项，可以为选定的对象设置混合模式。当将一种混合模式应用于某一对象时，在此对象的图层或组下方的任何对象上都可看到混合模式的效果。在混合模式选项下拉列表中包括 16 种设置。

▶ 正常：使用混合色对选区上色，而不与基色相互作用，这是默认模式。

▶ 变暗：选择基色或混合色中较暗的一个作为结果色，比混合色亮的区域会被结果色所取代，比混合色暗的区域将保持不变。

▶ 正片叠底：将基色与混合色相乘，得到的颜色总是比基色和混合色都要暗一些。将任何颜色与黑色相乘都会产生黑色，将任何颜色与白色相乘则颜色保持不变。

▶ 颜色加深：加深基色以反映混合色。与白色混合后不产生变化。

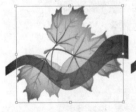

▶ 变亮：选择基色或混合色中较亮的一个作为结果色，比混合色暗的区域将被结果色所取代，比混合色亮的区域将保持不变。

▶ 滤色：将混合色的反相颜色与基色相乘，得到的颜色总是比基色和混合色都要亮

一些。用黑色滤色时颜色保持不变，用白色滤色将产生白色。

▶ 颜色减淡：加亮基色以反映混合色。与黑色混合不发生变化。

▶ 叠加：对颜色进行相乘或滤色，具体取决于基色。图案或颜色叠加在现有的图稿上，在与混合色混合以反映原始颜色的亮度和暗度的同时，保留基色的高光和阴影。

▶ 柔光：使颜色变暗或变亮，具体取决于混合色。此效果类似于漫射聚光灯照在图稿上。

▶ 强光：对颜色进行相乘或过滤，具体取决于混合色。此效果类似于耀眼的聚光灯照在图稿上。

▶ 差值：从基色中减去混合色或从混合色中减去基色，具体取决于哪一种的亮度值较大。与白色混合将反转基色值，与黑色混合则不发生变化。

▶ 排除：创建一种与【差值】模式相似但对比度更低的效果。与白色混合将反转基色分量，与黑色混合则不发生变化。

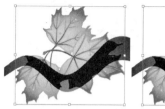

相和饱和度创建结果色。这样可以保留图稿中的灰阶，对于给单色图稿上色以及给彩色图稿染色都会非常重要。

> 色相：用基色的亮度和饱和度以及混合色的色相创建结果色。

> 明度：用基色的色相和饱和度以及混合色的亮度创建结果色。此模式可创建与【混色】模式相反的效果。

> 饱和度：用基色的亮度和色相以及混合色的饱和度创建结果色。在无饱和度(灰度)的区域上使用此模式着色不会产生变化。

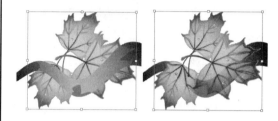

> 混色：用基色的亮度以及混合色的色

要修改图稿的混合模式十分简单，如果要更改填充或描边的混合模式，可选中对象或组，然后在【外观】面板中选择填充或描边，再在【透明度】面板中选择一种混合模式即可。

5.7 案例演练

本章的案例演练部分包括制作 CD 封套和电影放映周海报的两个综合实例操作，使用户通过练习从而巩固本章所学知识。

5.7.1 制作 CD 封套

【例 5-6】制作 CD 封套。
视频+素材 (光盘素材\第 05 章\例 5-6)

step 1 选择【文件】|【新建】命令，打开【新建文档】对话框。在对话框的【名称】文本框中输入"音乐CD封套"，设置【画板数量】为 2，单击【按列排列】按钮，在【大小】下拉列表中选择 A4 选项，单击【横向】按钮，然后单击【确定】按钮新建文档。

step 2 选择【视图】|【显示网格】命令显示网格。选择【矩形】工具在画板 1 中单击，打开【矩形】对话框。在对话框中，设置【宽度】为 130mm，【高度】为 127mm，然后单击【确定】按钮。

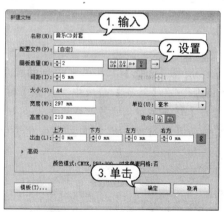

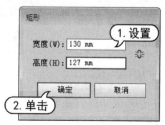

step 3 在绘制的矩形上单击鼠标右键，在弹出的快捷菜单中选择【变换】|【移动】命令。在打开的【移动】对话框中，设置【水平】为-130 mm，【垂直】为 0 mm，然后单击【复制】按钮。

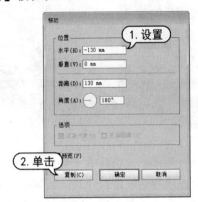

step 4 选择【视图】|【隐藏网格】命令，隐藏网格。选择【椭圆】工具，在左侧矩形的边缘单击，并按Alt+Shift键拖动绘制圆形。

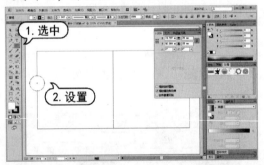

step 5 使用【选择】工具选中绘制的圆形和左侧矩形，在【对齐】面板中，设置【对齐】选项为【对齐关键对象】，并单击左侧矩形，将其设为关键对象，然后单击【垂直居中对齐】按钮。

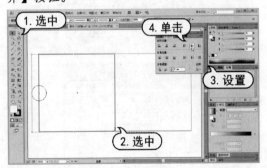

step 6 保持两个图形的选中状态，在【路径

查找器】面板中单击【减去顶层】按钮。

step 7 选择【矩形】工具，依据右侧矩形，在其顶部拖动绘制矩形，并在【变换】面板中设置【高】为 15 mm。

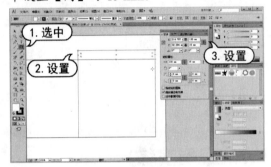

step 8 选择【自由变换】工具，在文档窗口中显示的工具条上单击【透视扭曲】按钮，然后调整刚创建的矩形。

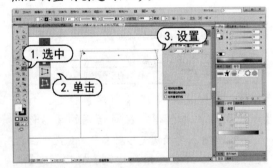

step 9 在调整后的矩形上单击鼠标右键，在弹出的快捷菜单中选择【变换】|【移动】命令，打开【移动】对话框。在对话框中，设置【垂直】为 142 mm，然后单击【复制】按钮。

step 10 在复制的图形上单击鼠标右键，在弹出的快捷菜单中选择【变换】|【对称】命令，打开【镜像】对话框。在对话框中，选中【水平】单选按钮，然后单击【确定】按钮。

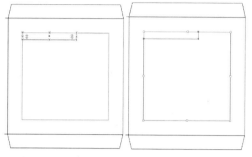

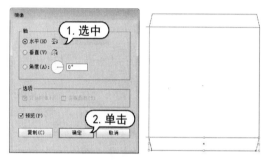

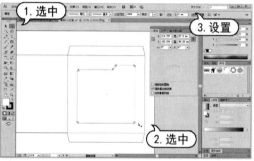

step 11 使用【选择】工具选中步骤(2)中创建的矩形，并单击鼠标右键，在弹出的快捷菜单中选择【变换】|【缩放】命令，打开【比例缩放】对话框。在对话框中，设置【等比】数值为75%，然后单击【复制】按钮。

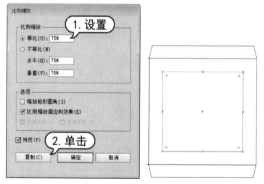

step 12 使用【矩形】工具在刚复制的矩形内再绘制一个矩形，并使用【选择】工具将两个矩形选中，然后单击【路径查找器】面板中的【减去顶层】按钮。

step 13 使用【直接选择】工具调整剪切后图形锚点的位置，并选中全部锚点，在控制面板中设置【边角】为2mm。

step 14 选择【效果】|【风格化】|【内发光】命令，打开【内发光】对话框。在对话框中，设置发光颜色为黑色，【模式】下拉列表中选择【正片叠底】，设置【不透明度】数值为45%，【模糊】为5 mm，然后单击【确定】按钮。

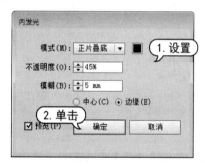

step 15 使用【选择】工具选中步骤(2)和步骤(3)中创建的矩形，在【渐变】面板中单击渐变填色框，在【类型】下拉列表中选择【径向】选项，设置填色为C=0 M=0 Y=0 K=0至C=6 M=6 Y=8 K=0至C=47 M=40 Y=38 K=0的渐变，然后使用【渐变】工具调整渐变效果。

step 16 选择【文件】|【置入】命令，打开【置入】对话框。在其中选中所需要的文档，然后单击【置入】按钮。

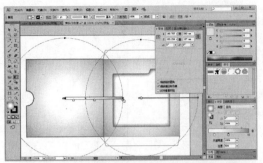

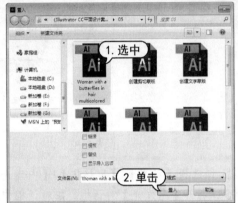

step 17 使用【选择】工具调整置入图形大小，然后在【透明度】面板中设置混合模式为【强光】，【不透明度】数值为 75%。

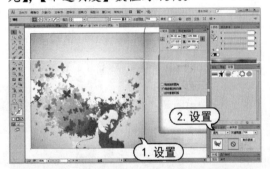

step 18 使用【选择】工具选中步骤(6)制作图形，按Ctrl+C键复制，然后按Ctrl+F键粘贴，再按Shift+Ctrl+]键将复制的图形置于顶层。并使用【选择】工具选中置入图形和刚复制的图形，然后单击鼠标右键，在弹出的菜单中选择【建立剪切蒙版】命令。

step 19 使用【文字】工具在画板上拖动创建文本框，并按Ctrl+T键打开【字符】面板。在面板中设置字体系列为方正黑体简体，字体大小为 12 pt，行距为 20 pt，然后输入文字内容。

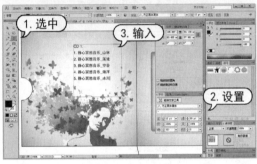

step 20 使用【选择】工具选中左侧所有图形对象，按Ctrl+C键复制。在【图层】面板中，单击【创建新图层】按钮新建【图层 2】。选中画板 2，按Ctrl+F键粘贴图形。

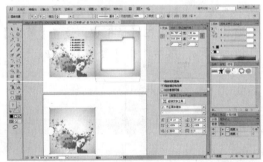

step 21 在画板 2 的复制对象上单击鼠标右键，在弹出的快捷菜单中选择【变换】|【对称】命令，打开【镜像】对话框。在对话框中，选中【垂直】单选按钮，然后单击【确定】按钮。

step 22 使用【选择】工具选中背景矩形，并在【颜色】面板中设置描边色为无。

step 23 选择【效果】|【风格化】|【投影】命令，打开【投影】对话框。在对话框中，设置【X位移】和【Y位移】均为1 mm，【模糊】为1.8 mm，然后单击【确定】按钮。

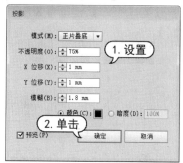

step 24 选择【椭圆】工具拖动绘制椭圆形，并设置描边色为无。在【渐变】面板中单击渐变填色框，设置【角度】数值为0°，【长宽比】数值为16%，填色为C=93 M=88 Y=89 K=80 至C=0 M=0 Y=0 K=0 的渐变，再按Shift+Ctrl+[键将椭圆形放置在最底层。

step 25 选择【文字】工具在画板中单击，在【字符】面板中设置字体系列为Embassy BT，字体大小为109 pt，并在【颜色】面板中设置填色为C=100 M=100 Y=54 K=5，然后输入文字内容。

step 26 选择【椭圆】工具在画板中单击，并按Alt+Shift键拖动绘制圆形。在【变换】面板中设置【宽度】为120 mm，在【颜色】面板中设置填色为C=23 M=23 Y=21 K=50，描边色为C=79 M=73 Y=71 K=44。

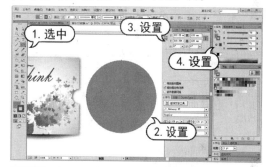

step 27 在刚绘制的圆形上单击鼠标右键，在弹出的快捷菜单中选择【变换】|【缩放】命令，打开【比例缩放】对话框。在对话框中，设置【等比】数值为98%，然后单击【复制】按钮。在【颜色】面板中，设置描边色为无，填色为白色。

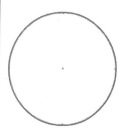

step 28 按Ctrl+C键复制刚创建的圆形，按Ctrl+F键粘贴。选择【文件】|【置入】命令，打开【置入】对话框。在对话框中选中所需

要的文档，单击【置入】按钮。使用【选择】工具调整置入图形大小，并在【透明度】面板中设置混合模式为【强光】,【不透明度】数值为75%。

step 29 按Ctrl+[键将置入图形后移一层，并使用【选择】工具选中置入图形和刚复制的图形，然后单击鼠标右键，在弹出的菜单中选择【建立剪切蒙版】命令。

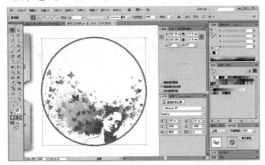

step 30 使用【选择】工具选中步骤(27)中创建的白色圆形，单击鼠标右键，在弹出的快捷菜单中选择【变换】|【缩放】命令，打开【比例缩放】对话框。在对话框中，设置【等比】数值为35%，然后单击【复制】按钮。

step 31 按Shift+Ctrl+]键将复制的图形置于顶层，并单击工具箱中【互换填色和描边】

图标，在【描边】面板中设置【粗细】为8 pt，在【透明度】面板中设置【不透明度】数值为50%。

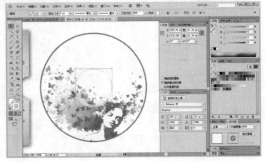

step 32 在上一步创建的图形上单击鼠标右键，在弹出的快捷菜单中选择【变换】|【缩放】命令，打开【比例缩放】对话框。在对话框中，设置【等比】数值为80%，然后单击【复制】按钮。

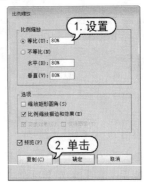

step 33 在【颜色】面板中设置描边色为无，在【透明度】面板中设置【不透明度】数值为100%。在【渐变】面板中选中填色框，再单击渐变填色框，在【类型】下拉列表中选择【线性】选项，设置【角度】为-105°，设置填色为K=0 至K=41 至K=44 至K=44.5 至K=0 至K=55 的渐变。

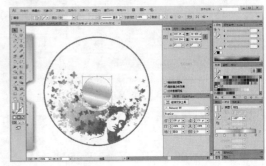

step 34　在上一步创建的图形上单击鼠标右键，在弹出的快捷菜单中选择【变换】|【缩放】命令，打开【比例缩放】对话框。在对话框中，设置【等比】数值为96%，然后单击【复制】按钮。

step 35　在【渐变】面板中单击渐变填色框，设置【角度】为-59.5°，设置填色为K=0 至 K=34 至K=0 至K=25 的渐变。

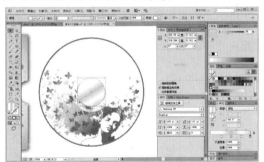

step 36　在上一步创建的图形上单击鼠标右键，在弹出的快捷菜单中选择【变换】|【缩放】命令，打开【比例缩放】对话框。在对话框中，设置【等比】数值为58%，然后单击【复制】按钮。

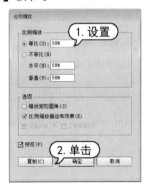

step 37　在【渐变】面板中单击渐变填色框，

设置【角度】为 119°，设置填色为K=0 至 K=100 至K=25 的渐变。

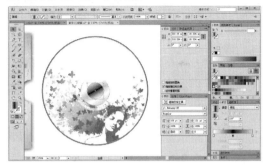

step 38　在上一步创建的图形上单击鼠标右键，在弹出的快捷菜单中选择【变换】|【缩放】命令，打开【比例缩放】对话框。在对话框中，设置【等比】数值为92%，然后单击【复制】按钮，并在【颜色】面板中设置填色为白色。

step 39　选择【效果】|【风格化】|【内发光】命令，打开【内发光】对话框。在对话框中，设置【不透明度】数值为 40%，【模糊】为 2 mm，然后单击【确定】按钮。

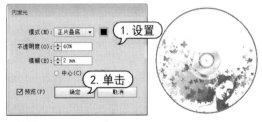

step 40　选择【椭圆】工具拖动绘制椭圆形，然后在【渐变】面板中单击渐变填色框，在【类型】下拉列表中选择【径向】，设置【角度】为 0°，【长宽比】数值为 18%，填色为K=100 至K=0 的渐变。在按Shift+Ctrl+[键将

椭圆形放置在最底层。

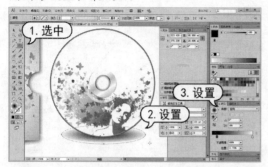

step 41 选择【文字】工具在画板中单击，在【字符】面板中设置字体大小为 87 pt，并在【颜色】面板中设置填色为 C=100 M=100 Y=54 K=5，然后输入文字内容，完成CD效果制作。

5.7.2 制作电影放映周海报

【例 5-7】制作电影放映周海报。
素材 (光盘素材第 05 章\例 5-7)

step 1 选择【文件】|【新建】命令，打开【新建文档】对话框。在对话框的【名称】文本框中输入"电影放映周海报"，设置【宽度】为 300 mm，【高度】为 190 mm，然后单击【确定】按钮新建文档。

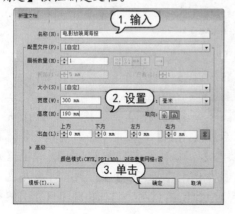

step 2 选择【矩形】工具在页面中绘制矩形，并设置描边色为无，然后在【渐变】面板中单击渐变填色框，设置【角度】为 90°，填色为 C=0 M=0 Y=0 K=18 至 C=0 M=0 Y=0 K=0 至 C=0 M=0 Y=0 K=18 的渐变。

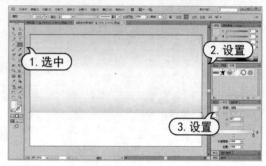

step 3 继续使用【矩形】工具在页面底部绘制矩形，并在【渐变】面板中，设置填色为填色为 C=0 M=0 Y=0 K=10 至 C=0 M=0 Y=0 K=0 至 C=0 M=0 Y=0 K=50 的渐变。

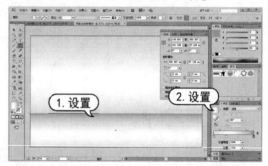

step 4 使用【选择】工具选中刚绘制的两个矩形，按 Ctrl+2 键锁定对象。选择【矩形】工具在画板边缘单击，打开【矩形】对话框。在对话框中，设置【宽度】为 300 mm，【高度】为 50 mm，然后单击【确定】按钮。

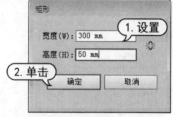

step 5 在【渐变】面板中，设置【角度】数值为 55°，填色为 K=100 至 K=85 至 K=100 的渐变。

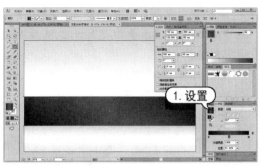

step 6　选择【圆角矩形】工具在画板中单击，打开【圆角矩形】对话框。在对话框中，设置【宽度】为50 mm，【高度】为35 mm，【圆角半径】为2 mm，然后单击【确定】按钮。

step 9　在【透明度】面板中，设置复制的圆角矩形的混合模式为【正片叠底】，【不透明度】数值为50%。

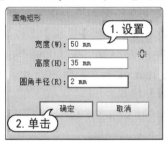

step 7　在【颜色】面板中设置刚绘制的圆角矩形填色为白色，然后使用【选择】工具选中步骤(5)中绘制的矩形和圆角矩形，在【对齐】面板中，设置【对齐】选项为【对齐所选对象】，并单击【垂直居中对齐】按钮。

step 10　选择【文件】|【置入】命令，打开【置入】对话框。在对话框中，选中【链接】复选框，然后选中所需要的图像文件，并单击【置入】按钮。

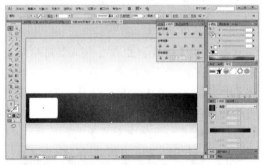

step 8　使用【选择】工具选中步骤(6)中创建的圆角矩形，按Ctrl+C键复制，按Ctrl+F键粘贴。在【渐变】面板中单击渐变填色框，在【类型】下拉列表中选择【径向】选项，设置【角度】为18°，【长宽比】数值为139%，填色为C=0 M=0 Y=0 K=0 至C=50 M=41 Y=39 K=0 至C=65 M=56 Y=53 K=3 的渐变。

step 11　按Ctrl+[键两次，将置入的图像放置在圆角矩形的下方，并使用【选择】工具调整其大小及位置。

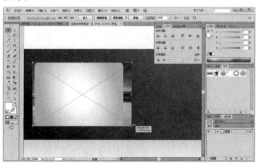

step 12 在【图层】面板中，展开【图层1】。按Ctrl键单击选中置入图像及上一层的圆角矩形。

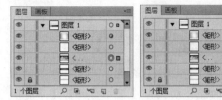

step 13 使用【选择】工具在选中的对象上单击鼠标右键，在弹出的菜单中选择【建立剪切蒙版】命令。

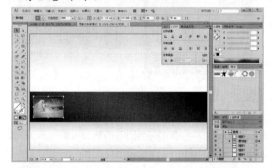

step 14 在【图层】面板中，选中刚创建的剪切蒙版对象及上层的圆角矩形，然后按Ctrl+G键进行编组。

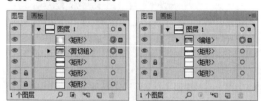

step 15 使用【椭圆】工具在步骤(5)中绘制的矩形边缘单击，打开【椭圆】对话框。在对话框中，选中【约束宽度和高度比例】按钮，设置【宽度】为4.5 mm，然后单击【确定】按钮。

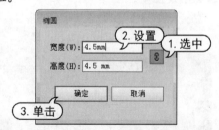

step 16 在绘制的圆形上单击鼠标右键，在弹出的菜单中选择【变换】|【移动】命令，打

开【移动】对话框。在对话框中，设置【水平】为0 mm，【垂直】为-2.3 mm，然后单击【确定】按钮。

step 17 再次在绘制的圆形上单击鼠标右键，在弹出的菜单中选择【变换】|【移动】命令，打开【移动】对话框。在对话框中，设置【水平】为0 mm，【垂直】为50.3 mm，然后单击【复制】按钮。

step 18 使用【选择】工具选中两个圆形和步骤(14)中创建的编组对象，在控制面板中设置【对齐】选项为【对齐关键对象】，并将中间的编组对象设置为关键对象，然后单击控制面板中的【水平居中对齐】按钮。

step 19 再在选中的对象上单击鼠标右键，在弹出的菜单中选择【变换】|【移动】命令，打开【移动】对话框。在对话框中，设置【水

平】为 55 mm，【垂直】为 0 mm，然后单击
【复制】按钮。

step⑳　连续按Ctrl+D键应用上一步中的【移
动】变换设置。

step㉑　使用【选择】工具选中所有圆形和步
骤(5)中绘制的矩形，在【路径查找器】面板
中单击【减去顶层】按钮，并连续按Ctrl+[键
将其放置在图片下方。

step㉒　选择【圆角矩形】工具在画板中单击，
打开【圆角矩形】对话框。在对话框中，设
置【宽度】为 3 mm，【高度】为 3 mm，【圆
角半径】为 0.2 mm，然后单击【确定】按钮。

step㉓　在【颜色】面板中，设置刚绘制的矩
形填色为白色，并在矩形上单击鼠标右键，
在弹出的菜单中选择【变换】|【移动】命令，
打开【移动】对话框。在对话框中，设置【水
平】为 5 mm，【垂直】为 0 mm，然后单击

【复制】按钮。

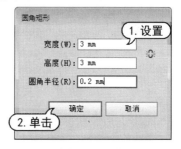

step㉔　连续按Ctrl+D键应用上一步的【移
动】变换设置。

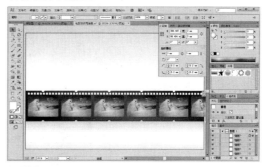

step㉕　使用【选择】选中步骤(22)至步骤(24)
中创建的矩形，按Ctrl+G键进行编组，再按
Ctrl+Alt+Shift键移动复制对象组。

step㉖　使用【选择】工具选中刚创建的两组
矩形和步骤(21)创建的矩形，在【路径查

找器】面板中单击【减去顶层】按钮，并连续按Ctrl+[键将其放置在图片下方。

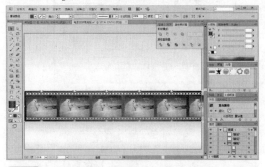

step 27 选择【窗口】|【链接】命令，打开【链接】面板。在【链接】面板中选中一个图像链接，然后单击【重新链接】按钮。在打开的【置入】对话框中重新选择所需的图像文件，然后单击【置入】按钮。

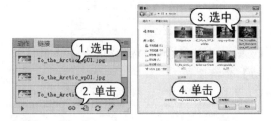

step 28 使用与步骤(27)相同的操作方法，替换其他图像链接。

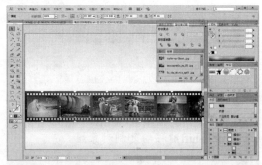

step 29 在【链接】面板中，选中所有链接图像，然后在【链接】面板菜单中选择【嵌入图像】命令。

step 30 使用【选择】工具选中步骤(5)至步骤

(29)中创建的对象，按Ctrl+G键进行编组，并按Ctrl+C键复制，按Ctrl+F键两次粘贴。

step 31 选中一组编组对象，选择【效果】|【变形】|【旗形】命令，打开【变形选项】对话框。在对话框中，设置【扭曲】选项区中的【水平】数值为85%，然后单击【确定】按钮。

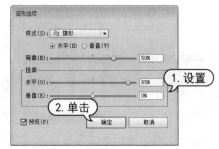

step 32 再选中一组编组对象，选择【效果】|【变形】|【拱形】命令，打开【变形选项】对话框。在对话框中，设置【扭曲】选项区中的【水平】数值为-80%，然后单击【确定】按钮。

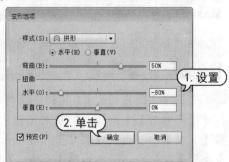

step 33 再选中一组编组对象，选择【效果】|【变形】|【旗形】命令，打开【变形选项】对话框。在对话框中，设置【扭曲】选项区中的【水平】数值为50%，然后单击【确定】按钮。

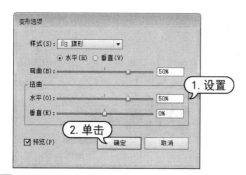

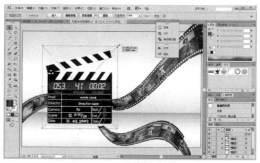

step 34 使用【选择】工具调整三组编组对象的位置及大小。

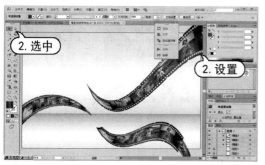

step 35 选择【文件】|【置入】命令，打开【置入】对话框。在对话框中，选中所需的图形文档，然后单击【置入】按钮。

step 36 使用【选择】工具在文档中单击置入图形，并调整置入图像大小及位置。

step 37 使用【选择】工具选中右上方的胶片编组对象，在【外观】面板中，单击【变形：旗形】链接，再次打开【变形选项】对话框，在对话框中设置【弯曲】数值为20%，【水平】数值为100%，然后单击【确定】按钮。

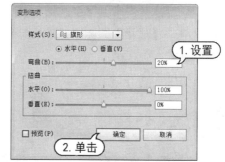

step 38 使用【选择】工具调整修改后的胶片编组对象的大小。

step 39 使用【选择】工具左侧胶片编组对象的大小。

step 40 使用【选择】工具选中右下方的胶片编组对象，在【外观】面板中，单击【变形：旗形】链接，再次打开【变形选项】对话框，在对话框中设置【弯曲】数值为 25%，【水

平】数值为100%,【垂直】数值为18%,然后单击【确定】按钮。

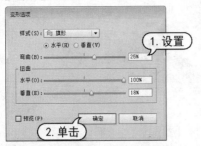

step 41 使用【选择】工具调整修改后的胶片编组对象的大小。

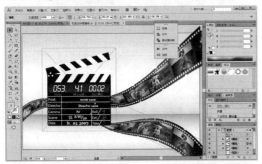

step 42 选择【钢笔】工具绘制如图所示的曲线,并在【渐变】面板中单击渐变填色框,在【类型】下拉列表中选择【径向】选项,设置填色为C=0 M=0 Y=0 K=0 至C=7 M=95 Y=88 K=0 至C=48 M=99 Y=100 K=23 至C=40 M=62 Y=62 K=84 的渐变。

step 43 使用【钢笔】工具继续绘制,并使用【渐变】工具调整渐变效果。

step 44 选择【钢笔】工具绘制如图所示的曲线,并在【渐变】面板的【类型】下拉列表中选择【线性】选项,设置填色为C=0 M=0 Y=0 K=30 至C=0 M=0 Y=0 K=0 至C=0 M=0 Y=0 K=40 的渐变。

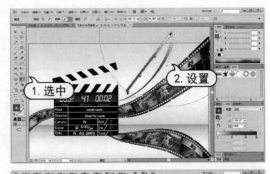

step 45 使用【钢笔】工具继续绘制如图所示的图形。

step 46 使用【选择】工具选中步骤(35)中置入对象,单击鼠标右键,在弹出的菜单中选择【变换】|【对称】命令,打开【镜像】对话框。在对话框中,选中【水平】复选框,然后单击【复制】按钮。

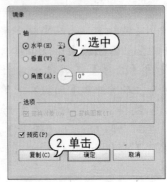

step 47 使用【选择】工具向下移动复制对象的位置。

step 48 选择【矩形】工具，在复制的置入对象上绘制一个矩形，并在【渐变】面板中设置【角度】为 90°，填色为黑色至白色的渐变。

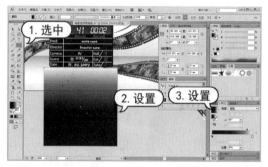

step 49 在【图层】面板中，按Ctrl键选中刚绘制的渐变矩形及下方的置入对象，然后在【渐变】面板中单击【制作蒙版】按钮。

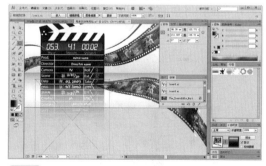

step 50 在【透明度】面板中选中渐变蒙版，然后选择【渐变】工具调整蒙版对象的渐变效果。

step 51 在【透明度】面板中，单击被蒙版对象，退出蒙版编辑模式。选择【文字】工具在画板中单击，在控制面板中设置字体系列为汉真广标，字体大小为 95 pt，在【颜色】

面板中设置填色为C=0 M=99 Y=100 K=0，然后输入文字内容。

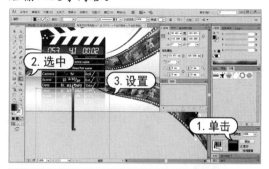

step 52 选择【效果】|【3D】|【凸出和斜角】命令，打开【3D凸出和斜角选项】对话框。在对话框中，设置【指定绕X轴旋转】数值 3°，【指定绕Y轴旋转】数值-10°，【指定绕Z轴旋转】数值 0°，设置【凸出厚度】为 40 pt，单击【更多选项】按钮，设置【环境光】数值为 20%，然后单击【确定】按钮。

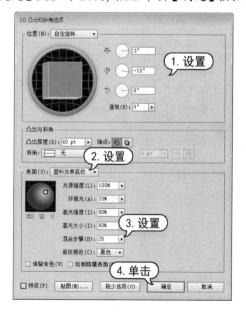

step 53 使用【选择】工具选中文字对象，单击鼠标右键，在弹出的菜单中选择【变换】|【对称】命令，打开【镜像】对话框。在对话框中，选中【水平】单选按钮，然后单击【复制】按钮。

step 54 使用【选择】工具调整复制的文字对象的位置。

step 55 使用步骤(48)至步骤(49)的操作方法制作倒影文字。

step 56 选择【文件】|【置入】命令，打开【置

入】对话框。在对话框中，选择所需的图像文件，然后单击【置入】按钮。

step 57 使用【选择】工具调整置入图像大小及位置，然后按Ctrl+[键后移一层。

step 58 使用【矩形】工具绘制与画板同等大小的矩形，然后使用【选择】工具选中全部对象，并单击鼠标右键，在弹出的菜单中选择【建立剪切蒙版】命令，完成海报制作。

第6章

使用画笔与符号工具

　　使用 Illustrator 中的画笔和符号工具可以为绘制图形添加更具艺术性的线条和图案符号。用户可以通过使用画笔工具绘制出带有各种画笔笔触效果的路径，还可以通过【画笔】面板选择或创建不同的画笔笔触样式。可以使用符号工具方便、快捷地生成多个相似的图形实例，并且也可以通过【符号】面板灵活地调整和修饰符号图形。

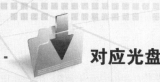

对应光盘视频

6.1　画笔的应用

画笔工具是一个自由的绘图工具，用于为路径创建特殊效果的描边，可以将画笔描边用于现有路径，也可以使用画笔工具直接绘制带有画笔描边的路径。画笔工具多用于绘制徒手画和书法线条，以及路径图稿和路径图案。Illustrator 中丰富的画笔库和画笔的可编辑性使绘图变得更加简单、更加有创意。

6.1.1　【画笔】工具

在工具箱中选择【画笔】工具，然后在【画笔】面板中选择一个画笔，直接在工作页面上按住鼠标左键并拖动绘制一条路径。此时，【画笔】工具显示为 ✒️，表示正在绘制一条任意形状的路径。

双击工具箱中的【画笔】工具，可以打开【画笔工具首选项】对话框。和【铅笔】工具的预置对话框一样，在该对话框中设置的数值可以控制所画路径的节点数量以及路径的平滑度。

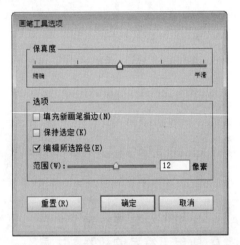

➤ 【保真度】：值越大，所画路径上的节点越少；值越小，所画路径上的锚点越多。

➤ 【平滑度】：值越大，所画路径与画笔移动的方向差别越大；值越小，所画路径与画笔移动的方向差别越小。

➤ 【填充新画笔描边】：选中该复选框，则使用画笔新绘制的开放路径将被填充颜色。

➤ 【保持选定】：用于使新绘制的路径保持在选中状态。

➤ 【编辑所选路径】：选中该复选框则表示路径在规定的像素范围内可以编辑。

➤ 【范围】：当【编辑所选路径】复选框被选中时，【范围】选项则处于可编辑状态。【范围】选项用于调整可连接的距离。

➤ 单击【重置】按钮可以恢复初始设置。

💡 实用技巧

使用【画笔】工具在页面上绘画时，拖动鼠标后按住键盘上的 Alt 键，在【画笔】工具的右下角会显示一个小的圆环，表示此时所绘制的路径是闭合路径。停止绘画后路径的两个端点就会自动连接起来，形成闭合路径。

选择【画笔】工具后，用户还可以在控制面板中对画笔描边颜色、粗细以及不透明度等参数进行设置。单击【描边】链接或【不透明度】链接，可以在弹出的下拉面板中设置具体参数。

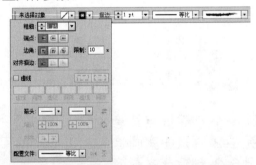

6.1.2　【画笔】面板

Illustrator 提供了书法画笔、散点画笔、毛刷画笔、艺术画笔和图案画笔 5 种类型的画笔，并为【画笔】工具提供了一个专门的【画笔】面板。该面板为图形绘制提供了更大的便利性、随意性和快捷性。选择【窗口】|【画笔】命令，或按键盘快捷键 F5 键，打开

【画笔】面板。使用【画笔】工具时，在【画笔】面板中选择一个合适的画笔即可。

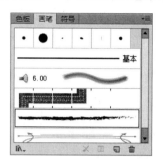

在【画笔】面板底部有 5 个按钮，其功能分别如下。

▶ 【画笔库菜单】按钮：单击该按钮可以打开画笔库菜单，从中可以选择所需要的画笔类型。

▶ 【移去画笔描边】按钮：单击该按钮可以删除图形中的描边。

▶ 【所选对象的选项】按钮：单击该按钮可以打开画笔选项窗口，通过该窗口可以编辑不同的画笔形状。

▶ 【新建画笔】按钮：单击该按钮可以打开【新建画笔】对话框，使用该对话框可以创建新的画笔类型。

▶ 【删除画笔】按钮：单击该按钮可以删除选定的画笔类型。

单击面板菜单按钮，用户还可以打开面板菜单，通过该菜单中的命令进行新建、复制和删除画笔等操作，并且可以改变画笔类型的显示，以及面板的显示方式。

6.1.3　新建画笔

在【画笔】面板菜单中选择【新建画笔】命令或单击面板底部的【新建画笔】按钮，打开【新建画笔】对话框。在此对话框中可以选择新建的画笔类型。

> **知识点滴**
>
> 如果要新建的是散点画笔和艺术画笔，在选择【新建画笔】命令之前必须有被选中的图形，若没有被选中的图形，在对话框中的这两项均以灰色显示，不能被选中。

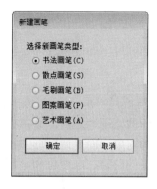

1. 新建书法画笔

在【新建画笔】对话框中，选中【书法画笔】单选按钮后，单击【确定】按钮，打开【书法画笔选项】对话框。

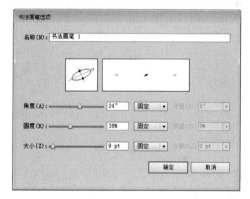

▶ 【名称】文本框：用于输入画笔名称。

▶ 【角度】选项：如果要设定旋转的椭圆形角度，可在预览窗口中拖动箭头，也可以直接在角度文本框中输入数值。

▶ 【圆度】选项：如果要设定圆度，可在预览窗口中拖动黑点往中心点或往外以调整其圆度，也可以在【圆度】文本框中输入数值。数值越大，圆度越大。

▶ 【直径】选项：如果要设定直径，可拖动直径滑杆上的滑块，也可在【直径】文本框中输入数值。

书法画笔设置完成后，就可以在【画笔】面板中选择该画笔进行路径的勾画。此时仍然可以使用【描边】面板中的【粗细】选项来设置路径的宽度，但其他选项对其不再起作用。路径绘制完成后，同样可以对其中的节点进行调整。

2. 新建散点画笔

在新建散点画笔之前，必须在页面上选中一个图形对象，而且此图形中不能包含使用画笔效果的路径、渐变色和渐层网格等。

选择图形后，单击【画笔】面板下方的【新建画笔】按钮，然后在打开的对话框里选中【散点画笔】单选按钮，单击【确定】按钮后打开【散点画笔选项】对话框。

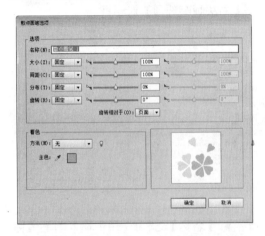

> 【名称】文本框：用于设置画笔名称。

> 【大小】选项：用于设置作为散点的图形大小。

> 【间距】选项：用于设置散点图形之间的间隔距离

> 【分布】选项：用于设置散点图形在路径两侧与路径的远近程度。该值越大，对象与路径之间的距离越远。

> 【旋转】选项：用于设置散点图形的旋转角度。

> 【旋转相对于】选项：其中包含两个选项，即【页面】和【路径】选项。选择【页面】选项表示散点图形的旋转角度相对于页面，0°指向页面的顶部；选择【路径】选项，表示散点图形的旋转角度相对于路径，0°指向路径的切线方向。

> 【方法】选项：可以在其下拉列表中选择上色方式。【无】选项表示使用画笔画出的颜色和画笔本身设定的颜色一致。【淡色】选项使用工具箱中显示的描边颜色，并以其不同的浓淡度来表示画笔的颜色。一般对只有黑白色变化的画笔使用【淡色】选项，原来画笔中的黑色部分变为工具箱中显示的描边，灰色部分变为工具箱中的描边不同程度的淡色，白色部分不变。【淡色和暗色】选项表示使用不同浓淡的工具箱中显示的描边和阴影显示用画笔画出的路径。该选项能够保持原来画笔中的黑色和白色不变，其他颜色以浓淡不同的描边表示。【色相转换】选项表示使用描边代替画笔的基准颜色，画笔中的其他颜色也发生相应的变化，变化后的颜色与描边的对应关系和变化前的颜色与基准颜色的对应关系一致。该项保持黑色、白色和灰色不变。对于有多种颜色的画笔，可以改变其基准色。

> 【主色】选项：默认情况下是待定义图形中最突出的颜色，也可以进行改变。用【吸管】工具从待定义的图形中吸取不同的颜色，则颜色显示框中的颜色也随之变化。设定完基准颜色之后，图形中其他颜色就和该颜色建立了一种对应关系，选择不同的涂色方法、不同的描边颜色，使用相同的画笔绘制出的颜色效果可能不同。

以上各项设置完成后，单击【确定】按钮，完成新的散点画笔的设置，这时在【画笔】面板中就增加了一个散点画笔。

【例6-1】在 Illustrator 中，创建自定义散点画笔。
视频+素材 (光盘素材\第 06 章\例 6-1)

step 1 打开图形文档，并使用【选择】工具选中图形对象。

step 2 单击【画笔】面板中的【新建画笔】按钮，在打开的【新建画笔】对话框中选中【散点画笔】单选按钮，然后单击【确定】按钮。

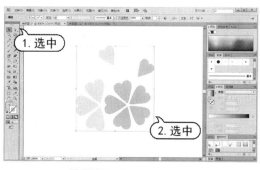

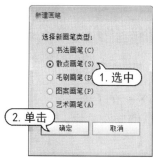

step 3 在打开的【散点画笔选项】对话框的【名称】文本框中输入"浪漫樱花",在【大小】下拉列表中选择【随机】选项,在其右侧设置【最小值】为 20%,【最大值】为 60%;【间距】下拉列表中选择【随机】选项,设置【最小值】为 30%,【最大值】为 88%;在【分布】下拉列表中选择【随机】选项,设置【最小值】为 70%,【最大值】为 40%;在【旋转】下拉列表中选择【随机】选项,设置【最小值】为 25°,【最大值】为-40°;在【旋转相对于】下拉列表中选择【路径】选项;在【方法】下拉列表中选择【淡色和暗色】选项,然后单击【确定】按钮。

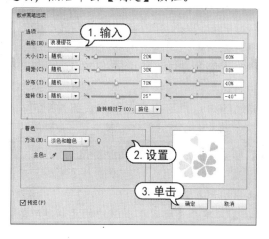

step 4 选择【画笔】工具,在【色板】面板中设置描边色,然后在文档中拖动绘制路径即可应用刚创建的散点画笔。

3. 新建图案画笔

在【新建画笔】对话框中选中【图案画笔】单选按钮,然后单击【确定】按钮,打开【图案画笔选项】对话框。

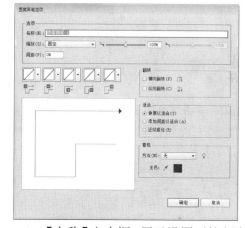

➤ 【名称】文本框:用于设置画笔名称。

➤ 【缩放】选项:用于设置图案的大小。数值为 100%时,图案的大小与原始图形相同。

➤ 【间距】数值框:用于设置图案单元之间的间隙,当数值为 100%时,图案单元之间的间隙为 0。

➤ 【翻转】选项:用于设置路径中团画笔的方向。【横向翻转】表示图案沿路径方向翻转,【纵向翻转】表示图案在路径的垂直方向翻转。

➤ 【适合】选项:用于表示图案画笔在路径中的匹配。【伸展以适合】选项表示把团画笔展开以与路径陪陪,此时可能会拉伸或缩短团。【添加间距以适合】选项表示增加图案画笔之间的间隔以使其与路径匹配。【近似路径】选项仅用于矩形路径,不改变图案画笔的形状,使图案位于路径的中间部分,路径的两边空白。

▶ 在【选项】设置区下方有 5 个小方框，分别代表 5 种图案，从左到右依次为【边线拼贴】、【外角拼贴】、【内角拼贴】、【起点拼贴】和【终点拼贴】。如果在新建画笔之前，在页面中选中了图形，那么选中的图形就会出现在左边第一个小方框中。

【例 6-2】在 Illustrator 中，创建自定义图案画笔。
🔵视频+素材 (光盘素材\第 06 章\例 6-2)

step 1 打开图形文档，在工具箱中选择【选择】工具框选图形。

step 2 单击【画笔】面板中的【新建画笔】按钮，在打开的【新建画笔】对话框中选中【图案画笔】单选按钮，然后单击【确定】按钮。

step 3 在打开的【图案画笔选项】对话框中，设置【缩放】的【最小值】为 50%，【间距】为 10%，单击【确定】按钮关闭对话框。

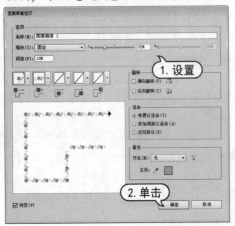

step 4 选择【画笔】工具在文档中拖动绘制路径即可应用刚创建的图案画笔。

4. 新建艺术画笔

和新建散点画笔类似，在新建艺术画笔之前，必须先选中文档中的图形，并且此图形中不包含使用画笔设置的路径、渐变色以及渐层网格等。在【新建画笔】对话框中选中【艺术画笔】单选按钮，然后单击【确定】按钮，打开【艺术画笔选项】对话框。

编辑艺术画笔的方法与前面几种画笔的编辑方法基本相同。不同的是艺术画笔选项窗口的右边有一排方向按钮，选择不同的按钮可以指定艺术画笔沿路径的排列方向。← 指定图稿的左边为描边的终点；→指定图稿的右边为描边的终点；↑指定图稿的顶部为描边的终点；↓指定图稿的底部为描边。

【例 6-3】在 Illustrator 中，创建自定义艺术画笔。
🔵视频+素材 (光盘素材\第 06 章\例 6-3)

step 1 打开图形文档，并使用【选择】工具选中图形对象。

step 2 单击【画笔】面板中的【新建画笔】

按钮，在打开的【新建画笔】对话框中选中【艺术画笔】单选按钮，然后单击【确定】按钮。

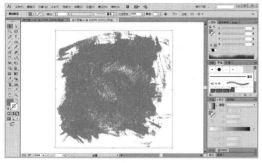

step 3 打开【艺术画笔选项】对话框，【宽度】相对于原宽度调整图稿的宽度。【画笔缩放选项】用于设置图稿缩放。【横向翻转】或【纵向翻转】复选框可以改变图稿相对于线条的方向。在对话框的【名称】文本框中输入"干画笔"，然后单击【确定】按钮。

step 4 选择【画笔】工具在文档中拖动绘制路径即可应用刚创建的艺术画笔。

5. 新建毛刷画笔

使用毛刷画笔可以创建自然、流畅的画笔描边，模拟使用真实画笔和纸张绘制效果。用户可以从预定义库中选择画笔，或从提供的笔尖形状创建自己的画笔，还可以设置其他画笔的特征，如毛刷长度、硬度和色彩不透明度。在【新建画笔】对话框中选中【毛刷画笔】单选按钮，然后单击【确定】按钮，打开【毛刷画笔选项】对话框。

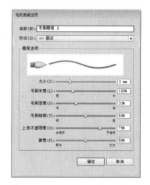

在【形状】下拉列表中，可以根据绘制的需求选择不同形状的毛刷笔尖形状。

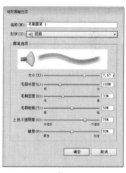

通过鼠标使用毛刷画笔时，仅记录 X 轴和 Y 轴的移动。其他的输入，如倾斜、方位、旋转和压力保持固定，从而产生均匀一致的笔触。通过图形绘图板使用毛刷画笔时，Illustrator 将对画笔在绘图板上的移动进行交互式跟踪。它将解释在绘制路径的任一点输入的其方向和压力的所有信息。Illustrator可提供光笔 X 轴位置、Y 轴位置、压力、倾斜、方位和旋转上作为模型的输出。

【例 6-4】在 Illustrator 中，创建自定义毛刷画笔。
视频+素材 (光盘素材第 06 章\例 6-4)

step 1 在图形文档中的【颜色】面板中设置描边填色为C=0 M=90 Y=30 K=0。

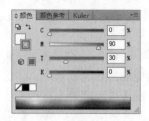

step 2 单击【画笔】面板中的【新建画笔】按钮，在打开的【新建画笔】对话框中选中【毛刷画笔】单选按钮，然后单击【确定】按钮。

step 3 在打开的【毛刷画笔选项】对话框的【形状】下拉列表中选择【扇形】选项，设置【大小】为5 mm，【毛刷长度】为70%，【毛刷密度】为55%，【毛刷粗细】为100%，【上色不透明度】为85%，【硬度】为30%，然后单击【确定】按钮。

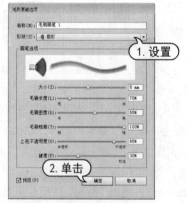

step 4 选择【画笔】工具在文档中拖动绘制路径即可应用刚创建的毛刷画笔。

6.1.4 画笔的修改

使用鼠标双击【画笔】面板中要进行修改的画笔，打开该类型画笔的画笔选项对话框。此对话框和新建画笔时的对话框相同，只是多了一个【预览】选项。修改对话框中各选项的数值，通过【预览】选项可进行修改前后的对比。设置完成后，单击【确定】按钮，如果在工作页面上有使用此画笔绘制的路径，系统将打开提示对话框。

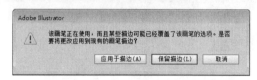

▶ 单击【应用于描边】按钮表示将改变后的画笔应用到路径中。

▶ 对于不同类型的画笔，单击【保留描边】按钮的含义也有所不同。在书法画笔、散点画笔以及图案画笔改变后，在打开的提示对话框中单击此按钮，表示对页面上使用此画笔绘制的路径不做改变，而以后使用此画笔绘制的路径则使用新的画笔设置。在艺术画笔改变后，单击此按钮表示保持原画笔不变，产生一个新设置情况下的画笔。

▶ 单击【取消】按钮表示取消对画笔所做的修改。

如果需要修改用画笔绘制的线条，但不更新对应的画笔样式，选择该线条，单击【画笔】面板中的【所选对象的选项】按钮。根据需要设置打开的【描边选项】对话框，然后单击【确定】按钮即可。

6.1.5 删除画笔

对于在工作页面中用不到的画笔，可简便地将其删除。在【画笔】面板菜单中选择【选择所有未使用的画笔】命令，然后单击【画笔】面板中的【删除画笔】按钮，在打开的提示对话框中单击【确定】按钮即可。

当然，也可以手动选择无用的画笔进行删除。若要连续选择几个画笔，可以在选取时按住键盘上的 Shift 键；若选择的画笔在面板中的不同部分，可以按住键盘上的 Ctrl 键逐一选择。

如果要删除在工作页面上用到的画笔，删除时会打开警告对话框。

➤ 单击【扩展描边】按钮表示将画笔删除后，使用此画笔绘制的路径会自动转变为画笔的原始图形状态。

➤ 单击【删除描边】按钮表示从路径中移走此画笔绘制，代之以描边框中的颜色。

➤ 单击【取消】按钮表示取消删除画笔的操作。

6.1.6　移除画笔

选择一条用画笔绘制的路径，单击【画笔】面板菜单按钮，在菜单中选择【移去画笔描边】命令，或者单击【移去画笔描边】按钮 × 即可删除画笔描边。在 Illustrator 中，还可以通过选择【画笔】面板或控制面板中的基本画笔来删除画笔描边效果。

6.1.7　载入画笔

画笔库是 Illustrator 自带的预设画笔的合集。选择【窗口】|【画笔库】命令，然后从子菜单中选择一种画笔库打开。也可以使用【画笔】面板菜单来打开画笔库，从而选择不同风格的画笔。

要在启动 Illustrator 时自动打开画笔库，可以在画笔库面板菜单中选择【保持】命令。

如果要将某个画笔库中的画笔复制到【画笔】面板，可以直接将画笔拖到【画笔】面板中，或者单击该画笔。如果要快速地将多个画笔从画笔库面板复制到【画笔】面板中，可以在【画笔库】面板中按住 Ctrl 键加选所需要复制的画笔，然后在画笔库的面板菜单中选择【添加到画笔】命令。

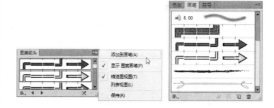

6.2　【斑点画笔】工具

使用【斑点画笔】工具可以绘制有填充、无描边的形状，以便与具有相同颜色的其他形状进行交叉和合并。

双击工具箱中的【斑点画笔】工具，可以打开【斑点画笔工具选项】对话框。

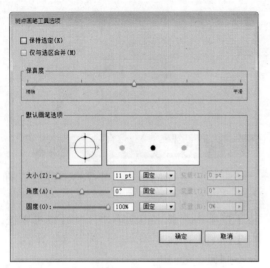

【保持选定】：指定绘制合并路径时，所有路径都将被选中，并且在绘制过程中保持被选中状态。该选项在查看包含在合并路径中的全部路径时非常有用。选择该选项后，【选区限制合并】选项将被停用。

【仅与选区合并】：指定如果选择了图稿，则【斑点画笔】只可与选定的图稿合并。如果未选择图稿，则【斑点画笔】可以

与任何匹配的图稿合并。

【保真度】：用于控制路径上添加锚点的距离。保真度数值越大，路径越平滑，复杂程度越小。

【平滑度】：用于控制使用工具时Illustrator应用的平滑量。百分比越高，路径越平滑。

【大小】：用于设置画笔的大小。

【角度】：用于设置画笔旋转的角度。拖动预览区中的箭头，或在【角度】数值框中输入数值。

【圆度】：用于设置画笔的圆度。将预览中的黑点朝向或背离中心方向拖移，或者在【圆度】数值框中输入数值，该值越大，圆度就越大。

如果希望将【斑点画笔】工具创建的路径与现有的图稿合并，首先要确保图稿有相同的填充颜色并且没有描边。用户还可以在绘制前，在【外观】面板中设置上色属性、透明度等。

6.3 符号的应用

符号是在文档中可重复使用的图稿对象。每个符号实例都链接到【符号】面板中的符号或符号库，使用符号可节省用户的时间并显著减小文件大小。

6.3.1 【符号】面板

【符号】面板用来管理文档中的符号。可以建立新符号、编辑修改现有的符号以及删除不再使用的符号。选择菜单栏中的【窗口】|【符号】命令，可打开【符号】面板。

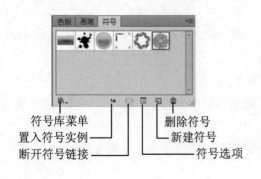

符号库菜单
置入符号实例
断开符号链接
删除符号
新建符号
符号选项

1. 置入符号

在Illustrator中，用户可以使用【符号】面板中的符号在工作页面中置入单个符号。选择【符号】面板中的符号，单击【置入符号实例】按钮，或者拖动符号至页面中，即可把实例置入画板中。

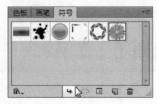

2. 创建新符号

在Illustrator中，可以使用大部分的图形

对象创建符号，包括路径、复合路径、文本、栅格图像、网格对象和对象组。

选中要添加为符号的图形对象后，单击【符号】面板底部的【新建符号】按钮 ，或在面板菜单中选择【新建符号】命令，或直接将图形对象拖动到【符号】面板中，即可打开【符号选项】对话框创建新符号。如果不需要在创建新符号时打开【新建符号】对话框，在创建此符号时按住 Alt 键，将其拖动至【新建符号】按钮上释放，Illustrator将使用符号的默认名称。

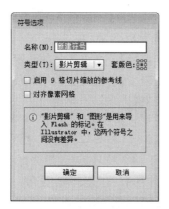

💡 知识点滴

默认情况下，选定的图形对象会变为新符号的实例。如果不希望图稿变为实例，在创建新符号时按住 Shift 键。

【例6-5】在 Illustrator 中，使用选中的图形对象创建符号。

🎬视频+素材 (光盘素材\第06章\例6-5)

step 1 在打开的图形文档中，使用【选择】工具选中图形对象，并在【符号】面板中，单击【新建符号】按钮。

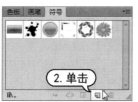

step 2 在打开的【符号选项】对话框的【名称】文本框中输入"树叶"，在【类型】下拉列表中选择【图形】选项，然后单击【确定】按钮创建新符号，同时可以在【符号】面板中看到新建符号。

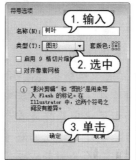

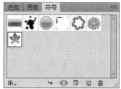

3. 断开符号链接

在 Illustrator 中创建符号后，还可以对符号进行修改和重新定义。

【例6-6】在 Illustrator 中，修改已有的符号。

🎬视频+素材 (光盘素材\第06章\例6-6)

step 1 在打开的图形文档中，使用【选择】工具选中符号实例，单击【符号】面板中的【断开符号链接】按钮。

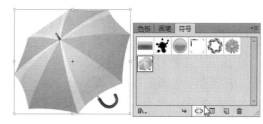

step 2 选择【直接选择】工具选中要修改的图形对象，然后选择【选择】|【相同】|【填充颜色】命令。

step 3 在【渐变】面板中，双击渐变滑动条右侧的色标，在弹出的【色板】面板中单击

C=15 M=100 Y=90 K=10 的色板。

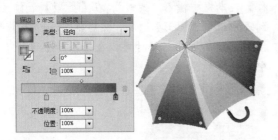

step 4 使用【选择】工具选中编辑后的图形，并确保要重新定义的符号在【符号】面板中被选中。在【符号】面板菜单中选择【重新定义符号】命令，或按住Alt键将修改的符号拖动到【符号】面板中旧符号的顶部。该符号将在【符号】面板中替换旧符号并在当前文件中更新。

6.3.2 使用【符号喷枪】工具

在 Illustrator 中，符号可以被单独使用，也可以作为集合来使用。符号的应用非常简单，只要在工具箱中选择【符号喷枪】工具，然后在【符号】面板中选择一个符号图标，并在画板中单击即可。单击一次可创建一个符号实例，单击多次或按住鼠标左键拖动可创建符号集。

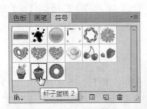

实用技巧

使用符号工具时，可以按键盘上[键以减小直径，或按]键以增加直径。按住 Shift+[键以减小强度，或按住 Shift+]键以增加强度。

双击工具箱中的【符号喷枪】工具，打开【符号工具选项】对话框，设置符号工具选项。

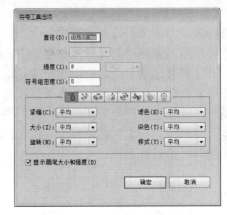

▶ 【直径】：指定工具的画笔大小。

▶ 【强度】：指定更改的速度，数值越大，更改越快。

▶ 【符号组密度】：指定符号组的密度值，数值越大，符号实例堆积密度越大。此设置应用于整个符号集。如果选择了符号集，将更改集中所有符号实例的密度。

▶ 【显示画笔大小和强度】：选中该复选框后，可以显示画笔的大小和强度。

知识点滴

【紧缩】、【大小】、【旋转】、【滤色】、【染色】以及【样式】选项是【符号喷枪】工具独有的选项，它们的设置方式包括【平均】和【用户定义】。

6.3.3 使用【符号移位器】工具

在 Illustrator 中，创建好符号组后，还可以分别地移动符号组中实例的位置，获得用户所需要的效果。选择工具箱中的【符号移位器】工具，向希望符号实例移动的方向拖动即可。

【例6-7】 在 Illustrator 中，使用【符号移位器】工具移动符号组实例位置。

视频+素材 (光盘素材\第06章\例6-7)

step 1 在打开的图形文档中，使用【选择】工具，选择文档中的符号组。

step 2 选择【符号移位器】工具，然后在符号组中单击拖动需要移动的符号实例至合适的位置释放即可。

实用技巧

如果要向前移动符号实例，或者把一个符号移动到另一个符号的前一层，那么按住 Shift 键单击符号实例。如果要向后移动符号实例，按住 Alt+Shift 键单击符号实例即可。

step 3 在工具箱中双击【符号移位器】工具，打开【符号工具选项】对话框，并设置【符号组密度】为 8，然后单击【确定】按钮关闭对话框。

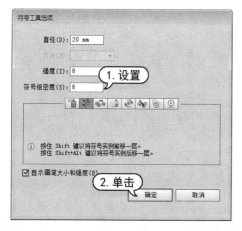

step 4 在需要移动的符号组上按住左键拖动至合适位置，释放左键即可得到如图所示的效果。

6.3.4　使用【符号紧缩器】工具

创建好符号组后，可以使用【符号紧缩器】工具聚拢或分散符号实例。使用【符号紧缩器】工具单击或拖动符号实例之间的区域可以聚拢符号实例，按住 Alt 键单击或拖动符号实例之间的区域增大符号实例之间的距离。使用该工具不能大幅度增减符号实例之间的距离。

【例 6-8】 在 Illustrator 中，使用【符号紧缩器】工具调整符号组中实例间距。

视频+素材 (光盘素材\第 06 章\例 6-8)

step 1 在打开的图形文档中，使用【选择】工具，选择文档中的符号组。

step 2 选择【符号紧缩器】工具，然后按住 Alt 键在符号组上单击，即可分散符号实例。

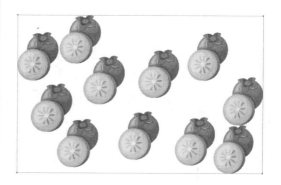

step 3 在工具箱中双击【符号紧缩器】工具，打开【符号工具选项】对话框，在对话框中设置【强度】数值为 5，【符号组密度】数值为 10，然后单击【确定】按钮关闭对话框。

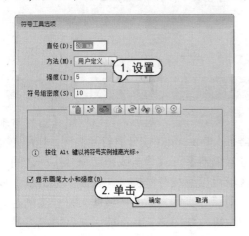

step 4 按住 Alt 键，使用【符号紧缩器】工具在符号组上单击，即可得到如图所示效果。

6.3.5 使用【符号缩放器】工具

创建好符号组后，可以对其中的单个或者多个实例大小进行调整。选择【符号缩放器】工具 单击或拖动要放大的符号实例即可。使用【符号缩放器】工具时，按住 Alt 键，单击或按住鼠标左键拖动可缩小符号实例的大小及位置。按住 Shift 键单击或按住鼠标左键拖动可以删减符号组中的符号实例。

【例 6-9】在 Illustrator 中，使用【符号缩放器】工具缩放符号组。

视频+素材 (光盘素材\第 06 章\例 6-9)

step 1 在打开的图形文档中，使用【选择】

工具，选择文档中的符号组。

step 2 选择【符号缩放器】工具，在符号上按住鼠标左键，可以放大符号实例。

step 3 在工具箱中双击【符号缩放器】工具，弹出【符号工具选项】对话框，在其中设置【直径】为 10 mm，【符号组密度】数值为 7，然后单击【确定】按钮关闭对话框。

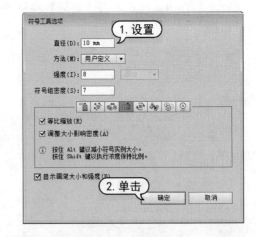

step 4 按住 Alt 键，使用【符号缩放器】工具在符号组中的实例上单击，即可得到如图所示的效果。

6.3.6　使用【符号旋转器】工具

创建好符号组之后，可以对符号组中的实例进行旋转调整，从而获得需要的效果。选择【符号旋转器】工具 单击或拖动符号实例，使之朝向需要的方向即可。

【例 6-10】在 Illustrator 中，使用【符号旋转器】工具旋转符号组中实例。
视频+素材 (光盘素材\第 06 章\例 6-10)

step 1 在打开的图形文档中，使用【选择】工具，选择文档中的符号组。

step 2 在工具箱中选择【符号旋转器】工具，然后在文档中按住左键拖动。

step 3 在工具箱中双击【符号旋转器】工具，在打开的【符号工具选项】中设置【直径】为 10 mm，【符号组密度】为 6，然后单击【确定】按钮关闭对话框。

step 4 使用【符号旋转器】工具在符号组上按住左键拖动，释放左键即可得到如图所示

的效果。

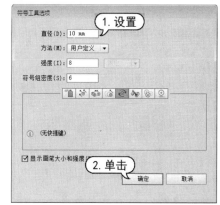

6.3.7　使用【符号着色器】工具

在 Illustrator 中，使用【符号着色器】工具 可以更改符号实例颜色的色相，同时保留原始亮度。此方法使用原始颜色的亮度和上色颜色的色相生成颜色。因此，具有极高或极低亮度的颜色改变很少；黑色或白色对象完全无变化。

在【颜色】面板或【色板】面板中设置填充色，然后选择【符号着色器】工具，单击要着色的符号实例，设置的颜色就覆盖到单击的原始符号实例上。按住鼠标左键拖动，拖动范围内的所有符号实例都会改变颜色。单击或拖动要使用上色颜色着色的符号实例，上色量逐渐增加，符号实例的颜色逐渐更改为上色颜色。

使用【符号着色器】工具时，按住 Alt 键，单击或拖动以减小上色量并显示出更多的原始符号颜色。

【例 6-11】在 Illustrator 中，使用【符号着色器】工具为符号组着色。
视频+素材 (光盘素材\第 06 章\例 6-11)

step ① 在打开的图形文档中，使用【选择】工具，选择文档中的符号组。

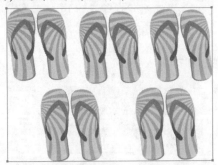

step ② 在【颜色】面板中设置填色颜色为 C=90 M=30 Y=90 K=30，然后选择【符号着色器】工具，在符号上单击即可得到如图效果。

6.3.8 使用【符号滤色器】工具

使用【符号滤色器】工具 🔵 可以对符号实例的透明度进行调整。选择【符号滤色器】工具，单击符号即可改变其透明度。如果持续按住鼠标左键，符号的透明度会逐渐增大。拖动鼠标，拖动范围内的所有符号都会改变透明度。

如果要恢复符号原色，可以在符号实例上单击鼠标右键，并从打开的菜单中选择【还原滤色】命令，或按住 Alt 键单击或拖动【符号滤色器】工具即可。

6.3.9 使用【符号样式器】工具

在 Illustrator 中，使用【符号样式器】工具 🔘 可应用或从符号实例上删除图形样式，还可以控制应用的量和位置。

在要进行附加样式的符号实例对象上单击并按住鼠标左键，按住的时间越长，着色的效果越明显。按住 Alt 键，可以将已经添加的样式效果退去。

【例 6-12】在 Illustrator 中，使用【符号样式器】工具为符号组添加样式。

视频+素材 (光盘素材\第 06 章\例 6-12)

step ① 在打开的图形文档中，使用【选择】工具，选择文档中的符号组。

step ② 在【图形样式】面板中，单击选择【植物_GS】图形样式。

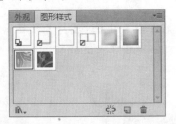

step ③ 使用【符号样式器】工具在符号上单击或拖动，即可将【植物_GS】图形样式应用于符号上。

6.4　案例演练

本章的案例演练部分包括制作 VIP 卡和手机广告两个综合实例操作，使用户通过练习从而巩固本章所学画笔和符号的知识。

6.4.1　制作 VIP 卡

【例 6-13】制作 VIP 卡。

素材 (光盘素材\第 06 章\例 6-13)

step 1 选择【文件】|【新建】命令，打开【新建文档】对话框。在对话框的【名称】文本框中输入 VIP CARD，设置【宽度】和【高度】均为 150 mm，然后单击【确定】按钮。

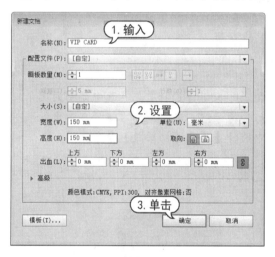

step 2 使用【矩形】工具在画板中单击，打开【矩形】对话框。在对话框中设置【宽度】为 90 mm，【高度】为 55 mm，然后单击【确定】按钮。

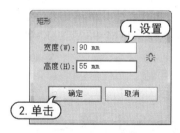

step 3 在【变换】面板的【矩形属性】选项区中，设置【圆角半径】为 3 mm。

step 4 将绘制的矩形描边设置为无，在【渐变】面板中单击渐变填色框，在【类型】下拉列表中选择【径向】选项，设置填色为 C=5 M=0 Y=75 K=0 至 C=0 M=17 Y=8=99 K=0 至 C=2 M=47 Y=98 K=0 的渐变。

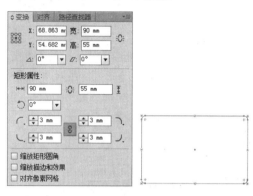

step 5 使用【多边形】工具，配合键盘上↓方向键绘制一个三角形，并在【渐变】面板中设置填色为 C=0 M=0 Y=0 K=0 至 C=0 M=0 Y=0 K=35 的渐变。

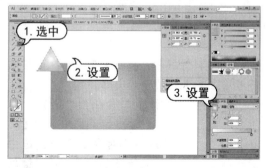

step 6 在【透明度】面板中设置三角形混合模式为【正片叠底】，并使用【选择】工具将

其拖动至【符号】面板中。

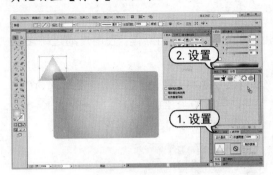

step 7 在打开【符号选项】对话框的【类型】下拉列表中选择【图形】选项，然后单击【确定】按钮。

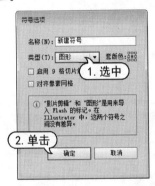

step 8 选择【符号喷枪】工具在绘制的矩形上添加符号组。

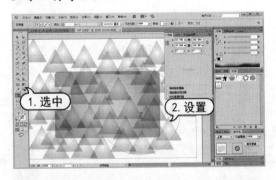

step 9 选择【符号移位器】工具，在创建的符号组上单击移动符号实例。

step 10 使用【选择】工具在创建的符号组上单击鼠标右键，在弹出的菜单中选择【选择】|【下方的最后一个对象】命令，选中圆角矩形。按Ctrl+C键复制，按Ctrl+F键粘贴在前面，并按Shift+Ctrl+]键将复制的圆角矩形置于顶层。

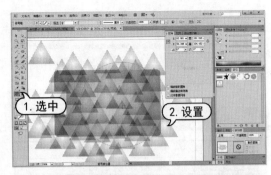

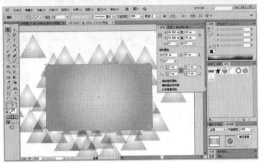

step 11 使用【选择】工具选中复制的圆角矩形和符号组，单击鼠标右键，在弹出的菜单中选择【建立剪切蒙版】命令。

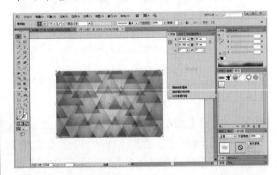

step 12 选择【矩形】工具在画板中绘制矩形，并在【渐变】面板中设置填色为C=38 M=100 Y=100 K=4 至C=73 M=93 Y=89 K=70 的渐变。

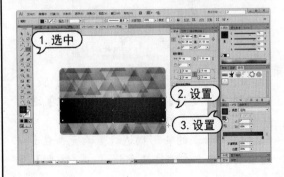

step 13 选择【椭圆】工具，在画板上拖动绘制椭圆形，并在【渐变】面板中设置填色C=0 M=0 K=0 Y=100 至C=0 M=0 Y=0 K=5 的渐变，【长宽比】数值为 5%。

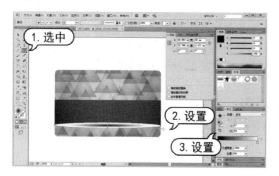

step 14 在【透明度】面板中设置椭圆形的混合模式为【正片叠底】，并使用【选择】工具移动复制椭圆形。

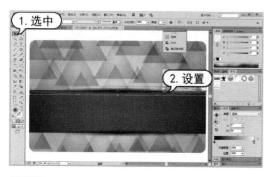

step 15 选择【文字】工具在画板中单击，在控制面板中设置字体系列为Humnst777 Blk BT Black，字体大小为 35 pt，然后输入文字内容。

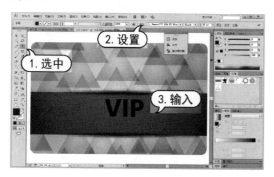

step 16 使用【选择】工具在刚输入的文字上单击鼠标右键，在弹出的菜单中选择【创建轮廓】命令。

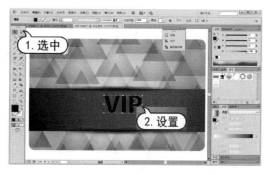

step 17 按Ctrl+C键复制文字，按Ctrl+F键粘贴在前面，并在【渐变】面板的【类型】下拉列表中选择【线性】选项，设置【角度】为-126°，填色为C=25 M=73 Y=91 K=0 至 C=4 M=35 Y=82 K=0 至C=2 M=15 Y=38 K=0 至C=4 M=54 Y=88 K=0 至C=29 M=66 Y=77 K=0 至C=4 M=54 Y=88 K=0 至C=21 M=60 Y=74 K=0 的渐变。

step 18 使用【选择】工具在文字上单击鼠标右键，在弹出的菜单中选择【选择】|【下方的下一个对象】命令选择下方的文字。然后再次单击鼠标右键，在弹出的菜单中选择【变换】|【移动】命令，打开【移动】对话框。在对话框中，设置【水平】和【垂直】为 3 mm，然后单击【复制】按钮。

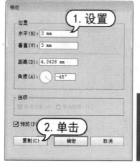

step ⑲ 在【透明度】面板中，设置移动复制后的文字【不透明度】为 0%，选中金属质感文字，按Ctrl+2键锁定对象。选择【混合】工具单击步骤(16)和步骤(18)创建的文字，建立混合效果。

step ⑳ 选择【对象】|【混合】|【反向堆叠】命令，再选择【对象】|【混合】|【混合选项】命令，打开【混合选项】对话框。在对话框的【间距】下拉列表中选择【指定的步数】选项，设置数值为 30，然后单击【确定】按钮。

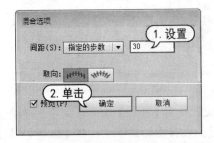

step ㉑ 在【透明度】面板中，设置混合对象的混合模式为【正片叠底】。

step ㉒ 使用步骤(15)至步骤(21)的操作方法创建另一组文字效果。

step ㉓ 按Ctrl+Alt+2 键解锁锁定的文字对象，然后使用【选择】工具分别选中两组文字，并按Ctrl+G键进行编组。

step ㉔ 选择【文件】|【置入】命令，在打开的【置入】对话框中选择所需要的文件，单击【置入】按钮。

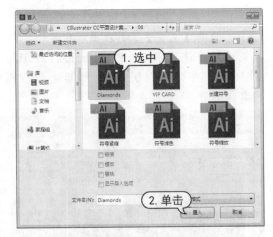

step ㉕ 使用【选择】工具在画板中单击置入图形，并调整图形和文字组的位置。

step ㉖ 选择【文字】工具在画板中单击，在控制面板中设置字体系列为Broadway，字体大小为 17 pt，然后输入文字内容。

step 27 继续选择【文字】工具在画板中单击，在控制面板中设置字体系列为 Franklin Gothic Medium，字体大小为 8 pt，然后输入文字内容。

step 28 使用【选择】工具调整步骤(26)至步骤(27)中创建的文字位置，并同时选中两组文字，在【对齐】面板中单击【水平居中对齐】按钮。

step 29 选择【效果】|【风格化】|【投影】命令，打开【投影】对话框。在对话框中，设置投影颜色为白色，在【模式】下拉列表中选择【正常】选项，设置【X位移】和【Y位移】均为0.2 mm，【模糊】为0 mm，然后单击【确定】按钮。

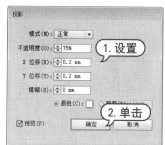

step 30 选中置入图形，选择【效果】|【风格化】|【投影】命令，打开【投影】对话框。在对话框中，设置投影颜色为黑色，在【模式】下拉列表中选择【正片叠底】选项，设置【X位移】为2 mm，【Y位移】为3 mm，【模糊】为2 mm，然后单击【确定】按钮。

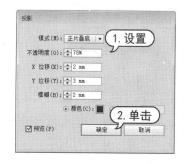

step 31 使用【选择】工具选中步骤(3)和步骤(11)中创建的对象，按Ctrl+Alt+Shift键移动复制对象，并选中复制的剪切蒙版对象，在【透明度】面板中设置【不透明度】为30%。

step 32 选择【矩形】工具在画板中拖动绘制矩形，并在【渐变】面板中单击渐变填色框，设置填色为K=100至K=80至K=100的渐变，【角度】为7°。

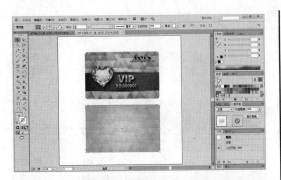

step 33 使用【选择】工具移动、复制对象，并调整其大小。

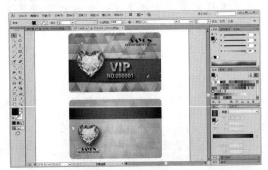

step 34 选择【文字】工具在画板中单击，在控制面板中设置字体系列为黑体，字体大小为 8 pt，然后输入文字内容。

step 35 选择【文字】工具在画板中单击，在

控制面板中设置字体系列为Adobe 黑体 Std R，字体大小为 5 pt，然后输入文字内容。

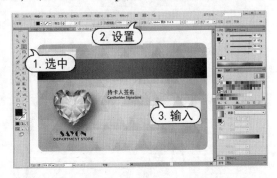

step 36 选择【矩形】工具在画板中拖动绘制矩形，并在【颜色】面板中设置填色为C=0 M=0 Y=0 K=20。

step 37 选择【文字】工具在画板中拖动创建文本框，在控制面板中设置字体系列为黑体，字体大小为 6 pt，然后输入文字内容。

step 38 使用【选择】工具分别选中卡片正反面，并按Ctrl+G键进行编组。

step 39 在【图层】面板中，单击【创建新图层】按钮，新建【图层2】，并将【图层2】移动至【图层 1】下方。选择【矩形】工具绘制与画板同等大小的矩形，并在【渐变】

面板的【类型】下拉列表中选择【径向】选项，设置填色为C=0 M=0 Y=0 K=0 至C=24 M=11 Y=0 K=85 的渐变。

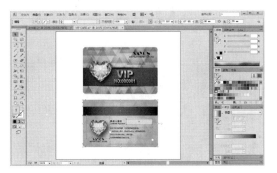

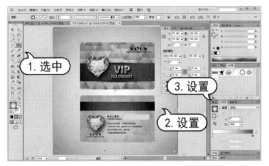

step 40　在【图层】面板中，锁定【图层2】。单击【创建新图层】按钮，新建【图层3】。并将【图层3】移动至顶层。

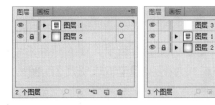

step 41　使用【椭圆】工具在画板中绘制圆形，并在【渐变】面板中，设置填色为C=0 M=0 Y=0 K=0 至C=20 Y=0 Y=0 K=85 至C=13 M=6 Y=0 K=51 的渐变。

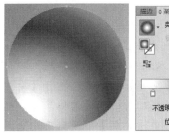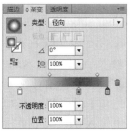

step 42　选择【效果】|【风格化】|【投影】命令，打开【投影】对话框。在对话框中，设置【X位移】为-0.2 mm，【Y位移】为 0.2 mm，【模糊】为 0 mm，然后单击【确定】按钮。

step 43　按Ctrl+C键复制图形，并按Ctrl+B键将其粘贴至下一层，然后使用键盘上方向键微调复制的圆形的位置，并选择【渐变】工具调整渐变效果。

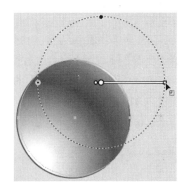

step 44　使用【钢笔】工具绘制如图所示的图形，并在【渐变】面板中设置填色为C=0 M=0 Y=0 K=0 至C=0 M=0 Y=0 K=40 的渐变。

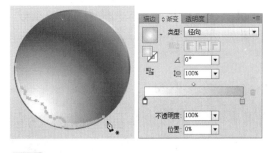

step 45　选择【星形】工具在图像上单击，打开【星形】对话框。在对话框中，设置【半径 1(1)】为 4 mm，【半径 2(2)】为 0.2 mm，【角点数】为 4，然后单击【确定】按钮。

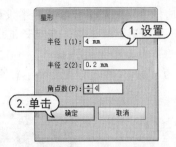

1.设置

2.单击

step 46 在【颜色】面板中设置星形填色为白色，然后使用【选择】工具调整星形对象。

step 47 在星形上单击鼠标右键，在弹出的菜单中选择【变换】|【旋转】命令，打开【旋转】对话框。在对话框中设置【角度】为45°，然后单击【复制】按钮。

1.设置

2.单击

step 48 使用【选择】工具缩小复制的星形，并选中两个星形按Ctrl+G键进行编组，然后移动并复制星形对象。

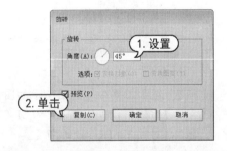

step 49 使用【钢笔】工具绘制高光形状，并在【渐变】面板中单击渐变填色框，设置填色为C=0 M=0 Y=0 K=0 至C=0 M=0 Y=0 K=40 的渐变，【角度】为-27°，【长宽比】为80%。

step 50 使用【选择】工具选中步骤(41)中绘制的圆形，按Ctrl+C键复制，按Ctrl+F键粘贴，并按Shift+Ctrl+[键置于底层。使用【渐变】工具调整渐变效果，然后使用【选择】工具调整图形形状。

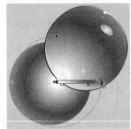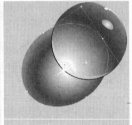

step 51 在【透明度】面板中，设置调整后的图形混合模式为【强光】,【不透明度】为80%。

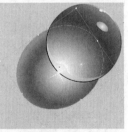

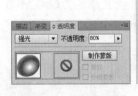

step 52 使用【选择】工具选中步骤(41)至步骤(51)中创建的水珠，按Ctrl+G键进行编组，并将其拖动至【符号】面板中，打开【符号选项】对话框。在对话框的【名称】文本框中输入"水珠"，在【类型】下拉列表中选择

【图形】选项，然后单击【确定】按钮。

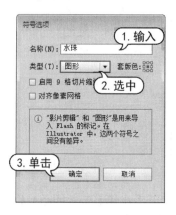

step 53 使用【符号喷枪】工具，在画板中拖动创建符号组。

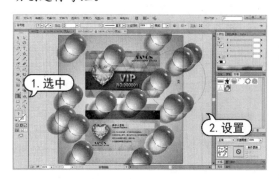

step 54 选择【符号缩放器】工具，按住Alt键在符号组中单击，调整符号组效果。

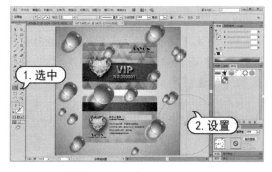

step 55 选择【符号移位器】工具，调整符号组中实例位置。

step 56 在【透明度】面板中，设置符号组的混合模式为【正片叠底】,【不透明度】为80%。

step 57 选择【矩形】工具绘制与画板同等大小的矩形，然后使用【选择】工具选中全部图形对象，然后单击鼠标右键，在弹出的快捷菜单中选择【建立剪切蒙版】命令，完成效果制作。

6.4.2 制作手机广告

【例6-14】制作手机广告。
视频+素材 (光盘素材\第06章\例6-14)

step 1 选择【文件】|【新建】命令，打开【新建文档】对话框。在对话框的【名称】文本框中输入"手机广告"，在【大小】下拉列表中选择A4选项，单击【横向】按钮，设置【出血】为3 mm，然后单击【确定】按钮。

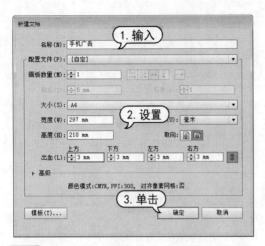

step 2 选择【矩形】工具在画板中绘制矩形，并将其描边色设置为无，在【渐变】面板中单击渐变填色框，设置填色为K=0 至K=20 的渐变，【角度】为45°。

step 5 使用【选择】工具将复制的图形移动至画板底部，单击鼠标右键，在弹出的菜单中选择【变换】|【对称】命令，打开【镜像】对话框。在对话框中，选中【垂直】单选按钮，然后单击【复制】按钮。

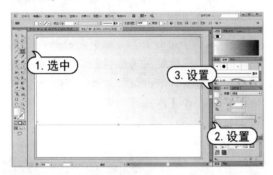

step 3 选择【直接选择】工具选中矩形右下角的锚点，并调整其位置。

step 6 使用【选择】工具选中所有图形，在【透明度】面板中设置混合模式为【正片叠底】，【不透明度】为80%。

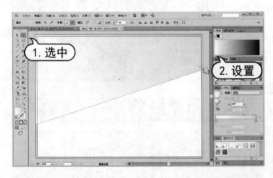

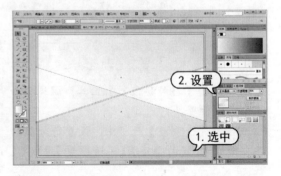

step 4 使用【选择】工具选中刚调整过的图形，单击鼠标右键，在弹出的菜单中选择【变换】|【对称】命令，打开【镜像】对话框。在对话框中，选中【水平】单选按钮，然后单击【复制】按钮。

step 7 按Ctrl+2 键锁定刚绘制的图形对象，选择【钢笔】工具在画板中绘制如图所示的路径,并在【描边】面板中设置【粗细】为0.75 pt。

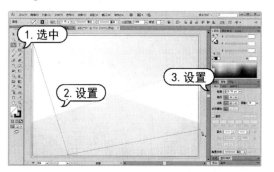

step 8 使用【钢笔】工具在画板中绘制如图所示的路径,并在【描边】面板中设置【粗细】为 0.5 pt。

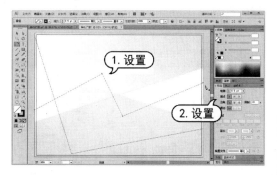

step 9 使用【混合】工具在绘制的两条路径上分别单击,创建混合效果。

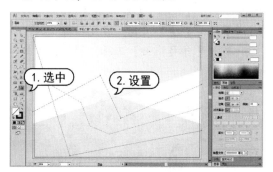

step 10 选择【对象】|【混合】|【混合选项】命令,打开【混合选项】对话框。在对话框的【间距】下拉列表中选择【指定的距离】选项,并设置为 2 mm,然后单击【确定】按钮。

step 11 选择【对象】|【混合】|【扩展】命令,并在【渐变】面板中设置填色为C=0 M=0

Y=0 K=0 至C=15 M=70 Y=22 K=0 至C=5 M=53 Y=13 K=0 至C=0 M=0 Y=0 K=0 的渐变,【角度】为 180°。

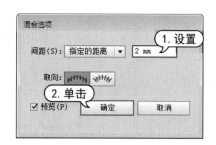

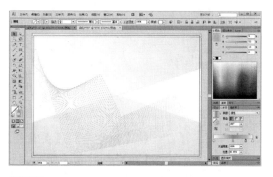

step 12 按Ctrl+2 键锁定混合对象,选择【文件】|【置入】命令,打开【置入】对话框。在对话框中,选中所需的图像文件,然后单击【置入】按钮。

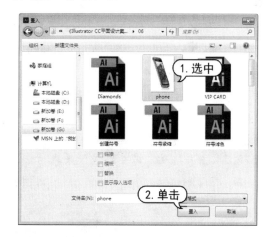

step 13 使用【选择】工具在画板中单击置入图像,并调整置入图像的大小及位置。

step 14 使用【钢笔】工具在画板中绘制如图所示的路径。

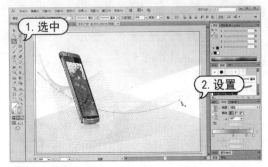

step 15 选择【窗口】|【画笔库】|【矢量包】|【颓废画笔矢量包】命令，打开【颓废画笔矢量包】画笔库面板。在面板中单击【颓废画笔矢量包 01】画笔样式。

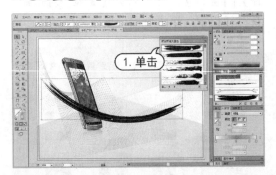

step 16 选择【宽度】工具在应用画笔样式的路径上单击并拖动，调整画笔效果。

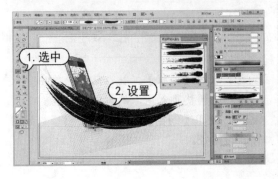

step 17 选择【对象】|【路径】|【轮廓化描边】命令，并在【渐变】面板中设置填色为 C=4 M=4 Y=40 K=0 至 C=10 M=95 Y=7 K=0 的渐变。

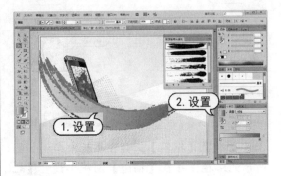

step 18 在【透明度】面板中，设置画笔的混合模式为【正片叠底】，并按 Ctrl+[键将其后移一层。

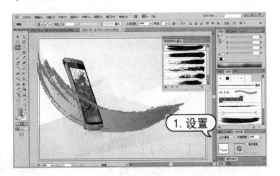

step 19 使用【选择】工具移动复制画笔路径，选择【自由变换】工具，在文档窗口的工具栏中单击【自由扭曲】工具，调整画笔路径效果。

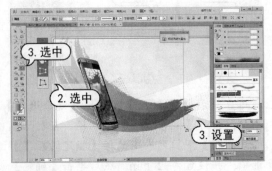

step 20 在【透明度】面板中设置变换后的画笔路径混合模式为【柔光】。

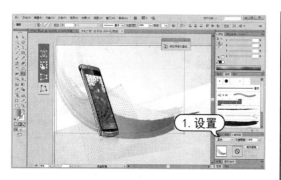

step ㉑ 使用【钢笔】工具绘制路径，在【颓废画笔矢量包】画笔面板中单击【颓废画笔矢量包06】画笔样式。

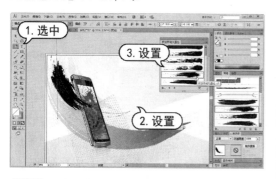

step ㉒ 选择【宽度】工具在路径上单击并拖动，调整画笔效果。

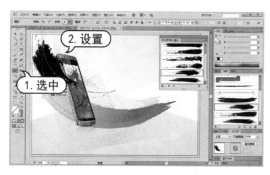

step ㉓ 选择【对象】|【路径】|【轮廓化描边】命令，并在【渐变】面板中设置填色为 C=0 M=10 Y=19 K=0 至 C=0 M=65 Y=10 K=0 至 C=10 M=95 Y=7 K=0 的渐变。

step ㉔ 在【透明度】面板中，设置画笔的混合模式为【正片叠底】，并按Ctrl+[键将其后移一层。

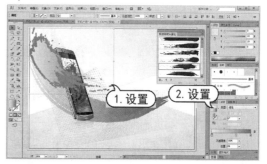

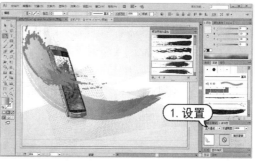

step ㉕ 使用【选择】工具移动复制画笔路径，选择【自由变换】工具，在文档窗口中的工具栏中单击【自由扭曲】工具，调整画笔路径效果。

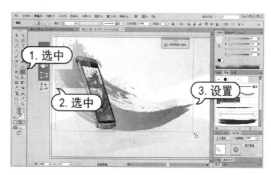

step ㉖ 使用【钢笔】工具绘制路径，在【颓废画笔矢量包】画笔面板中单击【颓废画笔矢量包07】画笔样式。

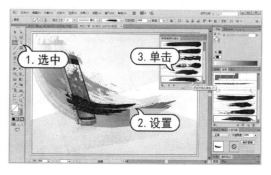

step㉗ 选择【宽度】工具在路径上单击并拖动，调整画笔效果。

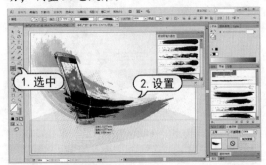

1.选中   2.设置

step㉘ 选择【对象】|【路径】|【轮廓化描边】命令，并在【渐变】面板中设置填色为C=4 M=4 Y=40 K=0 至C=10 M=95 Y=7 K=0的渐变。

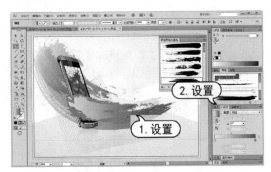

2.设置   1.设置

step㉙ 在【透明度】面板中，设置画笔的混合模式为【正片叠底】，并按Ctrl+[键将其后移一层。

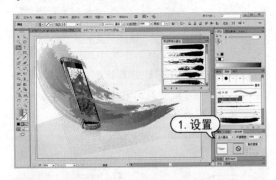

1.设置

step㉚ 使用【选择】工具移动并复制画笔，在【透明度】面板中设置【不透明度】为50%。

step㉛ 选择【自由变换】工具，在文档窗口中的工具栏中单击【自由扭曲】工具，调整画笔路径效果。

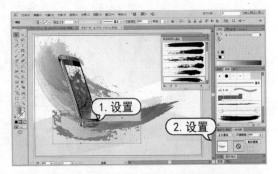

1.设置   2.设置

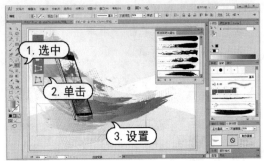

1.选中   2.单击   3.设置

step㉜ 选择【画笔】工具，选择【窗口】|【画笔库】|【艺术效果】|【艺术效果_油墨】命令，打开【艺术效果_油墨】画笔面板。使用【画笔】工具，在【艺术效果_油墨】画笔面板中任意选择油墨效果画笔样式，使用【画笔】工具在画板中随意涂抹添加油墨点，并在【透明度】面板中设置混合模式为【柔光】。

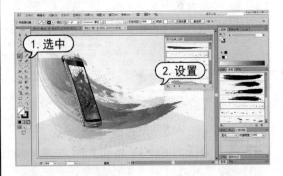

1.选中   2.设置

step㉝ 选中所有画笔样式，按Ctrl+2键锁定。选择【文字】工具在画笔画板中单击，在控制面板中设置字体系列为方正黄草_GBK，字体大小为95 pt，然后输入文字内容。

step㉞ 按Ctrl+C键复制文字，Ctrl+F键粘贴，并单击鼠标右键，在弹出的菜单中选择【创建轮廓】命令，并单击【画笔】面板中的【炭笔-羽毛】画笔样式。

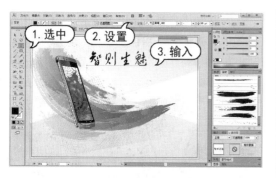

step 35 选择【对象】|【路径】|【轮廓化描边】命令，在【透明度】面板中设置混合模式为【颜色加深】。

step 36 在【渐变】面板中单击渐变填色框，设置【角度】为9°，填色为K=0 至K=100的渐变。

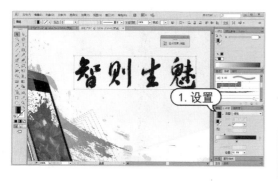

step 37 使用与步骤(33)至步骤(36)相同方法操作方法，在画板中添加另一组文字效果。

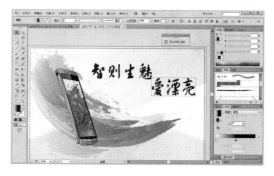

step 38 选择【文字】工具在画板中单击，在控制面板中设置字体系列为方正黑体简体，字体大小为16 pt，然后输入文字内容。

step 39 选择【文字】工具在画板中单击，按Ctrl+T键打开【字符】面板，设置字体系列为方正黄草_GBK，字体大小为70 pt，字符间距为-50，然后输入文字内容。

step 40 选择【文字】工具在画笔画板中单击，在【字符】面板，设置字体系列为Lucida Sans，字体大小为30 pt，字符间距为-100，然后输入文字内容。

step 41 选择【文件】|【置入】命令，打开【置入】对话框。在对话框中，选中所需的图像文件，然后单击【置入】按钮。

step 42 使用【选择】工具在画板中单击置入图像，并调整置入图像的位置，完成广告制作效果。

第7章

Illustrator 滤镜与效果

　　Illustrator 提供了多种滤镜和效果，其中滤镜还包含了 Photoshop 中的大部分滤镜。合理使用这些滤镜和效果可以模拟和制作摄影、印刷与数字图像中的多种特殊效果，创作出丰富多彩的画面，进而改变图形对象的外观效果。

对应光盘视频

例 7-1 应用效果命令 　　　　　例 7-3 使用【变换】命令
例 7-2 制作质感图标 　　　　　例 7-4 制作促销吊旗

7.1　应用效果

效果是实时的，这就意味着可以给对象应用一个效果，然后使用【外观】面板随时修改该效果的选项或删除该效果。向对象应用一个效果后，该效果会显示在【外观】面板中。在【外观】面板中可以编辑、移动、复制和删除该效果或将其存储为图形样式的一部分。Illustrator中的效果主要包含两大类：Illustrator 效果和 Photoshop 效果。

如果要对一个对象应用效果，可以选择该对象后，在【效果】菜单中选择一个命令，或单击【外观】面板中的【添加新效果】按钮，然后在弹出的菜单中选择一种效果。如果打开对话框，则设置相应的选项，然后单击【确定】按钮。

【例7-1】应用效果命令制作图像效果。

视频+素材 (光盘素材第 07 章\例 7-1)

step 1 选择【文件】|【打开】命令，选择打开图形文档。使用【选择】工具选中图形对象，并选择【窗口】|【外观】命令，打开【外观】面板。

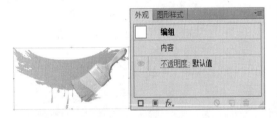

step 2 单击【外观】面板下方的【添加新效果】按钮，在弹出的菜单中选择Illustrator效果下方的【风格化】|【投影】命令。

step 3 在打开的【投影】对话框中，设置【不透明度】为 65%，【X位移】为 0.5 mm，【Y

位移】为 1 mm，【模糊】为 0.5 mm，单击【颜色】色块，在弹出的【拾色器】对话框中设置填色为C=51 M=86 Y=83 K=23，然后单击【确定】按钮应用效果。

知识点滴

要应用上次使用的效果和设置，可以选择【效果】|【应用"效果名称"】命令。要应用上次使用的效果并设置其选项，则选择【效果】|【效果名称】命令。

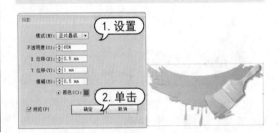

7.2　Illustrator 效果

Illustrator 效果主要用于矢量对象，但 3D 效果、SVG 效果、变形效果、变换效果、投影、羽化、内发光以及外发光效果也可以应用于位图对象。

7.2.1　3D 效果

3D 效果可用来从二维图稿创建三维对象，可以通过高光、阴影、旋转及其他属性来控制 3D 对象的外观，还可以将图稿贴到 3D 对象中的每一个表面上。

1. 【凸出和斜角】效果

通过使用【凸出和斜角】命令可以沿对象的 Z 轴凸出拉伸一个 2D 对象，以增加对象的深度。

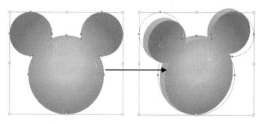

选中要执行该效果的对象后，选择【效果】|【3D】|【凸出和斜角】命令，打开【3D凸出和斜角选项】对话框进行设置即可。

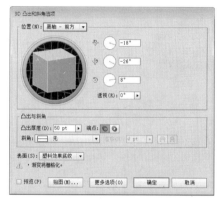

▷ 【位置】：在该下拉列表中选择不同的选项以设置对象的旋转方式，以及观看对象的透视角度。该下拉列表提供了一些预置的位置选项，也可以通过右侧的三个数值框中进行不同方向的旋转调整，还可以直接使用鼠标，在示意图中进行拖拽，调整相应的角度。

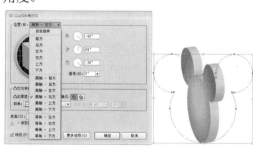

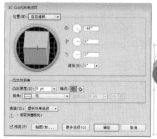

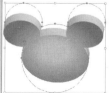

▷ 【透视】：通过调整该选项中的参数，调整该 3D 对象的透视效果，数值为 0° 时没有任何效果，角度越大透视效果越明显。

▷ 【凸出厚度】：调整该选项中的参数，定义从 2D 图形凸出为 3D 图形时，凸出的尺寸，数值越大凸出的尺寸越大。

▷ 【端点】：在该选项区域中单击不同的按钮，定义该 3D 图形是空心还是实心的。

▷ 【斜角】：在该下拉列表中选中不同的选项，定义沿对象的深度轴(Z 轴)应用所选类型的斜角边缘。

▷ 【高度】：在该选项的数值框中设置介于 1~100 的高度值。如果对象的斜角高度太大，则可能导致对象自身相交，产生不同的效果。

▷ 【斜角外扩】：通过单击按钮，将斜角添加至对象的原始形状。

▷ 【斜角内缩】：通过单击按钮，从对象的原始形状中砍去斜角。

▷ 【表面】：在该下拉列表中选择不同的选项，定义不同的表面底纹。

当要对对象材质进行更多的设置时，可以单击【3D 凸出和斜角选项】对话框中的【更多选项】按钮，展开更多的选项。

▷ 【光源强度】：在该数值框中输入相应的数值，在 0%~100% 控制光源强度。

▷ 【环境光】：在该数值框中输入介于 0%~100% 的相应数值，控制全局光照，统一改变所有对象的表面亮度。

▷ 【高光强度】：在该数值框中输入相应的数值，用来控制对象反射光的多少，取值范围为 0%~100%。较低值产生暗淡的表面，较高值则产生较为光亮的表面。

▷ 【高光大小】：在该数值框中输入相应的数值，用来控制高光的大小。

▷ 【混合步骤】：在该数值框中输入相应的数值，用来控制对象表面所表现出来的底纹的平滑程度。步骤数值越高，所产生的底纹越平滑，路径也越多。

▷ 【底纹颜色】：在该下拉列表中选中

不同的选项，控制对象的底纹颜色。

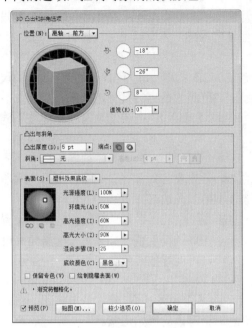

单击【3D 凸出和斜角选项】对话框中的【贴图】按钮，可以打开【贴图】对话框，用户可以在其中为对象设置贴图效果。

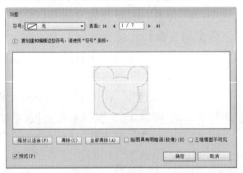

▶ 【表面】：在该选项区域中单击不同的按钮，可以查看 3D 对象的不同表面。

▶ 【符号】：在该下拉列表中选中不同的选项，定义在选中表面上的粘贴图形。

▶ 【变形】：在中间的缩略图区域中，可以对图形的尺寸、角度和位置进行调整。

▶ 【缩放以合适】：通过单击该按钮，可以直接调整该符号对象的尺寸至和表面的尺寸相同。

▶ 【清除】：通过单击该按钮，可以将认定的符号对象清除。

▶ 【贴图具有明暗调】：当选中该复选框时，将在符号图形上将出现相应的光照效果。

▶ 【三维模型不可见】：当选中该复选框时，将隐藏 3D 对象。

【例 7-2】制作质感图标。

视频+素材 (光盘素材\第 07 章\例 7-2)

step 1 选择【文件】|【新建】命令，打开【新建】对话框。在对话框中，设置【宽度】和【高度】均为 90 mm，然后单击【确定】按钮。

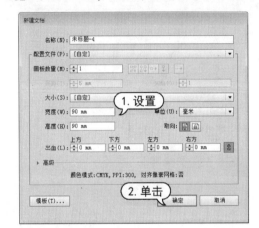

step 2 使用【矩形】工具绘制与画板同等大小的矩形，设置描边色为无，并在【渐变】面板中单击渐变填色框，在【类型】下拉列表中选择【径向】选项，设置【长宽比】为 113%，填色为 C=0 M=0 Y=0 K=0 至 C=32 M=23 Y=24 K=0 的渐变，然后使用【渐变】工具调整渐变中心位置。

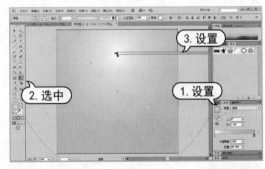

step 3 按 Ctrl+2 键锁定刚绘制的背景矩形。选择【圆角矩形】工具在画板上单击，在弹出的【圆角矩形】对话框中设置【宽度】为 48 mm，【高度】为 21 mm，【圆角半径】为

10.5 mm，然后单击【确定】按钮。

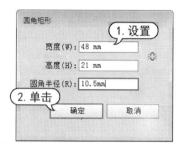

step 4　在【渐变】面板中单击渐变填色框，在【类型】下拉列表中选择【线性】选项，设置【角度】为-90°，填色为C=25 M=22 Y=16 K=0 至C=4 M=4 Y=4 K=0 的渐变。

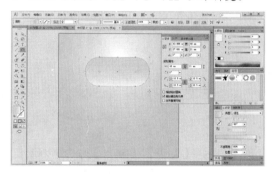

step 5　在【透明度】面板中，设置混合模式为【正片叠底】选项。选择【效果】|【风格化】|【投影】命令，打开【投影】对话框。在对话框中，设置【X位移】为 0 mm，【Y位移】为 0.6 mm，【模糊】为 0 mm，然后单击【确定】按钮。

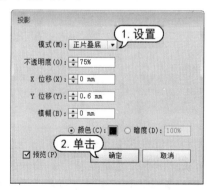

step 6　使用【圆角矩形】工具在画板中单击，在弹出的【圆角矩形】对话框中，单击【确定】按钮创建一个相同大小的圆角矩形。使用【添加锚点】工具在路径上添加锚点，并

使用【直接选择】工具调整路径形状。

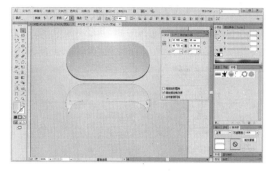

step 7　使用【选择】工具选中步骤(3)和步骤(6)中创建的对象，在【对齐】面板中单击【垂直顶对齐】按钮，然后使用选择工具选中步骤(6)创建的对象，按键盘上↓方向键微调位置。

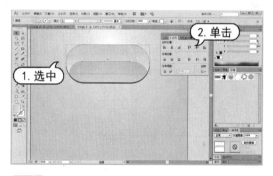

step 8　使用【网格】工具在图形中单击添加网格点，并调整所添加网格点的颜色，然后在【透明度】面板中，设置图形混合模式为【正片叠底】。

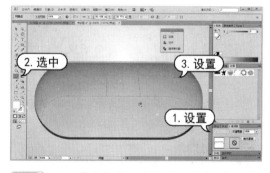

step 9　使用【选择】工具选中网格填充对象，在图形上单击鼠标右键，在弹出的快捷菜单中选择【变换】|【对称】命令，打开【镜像】对话框。在对话框中，选中【水平】单选按钮，然后单击【复制】按钮。

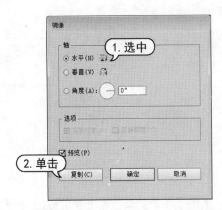

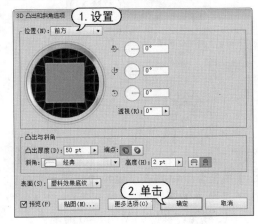

定】按钮应用设置。

step 10 调整复制后图形位置，并在【颜色】面板中设置填色为黑色，在【透明度】面板中设置复制的网格对象的混合模式为【滤色】，【不透明度】为 10%。

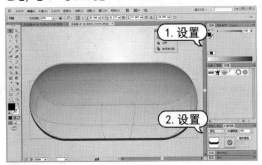

step 11 选中步骤(3)至步骤(10)创建的所有图形对象，按Ctrl+G键进行编组。使用【椭圆】工具在画板中单击，并按住Alt+Shift键拖动绘制圆形。在【颜色】面板中将其填色设置为白色。

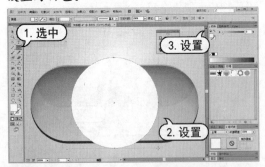

step 12 选择【效果】|【3D】|【凸出和斜角】命令，打开【3D 凸出和斜角选项】对话框。在对话框的【位置】下拉列表中选择【前方】选项，在【斜角】下拉列表中选择【经典】选项，设置【高度】为 2 pt，然后单击【确

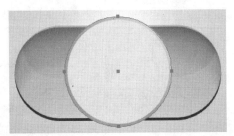

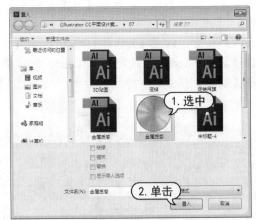

step 13 选择【文件】|【置入】命令，在打开的【置入】对话框中选择所需文档，然后单击【置入】按钮置入图像。

step 14 使用【选择】工具选中图形，在【符号】面板中，单击【新建符号】按钮，打开【符号选项】对话框。在对话框的【类型】下拉列表中选择【图形】选项，并在【名称】文本框中输入"金属质感"，然后单击【确定】按钮创建符号。

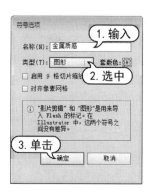

step 15 选中先前创建的圆形，在【外观】面板中单击【3D 凸出和斜角】链接，打开【3D 凸出和斜角选项】对话框。在打开的对话框中单击【贴图】按钮，打开【贴图】对话框。在【符号】下拉列表中选择先前制作的"金属质感"符号，并单击【缩放以合适】按钮，选中【贴图具有明暗调(较慢)】复选框，然后单击【确定】按钮应用贴图。

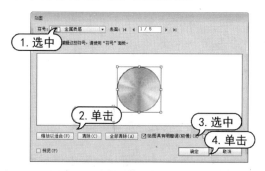

实用技巧

在【贴图】对话框中，通过【表面】选项框旁的三角箭头选择需要贴图的表面，选中的表面以红色线框显示。

step 16 贴图完成后，单击【确定】按钮关闭【3D 凸出和斜角选项】对话框。

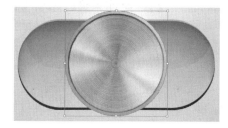

step 17 选择【效果】|【风格化】|【投影】命令，打开【投影】对话框。在对话框中，

设置【X位移】为 0 mm，【Y位移】为 2 mm，【模糊】为 1 mm，然后单击【确定】按钮。

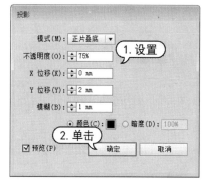

step 18 使用【选择】工具调整步骤(11)至步骤(17)中创建的图形对象位置。

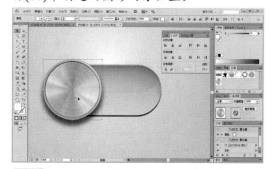

step 19 选择【文字】工具在画板中单击，在控制面板中设置字体系列为Swis721 Cn BT Bold，字体大小为 32 pt。在【颜色】面板中设置填色为白色，然后输入文字内容，并使用【选择】工具调整其位置。

step 20 使用【选择】工具选中步骤(3)至步骤(18)创建的按钮图形，并按Ctrl+Alt+Shift键向下拖动并复制图形对象。

step 21 在复制的图形对象上单击鼠标右键，在弹出的快捷菜单中选择【变换】|【对称】命令，打开【镜像】对话框。在对话框中，

选中【垂直】单选按钮，然后单击【确定】按钮。

step 22 选择【文字】工具在画板中单击，在控制面板中设置字体系列为Swis721 Cn BT Bold，字体大小为32 pt，在【颜色】面板中设置填色为白色，然后输入文字内容，并使用【选择】工具调整其位置。

2.【绕转】效果

使用【绕转】效果可以围绕全局 Y 轴绕转一条路径或剖面，使绘制的图形对象做圆周运动，通过这种方法来创建 3D 效果对象。

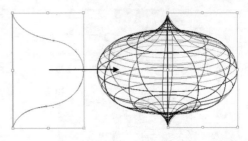

由于绕转轴是垂直固定的，因此用于绕转的开放或闭合路径应为所需 3D 对象面向正前方时垂直剖面的一半；可以在效果的对话框中旋转 3D 对象。选中要执行的对象，然后选择【效果】|【3D】|【绕转】命令，打开【3D 绕转选项】对话框。

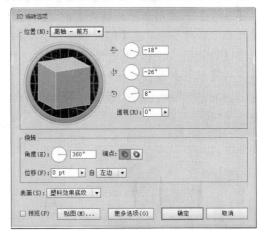

▶ 【位置】：在该下拉列表中选择不同的选项，可以设置对象如何旋转以及观看对象的透视角度。在该下拉列表中提供了一些预置的位置选项，也可以通过右侧的三个数值框中进行不同方向的旋转调整，还可以直接使用鼠标，在示意图中进行拖拽，调整相应的角度。

▶ 【透视】：通过调整该选项中的参数，调整该 3D 对象的透视效果，数值为 0°时没有任何效果，角度越大透视效果越明显。

▶ 【角度】：在该文本框中输入相应的数值，设置 0°~360°的路径绕转度数。

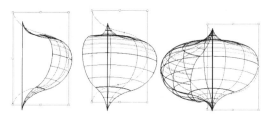

▶　【端点】：指定显示的对象是实心还是空心对象。

▶　【偏移】：在绕转轴与路径之间添加距离。例如可以创建一个环状对象，可以输入一个介于 0 到 1000 之间的值。

▶　【自】：设置对象绕之转动的轴，可以是左边缘，也可以是右边缘。

3.【旋转】效果

使用【旋转】命令可以使 2D 图形在 3D 空间中进行旋转，从而模拟出透视的效果。该命令只对 2D 图形有效，不能像【绕转】命令那样对图形进行绕转，也不能产生 3D 效果。

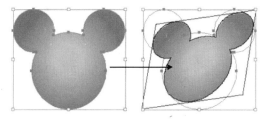

该命令的使用和【绕转】命令基本相同。绘制完成一个图形，并选择【效果】|【3D】|【旋转】命令，在打开的【3D 旋转选项】对话框中可以设置图形围绕 X 轴、Y 轴和 Z 轴进行旋转的度数，使图形在 3D 空间中进行旋转。

▶　【位置】：设置对象的旋转方式以及观看对象的透视角度。

▶　【透视】：可以调整图形透视的角度。在【透视】数值框中输入一个介于 0 和 160 之间的数值。

▶　【更多选项】：单击该按钮，可以查看完整的选项列表；或单击【较少选项】按钮，可以隐藏额外的选项。

▶　【表面】：创建各种形式的表面，从暗淡、不加底纹的不光滑表面到平滑、光亮、看起来类似塑料效果的表面。

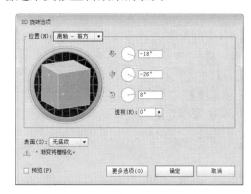

7.2.2　【SVG 效果】效果

【SVG 效果】效果是将图像描述为形状、路径、文本和效果的矢量格式。选择【效果】|【SVG 效果】|【应用 SVG 效果】命令，即可打开【应用 SVG 效果】对话框。在该对话框的列表框中可以选择所需要的效果，选中【预览】复选框可以查看相应的效果，单击【确定】按钮，即可执行相应的 SVG 效果。

用户也可以直接选择【效果】|【SVG 效果】命令子菜单中的相关效果命令应用。

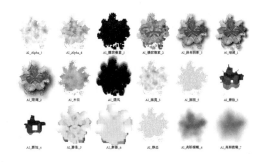

7.2.3 【变形】效果

使用【变形】效果可以使对象的外观形状发生变化。变形效果是实时的，不会永久改变对象的基本形状，可以随时修改或删除效果。选中一个或多个对象，在【效果】|【变形】命令子菜单中选择相应的选项，打开【变形选项】对话框，对其进行相应的设置，然后单击【确定】按钮即可应用变形效果。

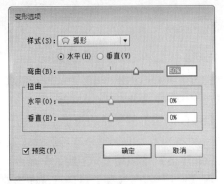

7.2.4 【扭曲和变换】效果

【扭曲和变换】效果组可以对路径、文本、网格、混合以及位图图像使用一种预定义的变形进行扭曲或变换。【扭曲和变换】效果组提供了【变换】、【扭拧】、【扭转】、【收缩和膨胀】、【波纹】、【粗糙化】和【自由扭曲】7种特效。

1. 变换效果

使用【变换】效果，通过重设大小、旋转、移动、镜像和复制的方法来改变对象形状。选中要添加效果的对象，选择【效果】|【扭曲和变换】|【变换】命令，打开【变换效果】对话框。

➤ 【缩放】：在该选项区域中分别调整【水平】和【垂直】文本框中的参数，定义缩放的比例。

➤ 【移动】：在该选项区域中分别调整【水平】和【垂直】数值框中的参数，定义移动的距离。

➤ 【角度】：在该数值框中输入相应的

数值，定义旋转的角度，正值为顺时针旋转，负值为逆时针旋转，也可以拖拽右侧的控制柄，进行旋转的调整。

➤ 对称 X、Y：当选中【对称 X(X)】或【对称 Y(Y)】选项时，可以对对象进行镜像处理。

➤ 定位器：在 选项区域中，通过单击相应的按钮，可以定义变换的中心点。

➤ 【随机】：当选中该选项时，将对调整的参数进行随机的变换，而且每个对象的随机数值并不相同。

➤ 【份】：在该数值框中输入相应的数值，对变换对象复制相应的份数。

【例7-3】在 Illustrator 中，使用【变换】命令创建图案效果。

🎬视频+素材 (光盘素材\第 07 章\例 7-3)

step 1 在图形文档中，选择【星形】工具在图形文档中绘制两个星形，并分别填色橘黄和红色。选择【混合】工具分别单击两个星形，创建混合效果。

step 2 选择【对象】|【混合】|【混合选项】命令，打开【混合选项】对话框。在对话框的【间距】下拉列表中选择【指定的步数】选项，并设置数值为 2，然后单击【确定】按钮应用。

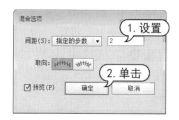

step 3 选择【对象】|【混合】|【扩展】命令，扩展混合对象。

step 4 选择【效果】|【扭曲和变换】|【变换】命令，打开【变换】对话框。在对话框中设置变换的中心点位置，设置缩放【水平】和【垂直】均为 90%，移动【水平】和【垂直】为 5 mm，旋转【角度】为 30°，【副本】为 11，然后单击【确定】按钮应用。

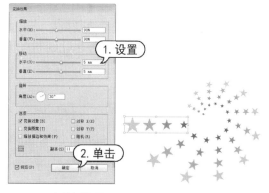

2. 扭拧效果

使用【扭拧】效果，可以随机地向内或向外弯曲或扭曲路径段，使用绝对量或相对量设置垂直和水平扭曲，指定是否修改锚点、移动通向路径锚点的控制点(【导入】控制点、【导出】控制点)。

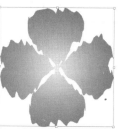

选中要添加效果的对象，选择【效果】|【扭曲和变换】|【扭拧】命令，打开【扭拧】对话框。

▶ 【水平】：通过调整该选项中的参数，定义该对象在水平方向的扭拧幅度。

▶ 【垂直】：通过调整该选项中的参数，定义该对象在垂直方向的扭拧幅度。

▶ 【相对】：当选中该选项时，将定义调整的幅度为原水平的百分比。

▶ 【绝对】：当选中该选项时，将定义调整的幅度为具体的尺寸。

▶ 【锚点】：当选中该选项时，将修改对象中的锚点。

▶ 【导入控制点】：当选中该选项时，将修改对象中的导入控制点。

▶ 【导出控制点】：当选中该选项时，将修改对象中的导出控制点。

3. 扭转效果

使用【扭转】效果旋转一个对象，中心的旋转程度比边缘的旋转程度大。输入一个正值将顺时针扭转，输入一个负值将逆时针扭转。选中要添加效果的对象，选择【效果】

|【扭曲和变换】|【扭转】命令，打开【扭转】对话框。在对话框的【角度】数值框中输入相应的数值，可以定义对象扭转的角度。

4. 收缩和膨胀效果

使用【收缩和膨胀】效果，在将线段向内弯曲(收缩)时，向外拉出矢量对象的锚点；或将线段向外弯曲(膨胀)时，向内拉入锚点。这两个选项都可相对于对象的中心点来拉伸锚点。选中要添加效果的对象，选择【效果】|【扭曲和变换】|【收缩和膨胀】命令，打开【收缩和膨胀】对话框。在对话框的【收缩/膨胀】数值框中输入相应的数值，对对象的膨胀或收缩进行控制，正值使对象膨胀，负值使对象收缩。

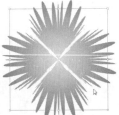

5. 波纹效果

使用【波纹效果】，将对象的路径段变换为同样大小的尖峰和凹谷形成的锯齿和波形数组。使用绝对大小或相对大小设置尖峰与凹谷之间的长度。设置每个路径段的脊状数量，并在波形边缘或锯齿边缘之间做出选择。选择【效果】|【扭曲和变换】|【波纹效果】命令，打开【波纹效果】对话框。

➤ 【大小】：通过调整该选项中的参数，定义波纹效果的尺寸。

➤ 【相对】：当选中该选项时，将定义调整的幅度为原水平的百分比。

➤ 【绝对】：当选中该选项时，将定义调整的幅度为具体的尺寸。

➤ 【每段的隆起数】：通过调整该选项中的参数，定义每一段路径出现波纹隆起的数量。

➤ 【平滑】：当选中该选项时，将使波纹的效果比较平滑。

➤ 【尖锐】：当选中该选项时，将使波纹的效果比较尖锐。

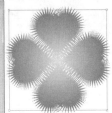

6. 粗糙化效果

使用【粗糙化】效果，可将矢量对象的路径段变形为各种大小的尖峰和凹谷的锯齿数组。使用绝对大小和相对大小设置路径段的最大长度。设置每英寸锯齿边缘的密度，并在圆滑边缘和尖锐边缘之间选择。选中要添加效果的对象，选择【效果】|【扭曲和变换】|【粗糙化】命令，打开【粗糙化】对话框。对话框中的参数设置与波纹效果设置类似，【细节】数值框用于定义粗糙化细节每英寸出现的数量。

7. 自由扭曲效果

使用【自由扭曲】效果，可以通过拖动四个角中任意控制点的方式来改变矢量对象的形状。选中要添加效果的对象，选择【效果】|【扭曲和变换】|【自由扭曲】命令，打开【自由扭转】对话框。在该对话框中的缩

略图中拖拽四个角上的控制点，从而调整对象的变形。单击【重置】按钮可以恢复原始的效果。

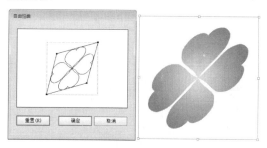

7.2.5　【栅格化】效果

在 Illustrator 中，栅格化是将矢量图转换为位图图像的过程。在栅格化过程中，Illustrator 会将图形路径转换为像素。选择【效果】|【栅格化】命令可以栅格化单独的矢量对象，也可以通过将文档导入为位图格式来栅格化文档。打开或选择好需要进行栅格化的图形，然后选择【效果】|【栅格化】命令，打开【栅格化】对话框。

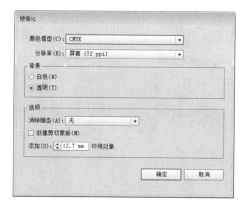

▶【颜色模式】用于确定在栅格化过程中所用的颜色模式。

▶【分辨率】用于确定栅格化图像中的每英寸像素数。

▶【背景】用于确定矢量图形的透明区域如何转换为像素。

▶【消除锯齿】使用消除锯齿效果，以改善栅格化图像的锯齿边缘外观。

▶【创建剪切蒙版】创建一个使栅格化图像的背景显示为透明的蒙版。

▶【添加环绕对象】围绕栅格化图像添加指定数量的像素。

7.2.6　【转换为形状】效果

选择【效果】|【转换为形状】命令子菜单中的【矩形】命令、【圆角矩形】命令或【椭圆】命令可以把一些简单的图形转换为这 3 种形状。

选择【转换为形状】子菜单中选择任一命令，都将会打开一个【形状选项】对话框。在该对话框中，可以设置要转换的形状的大小。在【形状选项】对话框中设置好参数之后，单击【确定】按钮即可生成需要的形状。在【形状选项】对话框中也可以设置要改变的其他形状，如圆角矩形或椭圆。需要注意的是，不能把一些复杂的图形转换为矩形或者其他形状。

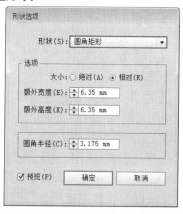

7.2.7　【风格化】效果

【效果】|【风格化】命令子菜单中有几个比较常用的效果命令，如【内发光】、【外发光】以及【羽化】命令等。

1. 内发光与外发光

在 Illustrator 中，使用【内发光】或【外发光】命令可以模拟在对象内部或者边缘发光的效果。

选中需要设置内发光的对象后，选择【效果】|【风格化】|【内发光】命令，打开【内发光】对话框，设置好选项后，单击【确定】按钮即可。

> 　【模式】：指定发光的混合模式。

> 　【不透明度】：指定所需发光的不透明度百分比。

> 　【模糊】：指定要进行模糊处理之处到选区中心或选区边缘的距离。

> 　【中心】：使用从选区中心向外发散的发光效果。

> 　【边缘】：使用从选区内部边缘向外发散的发光效果。

外发光命令的使用与内发光命令相同，只是产生的效果不同而已。选择【效果】|【风格化】|【外发光】命令，打开【外发光】对话框，设置完成后，单击【确定】按钮即可。

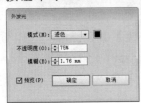

2. 圆角

在 Illustrator 中，使用【圆角】命令可以使带有锐角边的图形产生圆角，从而获得一种更加自然的效果。

其操作非常简单，绘制好图形或选择需要修改为圆角的图形后，选择【效果】|【风格化】|【圆角】命令，打开【圆角】对话框，根据需要设置参数。在【圆角】对话框中设置好参数后，单击【确定】按钮即可获得圆角效果。

3. 投影

使用【投影】命令可以在一个图形的下方产生投影效果。

其操作非常简单，绘制好图形或选择需要投影的形状后，选择【效果】|【风格化】|【投影】命令，打开【投影】对话框，并根据需要设置参数。在【投影】对话框中设置好参数后，单击【确定】按钮即可获得投影效果。

> 　【模式】：用于指定投影的混合模式。

> 　【不透明度】：用于指定所需的投影不透明度百分比。

> 　X 位移和 Y 位移：用于指定希望投

影偏离对象的距离。

> 【模糊】：用于指定要进行模糊处理之处到阴影边缘的距离。

> 【颜色】：用于指定阴影的颜色。

> 【暗度】：用于指定希望为投影添加的黑色深度百分比。

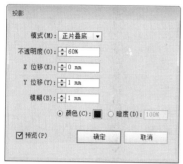

4. 涂抹

在 Illustrator 中，涂抹效果也是需要经常使用的一种效果。使用该命令可以把图形转换成各种形式的草图或涂抹效果。添加该效果后，图形将以不同的颜色和线条形式来表现原来的图形。

选择好需要进行涂抹的图形对象或组，或在【图层】面板中确定一个图层。选择【效果】|【风格化】|【涂抹】命令，打开【涂抹选项】对话框。设置完成后，单击【确定】按钮即可。

> 【角度】：用于控制涂抹线条的方向。可以单击角度图标中的任意点，然后围绕角度图标拖移角度线，或在【角度】文本框中输入一个介于-179°～180°的值(如果输入一个超出此范围的值，则该值将被转换为与其相当且处于此范围内的值)。

> 【路径重叠】：用于控制涂抹线条在

路径边界内部距路径边界的量或路径边界外据路径边界的量。负值表示将涂抹线条控制在路径边界内部，正值则表示将涂抹线条延伸至路径边界外部。

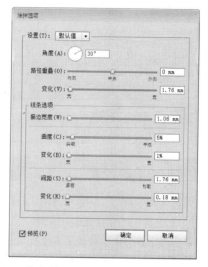

> 【变化】(适用于路径重叠)：用于控制涂抹线条彼此之间的相对长度差异。

> 【描边宽度】：用于控制涂抹线条的宽度。

> 【曲度】：用于控制涂抹曲线在改变方向之前的曲度。

> 【变化】(适用于曲度)：用于控制涂抹曲线之间的相对曲度差异大小。

> 【间距】：用于控制涂抹线条之间的折叠间距量。

> 【变化】(适用于间距)：用于控制涂抹线条之间的折叠间距差异量。

5. 羽化

在 Illustrator 中，使用【羽化】命令可以制作出图形边缘虚化或过渡的效果。

选择好需要进行羽化的对象或组，或在【图层】面板中确定一个图层，选择【效果】|【风格化】|【羽化】命令，打开【羽化】对话框。设置对象从不透明到透明的中间距离，并单击【确定】按钮即可。

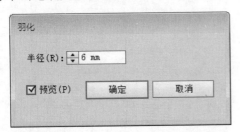

7.2.8 【裁剪标记】效果

裁剪标记应用于选定的对象。除了指定不同画板以裁剪用于输出的图稿外，还可以在图稿中创建和使用多组裁剪标记。裁剪标记指示了所需的打印纸张剪切位置。当需要围绕页面上的几个对象创建标记时，常用裁剪标记。

当要为对象添加裁剪标记时，将该对象选中，选择【效果】|【裁剪标记】命令，该对象将自动按照相应的尺寸创建裁剪标记。

要删除可编辑的裁剪标记，选择该裁剪标记，然后按 Delete 键即可。要删除裁剪标记效果，选择【外观】面板中的裁剪标记，然后单击【删除所选项目】按钮即可

7.3 Photoshop 效果

除了 Illustrator 效果外，Illustrator 还包含 Photoshop 效果。Photoshop 效果既可以应用于位图对象的编辑处理，也可以应用于矢量对象。Illustrator 中的 Photoshop 效果与 Adobe Photoshop 中的滤镜效果非常相似，而【效果画廊】与 Photoshop 中的【滤镜库】也大致相同。Photoshop 效果的使用可以参考 Adobe Photoshop 中的滤镜使用。

效果画廊是一个集合了 Photoshop 大部分常用效果的对话框。在效果画廊中，可以对某一对象应用一个或多个效果，或者对同一图像多次应用同一效果，还可以使用其它效果替换原有的效果。选中要添加效果的对象，选择【效果】|【效果画廊】命令，在打开的对话框中进行相应的设置，然后单击【确定】按钮即可。

其中包含了【风格化】、【画笔描边】、【扭曲】、【素描】、【纹理】和【艺术效果】滤镜组。单击每个滤镜组左侧的三角按钮，可以将其展开，以显示更多的滤镜效果命令。

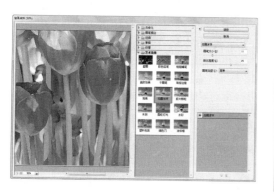

Illustrator 中的 Photoshop 效果设置可参考本套丛书中《Photoshop CC 图像处理案例教程》第 12 章滤镜部分的内容。

7.4 案例演练

本章的案例演练部分包括制作促销吊旗和制作节日海报两个综合实例操作，使用户通过练习从而巩固本章所学知识。

7.4.1 制作促销吊旗

【例 7-4】制作促销吊旗。

视频+素材 (光盘素材第 07 章\例 7-4)

step 1 选择【文件】|【新建】命令，打开【新建】对话框。在对话框的【名称】文本框中输入"促销吊旗"，设置【宽度】为 450 mm，【高度】为 300 mm，单击【确定】按钮。

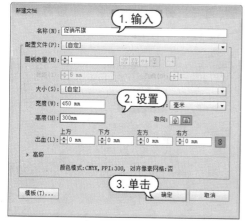

step 2 使用【矩形】工具绘制与画板同等大小的矩形，并在【颜色】面板中设置描边填色为无，填色为C=15 M=0 Y=84 K=0。

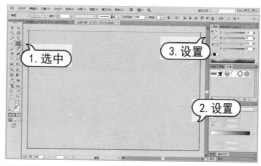

step 3 使用【钢笔】工具在画板中绘制如图所示的图形对象，并在【颜色】面板中设置填色为白色。

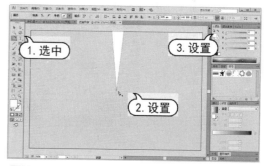

step 4 选择【效果】|【扭曲和变换】|【变换】命令，打开【变换】对话框。在该对话框中设置变换中心点位置，然后设置【角度】为 20°，【副本】为 17，单击【确定】按钮。

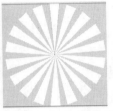

step 5 使用【选择】工具选中步骤(3)中绘制的图形对象，并调整其形状。

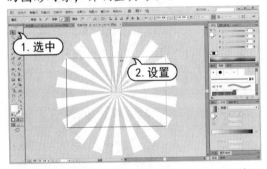

step 6 使用【矩形】工具绘制与画板同等大小的矩形，并使用【选择】工具选中矩形和先前创建的变换对象，右击，在弹出的快捷菜单中选择【建立剪切蒙版】命令。并在【透明度】面板中设置混合模式为【柔光】。

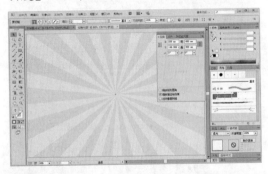

step 7 选择【文字】工具在画板中单击，在控制面板中设置字体系列为华文琥珀，字体大小为 515 pt，在【颜色】面板中设置填色为C=7 M=4 Y=0 K=0，然后输入文字内容。

step 8 选择【钢笔】工具在画板中绘制三角形，并在【颜色】面板中设置填色为C=33 M=2 Y=5 K=0。

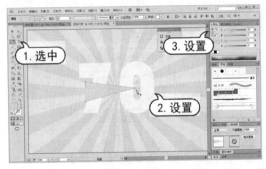

step 9 使用与步骤(8)的相同操作方法随意绘制三角形，并在【颜色】面板中调整颜色。然后使用【选择】工具选中全部图形对象，按Ctrl+G键进行编组。

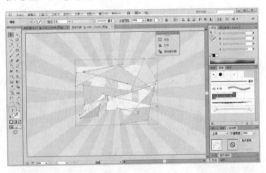

step 10 在【图层】面板中选中文字图层，并将其拖动至【创建新图层】按钮上释放复制文字图层，并将其置于顶层。

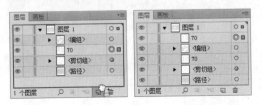

step 11 选中顶层文字对象和步骤(9)中创建的编组对象，右击，在弹出的菜单中选择【建立剪切蒙版】命令。

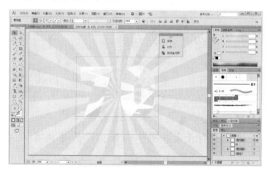

step 12 使用【选择】工具选中建立蒙版后的对象和其下方的文字对象，按Ctrl+G键进行编组。选择【效果】|【扭曲和变换】|【自由扭曲】命令，打开【自由扭曲】对话框。在该对话框中设置扭曲效果，并单击【确定】按钮。

step 13 选择【效果】|【风格化】|【投影】命令，打开【投影】对话框。在该对话框中，设置【X位移】为 13 mm，【Y位移】为 5 mm，【模糊】为 0 mm，然后单击【确定】按钮。

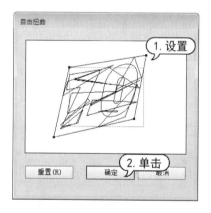

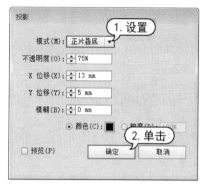

step 14 在【图层】面板中，锁定【图层 1】，并单击【创建新图层】按钮，新建【图层 2】。使用【钢笔】工具依据投影绘制如图所示形状，并在【渐变】面板中单击渐变填色框，设置【角度】为-109°，填色为C=60 M=38 Y=18 K=0 至C=93 M=78 Y=23 K=0 至C=100 M=85 Y=27 K=0 的渐变。

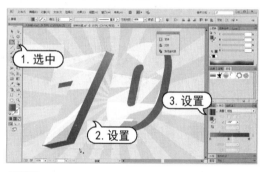

step 15 使用与步骤(14)相同的操作方法绘制图形对象。

step 16 使用【矩形】工具绘制矩形，并在【渐变】面板中设置【角度】为-168°，填色为C=26 M=92 Y=30 K=0 至C=4 M=65 Y=0 K=0 的渐变。

step 17 使用【倾斜】工具调整刚绘制的矩形形状。

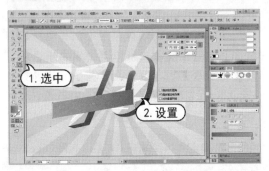

step 18 使用【添加锚点】工具在矩形上添加锚点，并使用【直接选择】工具进行如图所示的调整。

step 19 使用步骤(16)至步骤(18)的操作方法创建图形对象，然后在【渐变】面板中单击【反向渐变】按钮，并调整渐变滑动条上右侧色标位置。

step 20 选择【文字】工具在图像中单击，按Ctrl+T键打开【字符】面板，设置字体系列为Berlin Sans FB Demi Bold，字体大小为88 pt，在【颜色】面板中设置填色为白色。然后输入文字内容，旋转并调整文字位置。

step 21 使用【矩形】工具绘制矩形，在【颜色】面板中设置填色为C=25 M=86 Y=0 K=0，并按shift+Ctrl+[键将其置于底层。

step 22 使用【倾斜】工具调整刚绘制的矩形的形状。

step 23 使用【选择】工具选中步骤(21)中创建的矩形，按Ctrl+Alt键移动复制图形至画板另一边，并使用【直接选择】工具调整锚点位置。

step 24 使用【钢笔】工具在画板中绘制如图所示的形状，并在【颜色】面板中设置填色为C=40 M=94 Y=43 K=0。

step 25 选择【文字】工具在图像中输入文字内容，在【颜色】面板中设置填色为C=16 M=59 Y=0 K=0。然后使用【选择】工具旋转并调整文字位置。

step 26 选择【文字】工具在图像中输入文字内容，在控制面板中设置字体大小为200 pt，在【颜色】面板中设置填色为C=16 M=59 Y=0 K=0。然后使用【选择】工具选中并调整刚输入的文字位置。

step 27 使用【选择】工具选中两组文字，选择【效果】|【风格化】|【投影】命令，打开【投影】对话框。在该对话框中，设置投影颜色为C=45 M=98 Y=42 K=0，在【模式】下拉列表中选择【正常】选项，设置【不透明度】为100%，【X位移】为2 mm，【Y位移】为1 mm，【模糊】为0 mm，然后单击【确定】按钮。

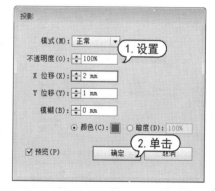

step 28 使用【选择】工具选中步骤(23)中创建的图形对象，并按Ctrl+Alt键移动复制对象。然后使用【添加锚点】工具添加锚点，再使用【直接选择】工具调整其形状，并选择【吸管】工具单击步骤(19)中创建的图形，复制填充属性。

step㉙ 选择【文字】工具在图像中输入文字内容,并选择【选择】工具,在控制面板中设置字体大小为 175 pt,在【颜色】面板中设置填色为白色。然后使用【选择】工具旋转并调整文字位置。

step㉚ 选择【效果】|【应用"投影"】命令,应用上一次的【投影】设置效果。

step㉛ 在【图层】面板中,锁定【图层2】,并单击【创建新图层】按钮,新建【图层3】。使用【钢笔】工具在画板中任意绘制三个三角形,并在【颜色】面板中分别设置填色为 C=0 M=0 Y=0 K=0、C=34 M=0 Y=12 K=0 和 C=70 M=9 Y=15 K=0。然后使用【选择】工具选中绘制的三角形,按Ctrl+G键进行编组。

step㉜ 使用【选择】工具将编组后的对象拖动至【符号】面板中,打开【符号选项】对话框。在该对话框的【名称】文本框中输入"不规则三角形",在【类型】下拉列表中选择【图形】选项,然后单击【确定】按钮。

step㉝ 使用【符号喷枪】工具在画板中拖动创建符号组。

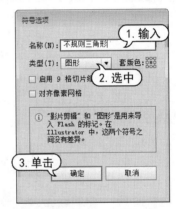

step㉞ 选择【符号缩放器】工具,按住Alt键在符号组中单击,调整符号组效果。

step㉟ 选择【符号旋转器】工具,调整符号组效果。

step 36 选择【符号移位器】工具，调整符号组的效果。并在【透明度】面板中设置【不透明度】为 80%。

step 37 按 Ctrl+C 键复制符号组，在【图层】面板中解锁【图层 1】，选中步骤(2)中绘制的矩形路径图层，并按 Ctrl+F 键粘贴符号组。

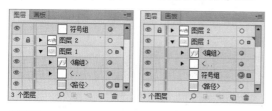

step 38 在【图层】面板中，锁定【图层 3】，然后使用【符号移位器】工具调整复制的符号组效果。

step 39 选择【符号缩放器】工具，调整符号组的效果。

7.4.2　制作节日海报

【例 7-5】制作节日海报。
素材 (光盘素材\第 07 章\例 7-5)

step 1 选择【文件】|【新建】命令，打开【新建】对话框。在该对话框的【名称】文本框中输入"情人节海报"，设置【宽度】为 260 mm，【高度】为 370 mm，然后单击【确定】按钮。

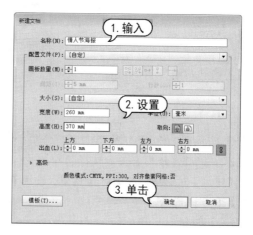

step 2 选择【视图】|【显示网格】命令，显

示网格。选择【钢笔】工具根据网格绘制如图所示的心形。

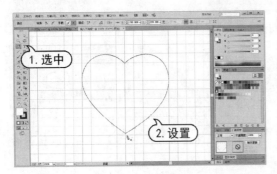

step 3 按Ctrl+C键复制刚绘制的心形，按Ctrl+V键粘贴。并在【颜色】面板中，设置复制的心形描边色为【无】，填色为C=9 M=24 Y=14 K=0。

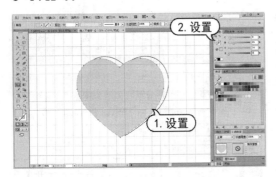

step 4 使用【网格】工具在复制的心形上单击添加网格点，并将网格点颜色设置为白色。然后调整网格点控制柄。

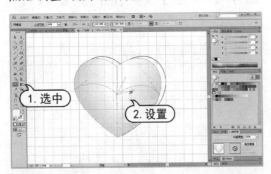

step 5 选择【矩形】工具在图像中单击，打开【矩形】对话框。在该对话框中，设置【宽度】为5 mm，【高度】为90 mm，然后单击【确定】按钮。

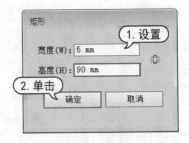

step 6 在【颜色】面板中，设置刚绘制的矩形填色为C=48 M=100 Y=60 K=9。在【透明度】面板中，设置混合模式为【正片叠底】，【不透明度】为40%。

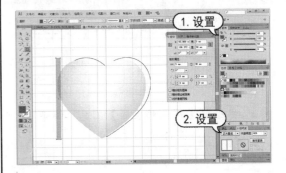

step 7 在绘制的矩形上单击鼠标右键，在弹出的菜单中选择【变换】|【移动】命令，打开【移动】对话框。在该对话框中设置【水平】为10 mm，【垂直】为0 mm，然后单击【复制】按钮。并连续按Ctrl+D键重复使用该命令。

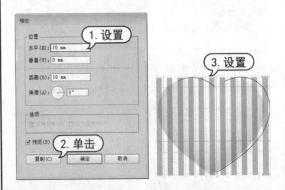

step 8 使用【选择】工具选中步骤(5)至步骤(7)中创建的全部矩形，并按Ctrl+G键进行编组，然后选择【效果】|【变形】|【凸出】命令，打开【变形选项】对话框。在对话框中，

选中【垂直】单选按钮，设置【弯曲】值为
20%，然后单击【确定】按钮。

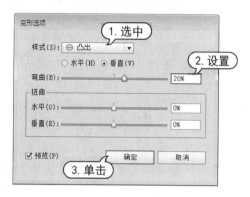

step 9　选择【矩形】工具在图像中单击，打
开【矩形】对话框。在对话框中，设置【宽
度】为 100 mm，【高度】为 5 mm，然后单
击【确定】按钮。

step 10　在【透明度】面板中，设置混合模式
为【正片叠底】，【不透明度】为 40%。

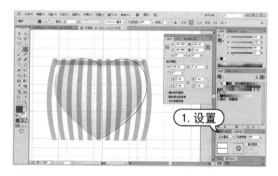

step 11　在绘制的矩形上单击鼠标右键，在弹
出的菜单中选择【变换】|【移动】命令，打
开【移动】对话框。在该对话框中设置【水
平】为 0 mm，【垂直】为 10 mm，然后单击
【复制】按钮。并连续按Ctrl+D键重复使用该
命令。

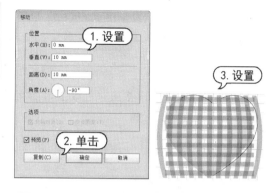

step 12　使用【选择】工具选中步骤(9)至步骤
(11)中创建的全部矩形，并按Ctrl+G键进行编
组，然后选择【效果】|【变形】|【凸出】命
令，打开【变形选项】对话框。在该对话框
中，选中【水平】单选按钮，然后单击【确
定】按钮。

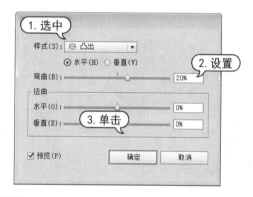

step 13　使用【选择】工具选中步骤(5)和步骤
(12)中创建的对象，按Ctrl+G键进行编组。
选中步骤(2)中绘制的心形，按Ctrl+C键复制，
按Ctrl+V键粘贴。然后选中复制的心形和编
组对象，单击鼠标右键，在弹出的菜单中选
择【建立剪切蒙版】命令。

step 14　选中步骤(2)中绘制的心形，按Ctrl+C
键复制，按Ctrl+V键粘贴。然后在【颜色】

面板中设置描边色为无，填色为C=52 M=82 Y=63 K=10。【透明度】面板中设置混合模式为【正片叠底】。

step 15 使用【网格】工具在复制的心形上单击添加网格点，并将网格点颜色设置为白色。然后调整网格点控制柄。

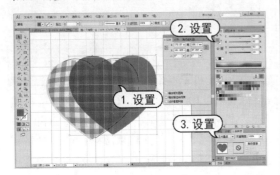

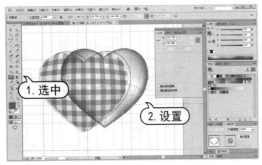

step 16 选中步骤(2)中绘制的心形，在【颜色】面板中设置描边色为无，填色为C=40 M=41 Y=35 K=42。【透明度】面板中设置混合模式为【正片叠底】。

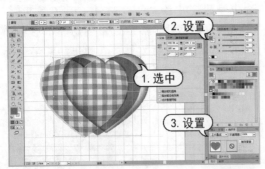

step 17 选择【效果】|【风格化】|【内发光】命令，打开【内发光】对话框。在该对话框的【模糊】下拉列表中选择【正常】选项，设置【不透明度】为100%，【模糊】为6 mm，

然后单击【确定】按钮。

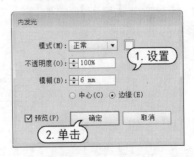

step 18 在步骤(2)中绘制的心形上单击鼠标右键，在弹出的菜单中选择【变换】|【缩放】命令。在打开的【比例缩放】对话框中，设置【等比】为105%，然后单击【确定】按钮。

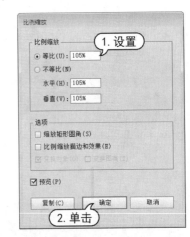

step 19 使用【选择】工具选中全部心形，在控制面板中单击【水平居中对齐】按钮和【垂直居中对齐】按钮。

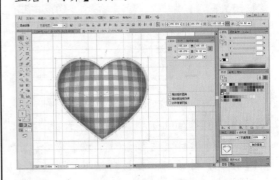

step 20 在心形上单击鼠标右键，在弹出菜单中选择额【选择】|【下方的最后一个对象】命令，并调整其位置。然后选中全部心形，

按Ctrl+G键进行编组。

step 21 使用【选择】工具，移动复制编组对象，并调整其大小。

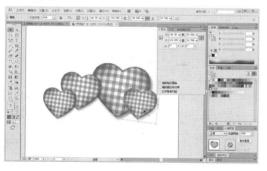

step 22 选中左侧第二个心形，单击鼠标右键，在弹出的菜单中选择【变换】|【对称】命令，打开【镜像】对话框。在该对话框中，选中【垂直】单选按钮，然后单击【确定】按钮。

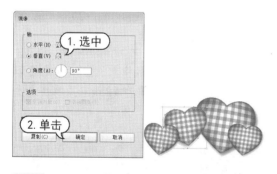

step 23 在【图层】面板中选中该编组中网格效果图层，单击控制面板中的【编辑内容】按钮，并在【颜色】面板中设置填色为C=8 M=98 Y=60 K=0。

step 24 使用与步骤(23)相同的操作方法将左右两侧心形的网格颜色更改为C=57 M=48 Y=43 K=0 和C=30 M=66 Y=68 K=0。并使用【选择】工具选中全部心形编组对象，按

Ctrl+G键进行编组。

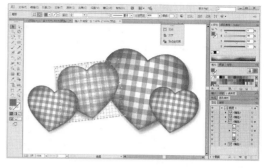

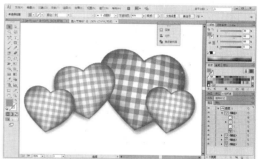

step 25 选择【文件】|【置入】命令，打开【置入】对话框。在该对话框中，选中需要的图像文件，然后单击【置入】按钮。

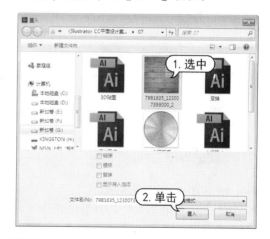

step 26 使用【矩形】工具绘制与页面同等大小的矩形，并选中置入图像和矩形，右击，在弹出的菜单中选择【建立剪切蒙版】命令。然后按Shift+Ctrl+[键将其置于底层。

step 27 选择【矩形】工具绘制与页面同等大小的矩形，并将其放置在置入图像上一层。在【渐变】中单击渐变填色框，在【类型】

下拉列表中选择【径向】选项。然后选择【渐变】工具调整径向渐变效果。

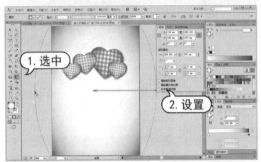

step 28 在【透明度】面板中设置刚绘制的矩形的混合模式为【正片叠底】。

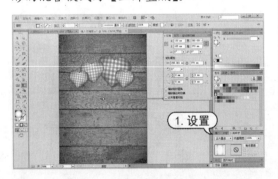

step 29 按 Ctrl+C 键复制刚创建的矩形，按 Ctrl+B 键粘贴。在【渐变】面板中将复制的矩形渐变填色更改为白色至透明度 100%的渐变。

step 30 在【透明度】面板中设置复制矩形的混合模式为【叠加】。

step 31 使用【选择】工具选中步骤(25)至步骤(30)中创建的背景对象，按 Ctrl+2 键锁定。选择【圆角矩形】工具在画板边缘单击，打开【圆角矩形】对话框。在该对话框中，设

置【宽度】为 23 mm,【高度】为 40 mm,【圆角半径】为 12 mm，然后单击【确定】按钮。

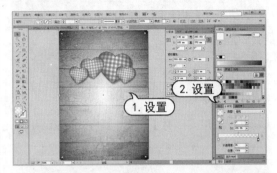

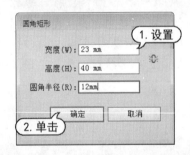

step 32 在【描边】面板中，设置刚创建的圆角矩形的描边【粗细】为 18 pt，并单击【使描边内侧对齐】按钮。

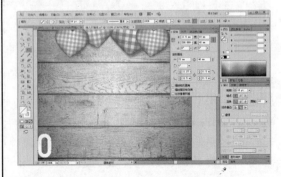

step 33 选择【效果】|【扭曲和变换】|【变换】命令，打开【变换效果】对话框。在对

话框的【移动】选项区中设置【水平】为 23 mm，【副本】为 11，然后单击【确定】按钮。

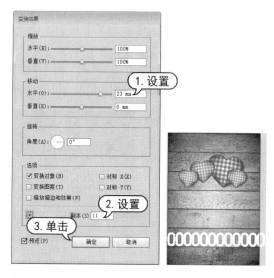

step 34　选择【效果】|【风格化】|【投影】命令，打开【投影】对话框。在对话框中，设置【X 位移】为 1 mm，【Y 位移】为 2 mm，【模糊】为 0.8 mm，然后单击【确定】按钮。

step 35　选择【矩形】工具在画板边缘单击，打开【矩形】对话框。在对话框中，设置【宽度】为 260 mm，【高度】为 24 mm，然后单击【确定】按钮。

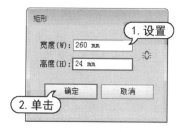

step 36　将刚绘制的矩形描边色设置为无，在【渐变】面板中单击渐变填色框，设置【角度】为 90°，填色为 C=10 M=20 Y=18 K=0 至 C=0 M=0 Y=0 K=0 至 C=10 M=20 Y=18 K=0 的渐变。

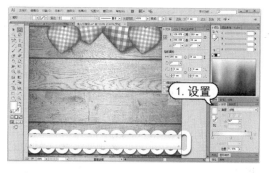

step 37　选择【矩形】工具在刚创建的矩形上单击，打开【矩形】对话框。在对话框中，设置【宽度】为 5 mm，【高度】为 24 mm，然后单击【确定】按钮。

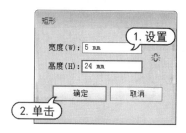

step 38　在【颜色】面板中设置刚创建的矩形的填色为 C=16 M=95 Y=90 K=0，在【透明度】面板中设置混合模式为【正片叠底】，【不透明度】为 50%。

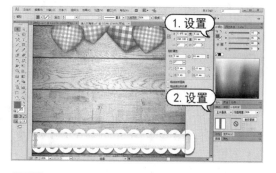

step 39　选择【效果】|【扭曲和变换】|【变换】命令，打开【变换效果】对话框。在对话框的【移动】选项区中设置【水平】为

10 mm，【副本】数值为 25，然后单击【确定】按钮。

step 40 选择【矩形】工具在画板边缘单击，打开【矩形】对话框。在对话框中，设置【宽度】为 260 mm，【高度】为 2.5 mm，然后单击【确定】按钮。

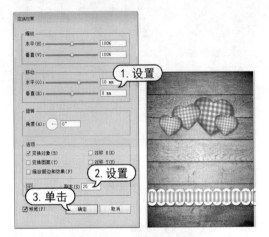

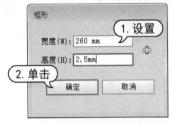

step 41 在【透明度】面板中设置混合模式为【正片叠底】，【不透明度】为 50%。

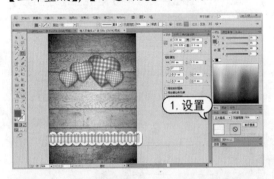

step 42 选择【效果】|【扭曲和变换】|【变换】命令，打开【变换效果】对话框。在对话框的【移动】选项区中设置【垂直】为 5 mm，【副本】数值为 3，然后单击【确定】按钮。

step 43 使用【选择】工具选中步骤(37)至步骤(42)中创建的对象，按Ctrl+G键进行编组。选择【椭圆】工具在页面中拖动绘制椭圆形，并在【渐变】面板中单击渐变填色框，单击【反向渐变】按钮，在【类型】下拉列表中选择【径向】选项，设置【长宽比】为 3%。

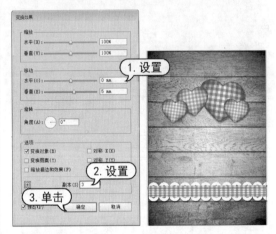

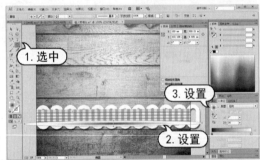

step 44 按Ctrl+[键将绘制的椭圆形后移一层，并在【透明度】面板中设置混合模式为【正片叠底】。并使用【选择】工具移动复制椭圆形至格子彩带的另一边。

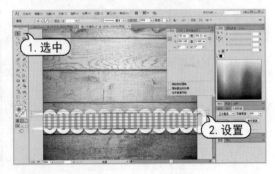

step 45 选择【矩形】工具在画板边缘单击，

打开【矩形】对话框。在对话框中,设置【宽度】为 260 mm,【高度】为 6 mm,然后单击【确定】按钮。

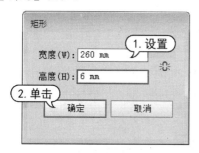

step 46　在【颜色】面板中设置刚创建的矩形的填色为 C=30 M=97 Y=100 K=0。

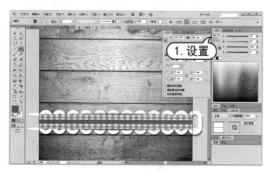

step 47　选中步骤(43)中创建的椭圆形,按 Ctrl+C 键复制,按 Ctrl+F 键粘贴,并连续按 Ctrl+] 键三次,将其放置在刚绘制的矩形条下方,然后使用【选择】工具调整其形状。

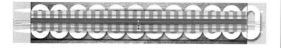

step 48　使用【选择】工具移动复制调整后的椭圆形至格子彩带的另一边。

step 49　选择【文件】|【置入】命令,打开【置入】对话框。在对话框中,选中需要的图像文件,然后单击【置入】按钮。

step 50　使用【选择】工具在画板中单击置入图像,并调整置入图像的位置。

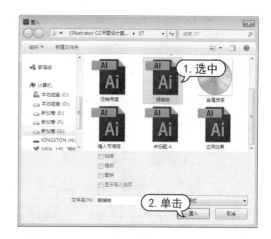

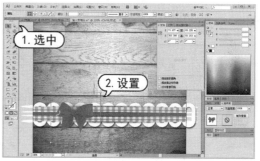

step 51　使用【矩形】工具在下部彩带的上方拖动绘制一个矩形,并使用【选择】工具选中全部彩带组件,然后单击鼠标右键,在弹出的菜单中选择【建立剪切蒙版】命令。

step 52　选择【文字】工具在页面中单击,在控制面板中设置字体系列为 Arial,字体大小为 136 pt,然后输入文字内容。

step 53　选择【文字】工具在页面中单击,按 Ctrl+T 键打开【字符】面板。在面板中设置字体系列为 Humnst777 BlkCn BT Black,【垂直缩放】数值为 130%,【水平缩放】数值为

68%，然后输入文字内容。

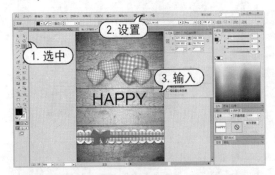

step 54 选择【修饰文字】工具分别选中步骤 (53)中输入的文字，并调整文字排列效果。

step 55 使用【选择】工具选中两组文字，并单击鼠标右键，在弹出的菜单中选择【创建轮廓】命令。

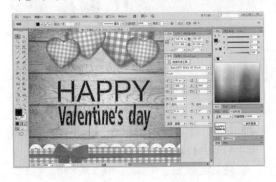

step 56 使用【矩形】工具在文字下方绘制一个矩形条，并使用【选择】工具选中绘制的矩形和上方的文字，并按Ctrl+G键进行编组。然后在【渐变】面板中单击渐变填色框，设置填色为C=57 M=94 Y=77 K=40 至C=31 M=90 Y=72 K=0 至C=50 M=100 Y=68 K=15 的渐变。

step 57 在【透明度】面板中，设置混合模式为【正片叠底】，然后选择【渐变】工具调整渐变效果。

step 58 使用【选择】工具调整心形对象组和文字组的高度，选中两组对象，在控制面板中设置【对齐】选项为【对齐画板】，然后单击【水平居中对齐】按钮，完成海报的制作。

第8章

应用文本

在使用 Illustrator 进行平面设计时，经常要使用到文字元素。Illustrator 提供了强大的文字排版功能。使用这些功能可以快速更改文本、段落的外观效果，还可以将图形对象和文本组合编排，从而制作出丰富多样的文本效果。

 **对应光盘视频**

8.1　使用文字工具

Illustrator 在工具箱中提供了 7 种文字工具。其中包括【文字】工具、【区域文字】工具、【路径文字】工具、【直排文字】工具、【直排区域文字】工具、【直排路径文字】工具和【修饰文字】工具。使用它们可以输入各种类型的文字，以满足不同的文字处理需求。

使用【文字】工具和【直排文字】工具可以创建沿水平和垂直方向的文字。

使用【区域文字】工具和【直排区域文字】工具可以将一条开放或闭合的路径变换成文本框，并在其中输入水平或垂直方向的文字。

使用【路径文字】工具和【直排路径文字】工具可让文字按照路径的轮廓线方向进行水平和垂直方向排列。

使用【修饰文字】工具在字符上单击可以调整字符效果。

8.1.1　输入点文字

在 Illustrator 中，用户可以使用【文字】工具和【直排文字】工具将文本作为一个独立的对象输入或置入页面中。在【工具】面板中选取【文字】工具或【直排文字】工具后，移动光标到绘图窗口中的任意位置单击确定文字内容的插入点，即可输入文本内容。

使用【文字】工具可以按照横排的方式，由左至右进行文字的输入。使用【直排文字】工具创建的文本会从上至下进行排布；在换行时，下一行文字会排布在该行的左侧。

【例 8-1】使用文字工具创建点文字。

🎬 视频+素材 (光盘素材\第 08 章\例 8-1)

step ① 在文档中，选择【文字】工具后，将光标移至页面适当位置单击，以确定插入点的位置，在控制栏中设置字体样式为方正粗倩_GBK，字体大小为 32 pt，在【色板】面板中单击"CMYK红"色板，然后输入文字内容。

step ② 输入完成后，单击Esc键，或选择【工具】面板中的任何一种其他工具，或按Ctrl+Enter键，即可结束文本的输入。

step ③ 选择【直排文字】工具，将光标移至页面的适当位置中单击，以确定插入点位置，然后用键盘输入文字。输入完成后，单击Esc键结束文本输入。

实用技巧

使用【文字】工具和【垂直文字】工具创建点文本时，不能自动换行，用户必须按下 Enter 键才能执行换行操作。

8.1.2　输入段落文本

在 Illustrator 中，使用【文字】工具和【直排文字】工具除了可以创建点文本外，还可以通过创建文本框确定文本输入的区域，并且输入的文本会根据文本框的范围自动进行换行。

输入完所需文本后，文本框右下方出现⊞图标时，表示有文字未完全显示。选择工具箱中的【选择】工具，将光标移动到右下角控制点上，当光标变为双向箭头时按住左键向右下角拖动，将文本框扩大，即可将文字内容全部显现。

【例8-2】使用文字工具创建段落文本。

视频+素材 (光盘素材\第08章\例8-2)

step 1 在打开的图形文档中，使用【文字】工具，在文档中拖动出一个文本框区域。

step 2 在控制面板中设置字体系列为华文行楷、字体大小为11pt，在【颜色】面板中设置填色为C=90 M=30 Y=95 K=30，然后输入文字内容。

step 3 按住Ctrl键在空白处单击以确认文字输入结束，并取消文字的选择状态。

8.2 应用区域文字

区域文本可以利用对象的边界来控制文字的排列。当文本触及边界时，会自动换行。区域文本常用于大量文字的排版上，如书籍、杂志等页面的制作。

8.2.1 创建区域文字

在 Illustrator 中选择【区域文字】工具，然后在对象路径内任意位置单击，将路径转换为文字区域，并在其中输入文字内容，输入的文本会根据文本框的范围自动进行换行。【直排区域文字】工具的使用方法与【区域文字】工具基本相同，只是输入文字方向为直排。

【例8-3】使用【区域文字】工具创建文字。

视频+素材 (光盘素材\第08章\例8-3)

step 1 在打开的图形文档中，使用【椭圆】工具在文档中绘制一个圆形。

step 2 选择【区域文字】工具，然后在对象路径内单击，将路径转换为文字区域，并在其中输入文字内容。

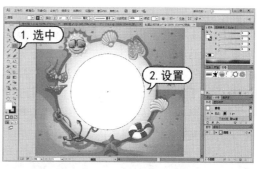

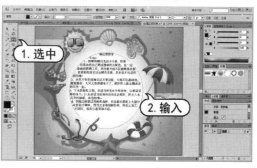

step ③ 单击Esc键结束文本输入，在【色板】面板中单击【CMYK青】色板，并在控制面板中，设置字体系列为华文琥珀，字体大小为 12 pt。

8.2.2 调整文本区域大小

在创建区域文字后，用户可以随时修改文字区域的形状和大小。使用【选择】工具选中文字对象，拖动定界框上的控制手柄可以改变文本框的大小，旋转文本框；或使用【直接选择】工具选择文字对象外框路径或锚点，并调整对象形状。

用户还可以使用【选择】工具或通过【图层】面板选择文字对象后，选择【文字】|【区域文字选项】命令，在打开的对话框中输入合适的【宽度】和【高度】值。如果文字区域不是矩形，这里的【宽度】和【高度】定义的是文字对象定界框的尺寸。

> 💡 知识点滴
>
> 不能在选中区域文字对象时，使用【变换】面板直接改变其大小，这样会同时改变区域内文字对象的外观。

8.2.3 设置区域文字选项

选中文字对象后，还可以选择【文字】|【区域文字选项】命令，并在打开【区域文字选项】对话框中设置区域文字。

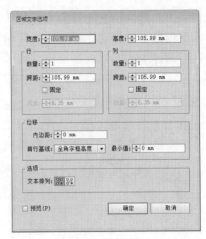

▶ 【宽度】和【高度】数值框：用于确定对象边框的尺寸。

▶ 【数量】数值框：用于指定对象包含的行数和列数。

▶ 【跨距】数值框：用于指定单行高度和单列宽度。

▶ 【固定】选项：确定调整文本区域大小时行高和列宽的变化情况。选中该复选框后，若调整区域大小，只会更改行数和栏数，而行高和列宽不会改变。

▶ 【间距】数值框：用于指定行间距或列间距。

▶ 【内边距】数值框：用于控制文本和边框路径之间的边距。

▶ 【首行基线】选项：选择【字母上缘】选项，字符的高度将降到文本对象顶部之下；选择【大写字母高度】选项，大写字母的顶部触及文本对象的顶部；选择【行距】选项，将以文本的行距值作为文本首行基线和文本对象顶部之间的距离；选择【X 高度】选项，字符 X 的高度降到文本对象顶部之下；选择【全角字框高度】选项，亚洲字体中全角字框的顶部将触及文本对象的顶部。

▶ 【最小值】数值框：用于指定文本首行基线与文本对象顶部之间的距离。

▶ 【按行，从左到右】按钮⊞/【按列，从左到右】按钮⊞：选择【文本排列】选项，以确定行和列之间的文本排列方式。

【例 8-4】编辑区域文字样式。

视频+素材 (光盘素材第 08 章\例 8-4)

step 1 选择【文件】|【打开】命令,选择打开图形文档。使用【选择】工具选中区域文字对象。

step 2 选择【文字】|【区域文字选项】命令,打开的【区域文字选项】对话框。在对话框中,选中【预览】复选框。在【区域文字选项】对话框中,设置列【数量】数值为 2,【间距】为 7 mm。

step 3 在【区域文字选项】对话框中,设置【内边距】为 2 mm。在【首行基线】下拉列表中选择【行距】。

step 4 设置完成后,单击【确定】按钮应用区域文字的设置。

8.3　应用路径文字

使用【路径文字】工具或【直排路径文字】工具可以将普通路径转换为文字路径,然后在文字路径上输入和编辑文字,输入的文字将沿着路径形状进行排列。

8.3.1　创建路径文字

使用【路径文字】工具或【直排路径文字】工具可以使路径上的文字沿着任意开放或闭合路径进行排放。将文字沿着路径输入后,还可以编辑文字在路径上的位置。选择工具箱中的【选择】工具选中路径文字对象,选中位于中点的竖线,当光标变为 状时,可拖动文字到路径的另一边。

【例 8-5】创建路径并使用【路径文字】工具创建路径文字。

视频+素材 (光盘素材第 08 章\例 8-5)

step 1 在打开的图形文档中,使用【钢笔】工具,在图形文档拖动绘制如图所示的路径。

step 2 选择【路径文字】工具,在路径上单击,当出现光标后,在控制面板中设置字体样式为 Bauhaus 93,字体大小为 17pt,在【颜色】面板中设置填色为白色,然后输入所需的文字。

以下几个选项。

8.3.2　设置路径文字选项

选中路径文本对象后，可以选择【文字】|【路径文字】命令，在弹出的子菜单中选择一种路径文字效果。该命令中包含了【彩虹效果】、【倾斜效果】、【3D 带状效果】、【阶梯效果】和【重力效果】5 种效果。

▶ 【字母上缘】选项：沿字母上缘对齐。

▶ 【字母下缘】选项：沿字母下缘对齐。

彩虹效果　　　倾斜效果　　　3D 带状效果

阶梯效果　　　重力效果

▶ 【居中】选项：沿字母上、下边缘间的中心点对齐。

用户也可以选择【文字】|【路径文字】|【路径文字选项】命令，打开【路径文字选项】对话框。在该对话框的【效果】下拉列表中选择一种效果选项。还可以通过【对齐路径】下拉列表中的选项指定如何将所有字符对齐到路径。【对齐路径】下拉列表中包含

▶ 【基线】选项：沿基线对齐。这是 Illustrator 的默认设置。

8.4　置入、导出文本

在 Illustrator 中，用户可以使用文字工具直接输入文字内容，或选择【文件】|【置入】命令置入其他软件生成的文字信息。也可以从其他软件中复制文字信息，然后粘贴到 Illustrator 中。

8.4.1　置入文本

如果要将文本导入到当前文件中，可以选择【文件】|【置入】命令，在打开的【置入】对话框中选择要导入的文件，然后在【置入】

对话框中单击选择要导入的文件，然后单击【置入】按钮。如果要置入的是 Word 文件，则单击【置入】按钮后会弹出【Microsoft Word 选项】对话框。在该对话框中可以选择要置入的文本包含的内容；选中【移去文本格式】复

选框，可将其作为纯文本置入。完成设置后，单击【确定】按钮即可将文本导入。

如果要置入的是纯文本文件(*.txt)，则单击【置入】按钮后会打开【文本导入选项】对话框。在该对话框中，可以在【编码】选项区中设置【平台】和【字符集】选项。在【额外回车符】选项区中，可以指定 Illustrator 在文件中如何处理额外的回车符。如果希望 Illustrator 使用制表符替换文本中的空格，可以选中【额外空格】选项区中的【替换】复选框，并在其右侧的文本框中输入要用制表符替换的空格数。完成设置后，单击【确定】按钮即可将文本导入到 Illustrator 中。

【例8-6】在 Illustrator 中，置入文本。

视频+素材（光盘素材\第 08 章\例 8-6）

step① 在 Illustrator 中，选择打开一幅图形文档。

step② 选择【文件】|【置入】命令，打开【置入】对话框。在该对话框中选择需要置入的文件，然后单击【置入】按钮。

step③ 在打开的【Microsoft Word选项】对话框中，单击【确定】按钮。然后在画板中单击将选中的文本置入到画板中。

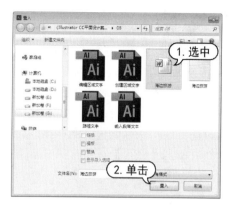

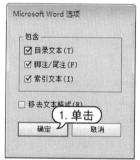

step④ 使用【选择】工具在文档中单击置入文本，并调整置入文本的文本框形状。

step⑤ 使用【选择】工具选中置入文本，在控制面板中设置字体为方正少儿_GBK、字体大小为 7pt，并在【颜色】面板中设置填色为C=85 M=50 Y=0 K=0。

如果要将 Illustrator 中的文本导出到 Word 或文本文件中，可以选择【文字】工具按钮，选择要导出的文本，然后选择【文件】|【导出】命令，在打开的【导出】对话框中依次设置文件的保存位置、保存类型和文件名，然后单击【保存】按钮。在弹出的【文本导出选项】对话框中选择一种平台和编码方法，单击【导出】按钮，即可将文本导出。

8.5　编辑文字

在 Illustrator 中输入文字内容时，可以在控制面板中设置文字格式，也可以通过【字符】面板和【段落】面板更加精确地设置文字格式，从而获得更加丰富的文字效果。

在对文字对象进行编辑、格式修改、填充或描边属性修改等操作前，必须先将其进行选择。

1.　选择字符

当选中文档中字符对象后，【外观】面板中会出现【字符】字样。选中字符的方法有以下几种。

➤ 使用文字工具拖拽选择单个或多个字符，按住 Shift 键的同时拖拽鼠标，可加选或减选字符。如果使用文字工具，在输入的文本中拖动并选中部分文字，选中的文字将高亮显示。此时，再进行的文字修改只针对选中的文字内容。

➤ 将光标插入到一个单词中，双击即可选中该单词。

➤ 将光标插入到一个段落中，三击即可选中整行。

➤ 选择【选择】|【全部】命令或按 Ctrl+A 键可选中当前文字对象中包含的全部文字。

2.　选择文字对象

如果要对文字对象中的所有字符进行字符和段落属性的修改、填充和描边属性的修改以及透明属性的修改，甚至对文字对象应用效果和透明蒙版，可以首先选中整个文字对象。当选中文字对象后，【外观】面板中会出现【文字】字样。

选择文字对象的方法包括以下 3 种：

➤ 在文档窗口使用【选择】工具或【直接选择】工具单击文字对象进行选择，按住 Shift 键的同时单击鼠标可以加选对象；

➤ 在【图层】面板中通过单击文字对象右边的圆形按钮进行选择，按住 Shift 键的同时单击圆形按钮可进行加选或减选；

➤ 要选中文档中所有的文字对象，可选择【选择】|【对象】|【文本对象】命令。

3.　选择文字路径

文字路径是路径文字排列和流动的依据，用户可以对文字路径进行填充和描边属性的修改。当选中文字对象路径后，【外观】面板中会出现【路径】字样。

选择文字路径的方法有以下两种：

▶ 在【轮廓】模式下进行选择；

▶ 使用【直接选择】工具或【编组选择】工具单击文字路径，可以将其选中。

8.5.2　使用【字符】面板

在 Illustrator 中可以通过【字符】面板来准确地控制文字的字体、字体大小、行距、字符间距、水平与垂直缩放等各种属性。用户可以在输入新文本前设置字符属性，也可以在输入完成后，选中文本重新设置字符属性来更改所选中的字符外观。

选择【窗口】|【文字】|【字符】命令，或按键盘快捷键 Ctrl+T 键，可以打开【字符】面板。单击【字符】面板菜单按钮，在打开的菜单中选择【显示选项】命令，可以在【字符】面板中显示更多的设置选项。

1. 修改字体

在【字符】面板中，可以设置字符的各种属性。单击【设置字体系列】文本框右侧的小三角按钮，从下拉列表中选择一种字体样式，或选择【文字】|【字体】子菜单中的字体样式，即可设置字符的字体样式。

如果选择的是英文字体，还可以在【设置字体样式】下拉列表中选择 Regular、Italic、Bold、Bold Italic 以及 Black 样式。

2. 文字大小

在 Illustrator 中，字号是指字体的大小，表示字符的最高点到最低点之间的尺寸。用户可以单击【字符】面板中的【设置字体大小】数值框右侧的小三角按钮，在弹出的下拉列表中选择预设的字号。也可以在数值框中直接输入一个字号数值，或选择【文字】|【大小】命令，在打开的子菜单中选择字号。

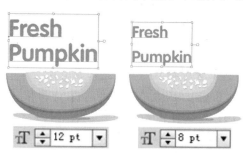

3. 行距

行距是指两行文字之间间隔距离的大小，是从一行文字基线到另一行文字基线之间的距离。用户可以在输入文本之前设置文本的行距，也可以在文本输入后，在【字符】面板的【设置行距】数值框中设置行距。

> 🐭 **实用技巧**
>
> 按 Alt+↑键可减小行距，按 Alt+↓键可增大行距。每按一次，系统默认改变量为 2 pt。要修改增量，可以选择【首选项】|【文字】命令，打开【首选项】对话框，在其中修改【大小/行距】数值框中的数值。

4. 字间距

字距微调是增加或减少特定字符对之间的间距的过程。字距调整是放宽或收紧所选文本或整个文本块中字符之间的间距的过程。当光标在两个字符之间闪烁时，按 Alt+←键可减小字距，按 Alt+→键可增大字距。

5. 字符缩放

Illustrator 允许改变单个字符的宽度和高度，可以将文字外观压扁或拉长。

【字符】面板中的【水平缩放】和【垂直缩放】数值框用来控制字符的宽度和高度，使选定的字符进行水平或垂直方向上的放大或缩小。

6. 基线偏移

在 Illustrator 中，可以通过调整基线来调整文本与基线之间的距离，从而提升或降低选中的文本。使用【字符】面板中的【设置基线偏移】数值框设置上标或下标。按 Shift+Alt+↑键可以增加基线偏移，按 Shift+Alt+↓键可以减小基线偏移。要修改偏移量，可以选择【首选项】|【文字】命令，打开【首选项】对话框，修改【基线偏移】数值框中的数值，默认值为 2 pt。

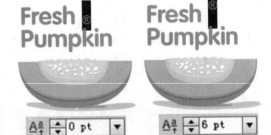

7. 字符旋转

在 Illustrator 中，支持字符的任意角度旋转。在【字符】面板的【字符旋转】数值框中输入或选择合适的旋转角度，可以为选中的文字进行自定义角度的旋转。

8.5.3 设置文字颜色

在 Illustrator 中,用户可以根据需要在工具箱、控制面板、【颜色】面板或【色板】面板中设定文字的填充或描边颜色。

【例8-7】对输入的文本颜色进行修改。
📀 视频+素材 (光盘素材\第08章\例8-7)

step 1 选择【文件】|【打开】命令,选择打开一幅图形文件。选择【文字】工具在文档中单击输入文字内容,按Ctrl+Enter键结束输入。

step 2 按Ctrl+T键打开【字符】面板,设置字体样式为Exotc350 Bd BT Bold,字体大小为 20 pt,字体旋转数值为-5°,字符间距数值为-50。

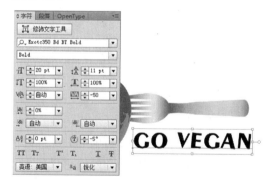

step 3 在【色板】面板中,单击C=50 M=0 Y=100 K=0 色板,即可改变字体颜色。

step 4 按Ctrl+C键复制文字,按Ctrl+B键将复制的文字粘贴在下层。在【描边】面板中,

设置【粗细】为 3 pt;在【颜色】面板中,设置描边填色为C=0 M=0 Y=0 K=0。

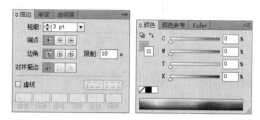

step 5 选择【效果】|【风格化】|【投影】命令,打开【投影】对话框。在对话框中,设置【不透明度】为 65%,【X位移】和【Y位移】均为 0.5 mm,【模糊】为 0 mm,然后单击【确定】按钮。

8.5.4 使用【修饰文字】工具

使用【修饰文字】工具在创建的文本中选中字符,可对其进行自由的变换,还可以单独调整字符效果。

8.5.5 使用【段落】面板

在 Illustrator 中,可以通过【段落】面板更加准确地设置段落文本格式,从而获得更加丰富的段落效果。

在 Illustrator 中处理段落文本时,可以使用【段落】面板设置文本对齐方式、首行缩进以及段落间距等。选择菜单栏中的【窗口】|【文字】|【段落】命令,即可打开【段落】

面板。单击【段落】面板的扩展菜单按钮，在打开的菜单中选择【显示选项】命令，可以在【段落】面板中显示更多的设置选项。

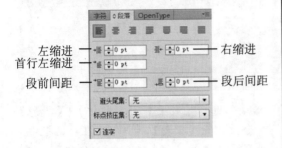

1. 对齐文本

在 Illustrator 中提供了【左对齐】、【居中对齐】、【右对齐】、【两端对齐，末行左对齐】、【两端对齐，末行居中对齐】、【两端对齐，末行右对齐】和【全部两端对齐】7 种文本对齐方式。使用【选择】工具选择文本后，单击【段落】面板中相应的按钮即可对齐文本。【段落】面板中的各个对齐按钮的功能如下。

➤ 左对齐：单击该按钮，可以使文本靠左边对齐。

➤ 居中对齐：单击该按钮，可以使文本居中对齐。

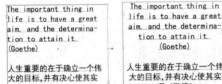

➤ 右对齐：单击该按钮，可以使文本靠右边对齐。

➤ 两端对齐，末行左对齐：单击该按钮，可以使文本的左右两边都对齐，最后一行左对齐。

➤ 两端对齐，末行居中对齐：单击该按钮，可以使文本的左右两边都对齐，最后一行居中对齐。

➤ 两端对齐，末行右对齐：单击该按钮，可以使文本的左右两边都对齐，最后一行右对齐。

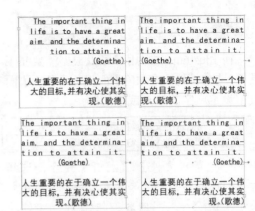

➤ 全部两端对齐：单击该按钮，可以对齐所有文本，并强制段落中的最后一行两端对齐。

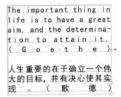

2. 缩进

在【段落】面板中，【首行缩进】可以控制每段文本首行按照指定的数值进行缩进。

使用【左缩进】和【右缩进】可以调节整段文字边界到文本框的距离。

3. 段落间距

使用【段前间距】和【段后间距】可以设置段落文本之间的距离。这是排版中分隔段落的专业方法。

4. 避头尾法则设置

避头尾法则用于指定中文或日文文本的换行方式。Illustrator 具有严格避头尾集和宽松避头尾集。在文字段落中使用避头尾设置时，会将避头尾中涉及的字符或符号放置在行首或行尾。使用【文字】工具选中需要设置避头尾间断的文字，然后从【段落】面板菜单中选择【避头尾法则类型】命令，在子菜单中设置合适的方式即可。

> 先推入：将字符向上移到前一行，以防止禁止的字符出现在一行的结尾或开头。

> 先退出：将字符向下移到下一行，以防止禁止的字符出现在一行的结尾或开头。

> 只推出：不会尝试推入，而总是将字符向下移到下一行，以防止禁止的字符出现在一行的结尾或开头。

选择【文字】|【避头尾法则设置】命令，或在【段落】面板的【避头尾集】选项中选择【避头尾设置】选项，打开【避头尾法则设置】对话框。

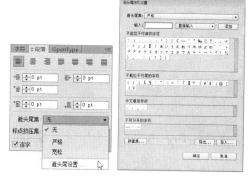

5. 标点挤压设置

利用【标点挤压设置】命令可以设置亚洲字符、罗马字符、标点符号、特殊字符、行首、行尾和数字之间的间距，确定中文或日文排版方式。在【段落】面板的【标点挤压集】选项中选择一种预设挤压设置即可调整间距。

选择【文字】|【标点挤压设置】命令，或在【段落】面板的【标点挤压集】选项中选择【标点挤压设置】选项，可以打开【标点挤压设置】对话框。

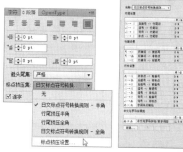

8.5.6　标点悬挂

当使用左对齐时，由于上、下边距或靠近标点和一些大写字母等问题，使得页面看起来很不整齐。要希望页面整齐，用户可以使用悬挂标点功能，将一段文字中行首的引号、行尾的标点符号及英文连字符悬浮至文字框或页边之外。如果要使用悬挂标点功能，可以选择【段落】面板菜单中的【罗马式悬挂标点】命令。

The important thing in life is to have a great aim, and the determination to attain it. (Goethe)

人生重要的在于确立一个伟大的目标，并有决心使其实现。(歌德)

The important thing in life is to have a great aim, and the determination to attain it. (Goethe)

人生重要的在于确立一个伟大的目标，并有决心使其实现。(歌德)

8.5.7 更改大小写

选择要更改大小写的字符或文本对象，选择【文字】|【更改大小写】命令，在子菜单中选择【大写】、【小写】、【词首大写】或【句首大写】命令即可。

➤ 【大写】：将所有字符更改为大写。

➤ 【小写】：将所有字符更改为小写。

➤ 【词首大写】：将每个单词的首字母大写。

➤ 【句首大写】：将每个句子的首字母大写。

8.5.8 更改文字方向

将要改变方向的文本对象选中，然后选

择【文字】|【文字方向】|【横排】或【直排】命令，即可切换文字的排列方向。

Illustrator

C
C

Illustrator CC

8.5.9 视觉边距对齐方式

利用【视觉边距对齐方式】命令可以控制是否将标点符号和某些字母的边缘悬挂在文本边距以外，以便使文字在视觉上呈现对齐状态。选中要对齐视觉边距的文本，然后选择【文字】|【视觉边距对齐方式】命令即可。

The important thing in life is to have a great aim, and the determination to attain it. (Goethe)

人生重要的在于确立一个伟大的目标，并有决心使其实现。(歌德)

The important thing in life is to have a great aim, and the determination to attain it. (Goethe)

人生重要的在于确立一个伟大的目标，并有决心使其实现。(歌德)

8.6 使用【字符样式】和【段落样式】面板

字符样式是许多字符格式属性的集合，可应用于所选的文本范围。段落样式包括字符和段落格式属性，并可应用于所选段落，也可应用于段落范围。使用字符样式和段落样式，用户可以简化操作，同时可以保证格式的一致性。

8.6.1 创建字符和段落样式

可以使用【字符样式】和【段落样式】面板来创建、应用和管理字符和段落样式。要应用样式，只需选择文本并在其中的一个面板中单击样式名称即可。如果未选择任何文本，则系统会将样式应用于所创建的新文本。

【例8-8】在 Illustrator 中，创建字符、段落样式。

🔘 视频+素材 (光盘素材\第 08 章\例 8-8)

step 1 在打开的图形文档中，使用【选择】工具选择文本。

step 2 选择【窗口】|【文字】|【字符样式】

命令，打开【字符样式】面板。并在面板中，按住Alt单击【创建新样式】按钮，或在面板菜单中选择【新建字符样式】命令，打开【字符样式选项】对话框。

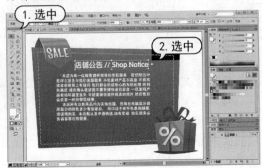

step 3 在【字符样式选项】对话框的【样式名称】文本框中输入"标题",然后单击【确定】按钮创建字符样式。

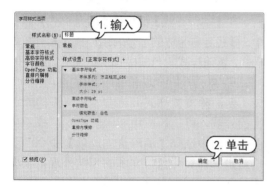

step 4 使用【选择】工具选中段落文本,然后选择【窗口】|【文字】|【段落样式】命令,打开【段落样式】面板。

step 5 在【段落样式】面板菜单中选择【新建段落样式】命令。在打开的【新建段落样式】对话框的【样式名称】文本框中输入样式名称,然后单击【确定】按钮,使用自定名称创建段落样式。

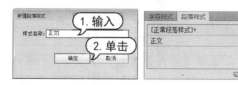

8.6.2　编辑字符和段落样式

在 Illustrator 中,可以更改默认字符和段落样式的定义,也可更改所创建的新字符和段落样式。在更改样式定义时,使用该样式设置格式的所有文本都会发生更改,与新样式定义相匹配。

【例8-9】 在 Illustrator 中,编辑已有的段落样式。

视频+素材 (光盘素材\第08章\例8-9)

step 1 继续使用【例8-8】中的素材,在【段落样式】面板菜单中双击段落样式名称,打开【段落样式选项】对话框。

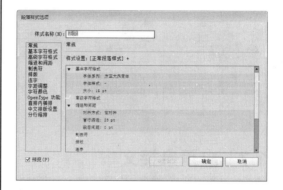

step 2 在【段落样式选项】对话框的左侧,选中【基本字符格式】设置选项,并在【字体系列】下拉列表中选择方正粗圆_GBK,设置【行距】为20 pt。

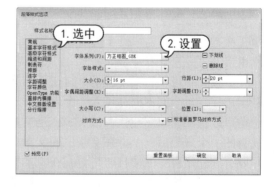

step 3 在【段落样式选项】对话框的左侧,选中【缩进和间距】设置选项,并设置【段前间距】为10 pt。

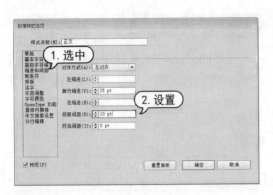

step 4 设置完成后，单击【确定】按钮即可更改段落样式。

8.7 应用串接文本

当创建区域文本或路径文本时，输入的文本信息超出区域或路径的容纳量时，可以通过文本串接，将未显示完全的文本字显示在其他区域，并且两个区域内的文字仍处于相互关联的状态。另外，也可以将现有的两段文字进行串接，但其文本必须为区域文本或路径文本。

8.7.1 串接文本

文字在多个文字框保持串接的关系称为串接文本，用户可以选择【视图】|【显示文本串接】命令来查看串接的方式。

串接文字可以跨页，但是不能在不同文档间进行。每个文本框都包含一个入口和一个出口。空的出口图标代表该文字框是文章仅有的一个或最后一个，在文字框的文章末尾还有一个不可见的非打印字符#。在文本框的入口或出口图标中出现三角箭头，表明文字框已和其他串接。

出口图标中出现一个红色加号(+)表明当前文字框中包含溢流文字。使用【选择】工具单击文字框的出口，此时鼠标光标变为

在删除样式时，使用该样式的字符、段落外观并不会改变，但其格式将不再与任何样式相关联。在【字符样式】面板或【段落样式】面板中选择一个或多个样式名称。从面板菜单中选取【删除字符样式】或【删除段落样式】，或单击面板底部的【删除】按钮，或直接将样式拖移到面板底部的【删除】按钮上释放即可删除样式。

8.6.3 删除覆盖样式

在【字符样式】面板或【段落样式】面板中，样式名称旁边的加号表示该样式具有覆盖样式，覆盖样式与当前样式所定义的属性不匹配。有多种方法可以删除样式优先选项。

要清除覆盖样式并将文本恢复到样式定义的外观，可重新应用相同的样式，或者从面板菜单中选择【清除优先选项】命令；要重新定义样式并保持文本的当前外观，至少选择文本中的一个字符，然后从面板菜单中选择【重新定义字符样式】命令。

已加载文字的形状。移动鼠标指针到需要串接的文字框上，此时鼠标光标变为链接形状，单击便可将两个文字框串接起来。

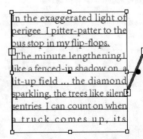

【例8-10】在 Illustrator 中，创建串接文本。
视频+素材 (光盘素材\第08章\例8-10)

step 1 选择【文件】|【打开】命令，打开图形文档，并使用【选择】工具选中文本。

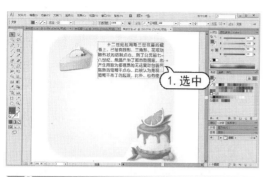

1. 选中

step 2 使用【选择】工具单击文字框的出口，然后把鼠标光标移动到需要添加的文字框上方并单击，或绘制一个新文字框，Illustrator会

自动将文字框添加到串接中。

8.7.2　取消或删除串接

用户也可以在串接中删除文字框，使用【选择】工具选择要删除的文字框，按键盘上的 Delete 键即可删除文字框，其他文字框的串接不受影响。如果删除了串接文本中最后一个文字框，多余的文字将变为溢流文字。

8.8　创建文本绕排

在 Illustrator 中，使用【文本绕排】命令，能够让文字按照要求围绕图形进行排列。此命令对于制作设计排版非常实用。

8.8.1　绕排文本

使用【选择】工具选择绕排对象和文本，然后选择【对象】|【文本绕排】|【建立】命令，在弹出的对话框中单击【确定】按钮即可建立绕排文本。绕排是由对象的堆叠顺序决定的。要在对象周围绕排文本，绕排对象必须与文本位于相同的图层中，并且在图层层次结构中位于文本的正上方。

可以将区域文本绕排在任何对象的周围，其中包括文字对象、导入的图像以及在 Illustrator 中绘制的对象。如果绕排对象是嵌入的位图图像，Illustrator 则会在不透明或半透明的像素周围绕排文本，而忽略完全透明

的像素。

8.8.2　设置文本绕排选项

可以在绕排文本之前或之后设置绕排选项。选择绕排对象后，选择【对象】|【文本绕排】|【文本绕排选项】命令，在打开的【文本绕排选项】对话框中设置相应的参数，然后单击【确定】按钮即可。

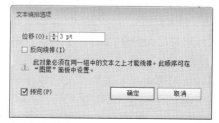

▶ 【位移】选项：指定文本和绕排对象之间的间距大小。可以输入正值或负值。

➤ 【反向绕排】选项：指定围绕对象反向绕排文本。

【例8-11】对段落文本和图形图像进行图文混排。

视频+素材 (光盘素材\第 08 章\例 8-11)

step 1 选择【文件】|【打开】命令，选择打开图形文档。

step 2 使用【选择】工具选中左下角图形对象和正文文本，然后选择【对象】|【文本绕排】|【建立】命令，在弹出的提示对话框中，单击【确定】按钮，即可建立文本绕排。

step 3 选择【对象】|【文本绕排】|【文本

绕排选项】命令，打开【文本绕排选项】对话框，在该对话框中设置【位移】为 15 pt，单击【确定】按钮即可修改文本围绕的距离。

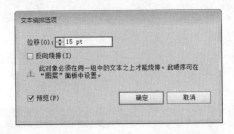

step 4 使用【选择】工具选中正文文本框，并调整文本框大小。

实用技巧

与其他绕排相比，反向绕排需要更多的调整和设置才能协调、美观。因为在未遇到绕排对象时，文字还是正常排列，遇到对象后则开始反向绕排，而溢出的文字又继续正常排列。如果行距调整不适，就会发生对象重叠，效果不佳。

8.9 将文本转换为轮廓

使用【选择】工具选中文本后，选择【文字】|【创建轮廓】命令，或按快捷键 Shift+Ctrl+O 键即可将文字转化为路径。转换成路径后的文字不再具有文字属性，可以像编辑图形对象一样对其进行编辑处理。

【例8-12】利用【创建轮廓】命令改变文字效果。

视频+素材 (光盘素材\第 08 章\例 8-12)

step 1 选择【文件】|【打开】命令，选择打开图形文档。

step 2 使用【文字】工具在文档中单击，并在控制面板中设置字体系列为Geometr415 Blk BT Black，字体大小为 27 pt，字体颜色为C=100 M=0 Y=0 K=0 然后输入文字内容。

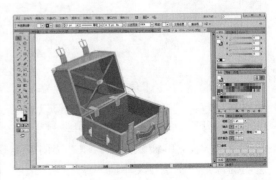

step 3 使用【选择】工具选中刚输入的文字，按Ctrl+C键复制输入的文字，按Ctrl+B键将复制的文字粘贴在下层，并在【颜色】面板中设置描边填色为白色，在【描边】面板中设置【粗细】为3 pt。

step 4 选择【效果】|【风格化】|【投影】命令，在打开的【投影】对话框中，设置【不透明度】为65%，【X位移】和【Y位移】为0.5 mm，【模糊】为0 mm，单击【确定】按钮应用效果。

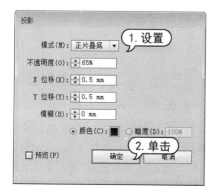

step 5 使用【选择】工具选中步骤(2)中创建的文字，按Ctrl+C键复制，按Ctrl+F键将复制的文字粘贴在最前面。在复制的文字上单击

鼠标右键，在弹出的快捷菜单中选择【创建轮廓】命令，将文字转换为轮廓。

step 6 在【颜色】面板中，设置转换为形状后的文字的填色为C=55 M=0 Y=0 K=0。

step 7 使用【钢笔】工具在文字图形上绘制如图所示的图形。使用【选择】工具选中刚绘制的图形和文字图形，并单击鼠标右键，在弹出的快捷菜单中选择【建立剪切蒙版】命令。

step 8 在控制面板中，单击【编辑内容】按钮。然后在【渐变】面板中单击渐变填色框，并设置渐变滑动条上左侧色标的不透明度为0%，【角度】数值为90°。

step 9 在【透明度】面板中，设置步骤(7)中创建的对象混合模式为【滤色】选项。使用【选择】工具在文档空白处单击，退出编辑内容模式。

8.10 案例演练

本章的案例演练部分包括制作书籍封面和画册内页两个综合实例操作，使用户通过练习从而巩固本章所学知识。

8.10.1 制作书籍封面

【例8-13】制作书籍封面。

素材 (光盘素材\第08章\例8-13)

step 1 选择【文件】|【新建】命令，打开【新建文档】对话框。在该对话框中，设置【宽度】为390 mm，【高度】为260 mm，设置【出血】为3 mm，然后单击【确定】按钮。

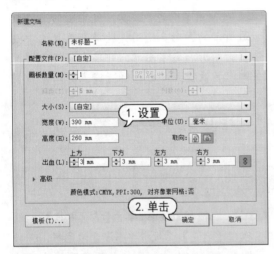

step 2 按Ctrl+R键显示标尺，并将光标放置在垂直标尺上单击并按住鼠标左键拖动，创建参考线。

step 3 在参考线上单击鼠标右键，在弹出的快捷菜单中取消选中【锁定参考线】命令。使用【选择】工具选中参考线，并在控制面

板中设置对齐选项为【对齐画板】，然后单击【水平居中对齐】按钮。

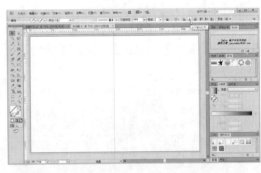

step 4 在参考线上单击鼠标右键，在弹出的快捷菜单中选择【变换】|【移动】命令，打开【移动】对话框。在对话框中，设置【水平】为-10 mm，【垂直】数值为0，然后单击【确定】按钮。

step 5 在参考线上再次单击鼠标右键，在弹出的快捷菜单中选择【变换】|【移动】命令，打开【移动】对话框。在对话框中，设置【水

平】为 20 mm，并单击【复制】按钮。在参考线上单击鼠标右键，在弹出的快捷菜单中再次选中【锁定参考线】命令。

step 6　选择【矩形】工具在画板中单击，打开【矩形】对话框。在对话框中，设置【宽度】为 396 mm，【高度】为 266 mm，然后单击【确定】按钮。

step 7　在【颜色】面板中设置矩形描边色为无，填色为 C=0 M=80 Y=95 K=0。在控制面板中单击【水平居中对齐】按钮和【垂直居中对齐】按钮，并按 Ctrl+2 键将其锁。

step 8　选择【文字】工具在画板中单击，在控制面板中设置字体系列为汉真广标，字体大小为 70 pt，在【颜色】面板中设置填色为

白色，然后输入文字内容，输入完成后按 Ctrl+Enter 键结束。

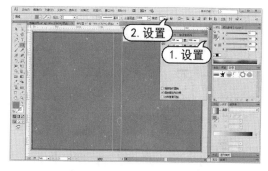

step 9　选择【文件】|【置入】命令，打开【置入】对话框。在对话框中，选中所需要的图形文档，然后单击【置入】按钮置入图像。

step 10　选择【文字】工具在画板中单击，在控制面板中设置字体系列为方正舒体，字体大小为 24 pt，在【颜色】面板中设置填色为白色，然后输入文字内容，输入完成后按 Ctrl+Enter 键结束。

step 11　选择【矩形】工具，在画板中单击打开【矩形】对话框。在对话框中，设置【宽

度】为 185 mm，【高度】为 15 mm，然后单击【确定】按钮。

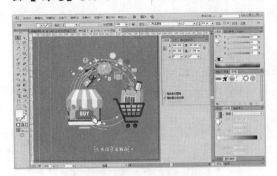

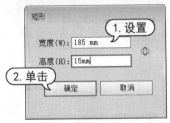

step ⑫ 在【颜色】面板中，设置刚绘制的矩形填色为C=80 M=76 Y=79 K=60。在【对齐】面板中分别单击【水平右对齐】按钮和【垂直底对齐】按钮。

step ⑬ 使用【选择】工具选中步骤(9)至步骤(12)创建的对象，在【对齐】面板中设置【对齐】选项为【对齐关键对象】，并将绘制的矩形条设置为关键对象，然后单击【水平居中对齐】按钮。

step ⑭ 选择【文字】工具在画板中单击，在控制面板中设置字体系列为方正黑体简体，字体大小为18pt，在【颜色】面板中设置填色为白色，然后输入文字内容，输入完成后按Ctrl+Enter键结束。

step ⑮ 使用【选择】工具选中步骤(8)和步骤(14)中创建的文字，在【对齐】面板中设置【对齐】选项为【对齐所选对象】，然后单击【水平右对齐】按钮。

step ⑯ 选择【矩形】工具，在画板中单击打开【矩形】对话框。在对话框中，设置【宽度】为 20 mm，【高度】为 100 mm，然后单击【确定】按钮。

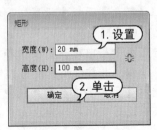

step ⑰ 在【颜色】面板中，设置刚绘制的矩形填色为C=80 M=76 Y=79 K=60。在【对齐】面板中设置【对齐】选项为【对齐画板】，并依次单击【水平居中对齐】按钮和【垂直顶对齐】按钮。

step ⑱ 选择【直排文字】工具在画板中单击，在控制面板中设置字体系列为方正大黑简体，字体大小为35 pt，在【颜色】面板中设置填色为白色，然后输入文字内容，输入完成后按Ctrl+Enter键结束。在【对齐】面板中单击【水平居中对齐】按钮。

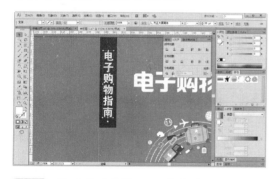

step ⑲ 使用【选择】工具选中步骤(10)和步骤(14)中创建的文字内容，并按住Ctrl+Alt键移动复制文字。选择【文字】|【文字方向】|【垂直】命令。

step ⑳ 在【对齐】面板中单击【水平居中对齐】按钮，并使用【选择】工具调整文字垂直方向位置。

step ㉑ 选择【矩形】工具，在画板边缘单击打开【矩形】对话框。在对话框中，设置【宽度】为188 mm，【高度】为17 mm，然后单击【确定】按钮。并在【颜色】面板中，设置刚绘制的矩形填色为C=80 M=76 Y=79 K=60。

step ㉒ 选择【文字】工具在画板中单击，在控制面板中设置字体系列为汉真广标，字体大小为34 pt，然后输入文字内容，输入完成后按Ctrl+Enter键结束。

step ㉓ 选择【文字】工具在画板中单击，在控制面板中设置字体系列为方正大黑简体，字体大小为21 pt，在【颜色】面板中设置填色为白色，然后输入文字内容，输入完成后

按Ctrl+Enter键结束。

step 24 使用【文字】工具在画板中拖动创建文本框，并在控制面板中设置字体系列为黑体，字体大小为17 pt，在【颜色】面板中设置填色为白色，然后输入文字内容，输入完成后按Ctrl+Enter键结束。

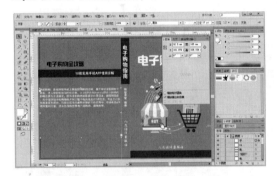

step 25 按Ctrl+T键打开【字符】面板，设置段落文字的行距为25 pt。

step 26 打开【段落】面板，单击【两端对齐，末行左对齐】按钮，设置【左缩进】和【右缩进】为40 pt，【首行缩进】为35 pt，在【避头尾集】下拉列表中选择【严格】选项，在【标点挤压集】下拉列表中选择【行尾挤压半角】选项。

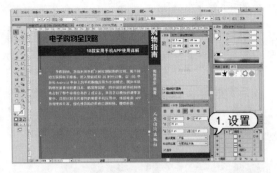

step 27 选择【文件】|【置入】命令，打开【置入】对话框。在对话框中，选中所需要的图形文档，然后单击【置入】按钮置入图像。

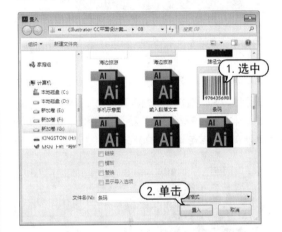

step 28 选择【文字】工具在画板中单击，在控制面板中设置字体系列为黑体，字体大小为12pt，然后输入文字内容，输入完成后按Ctrl+Enter键结束。

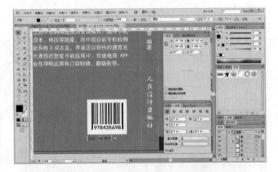

step 29 使用【选择】工具选中条码和定价文字，在控制面板中设置【对齐】方式为【对齐所选对象】，并单击【水平居中对齐】按钮。

step 30 使用选择【工具】选中步骤(11)中创建的矩形,在【变换】面板中设置变换中心点为右上角,然后设置【宽】为 396 mm,【高】为 18 mm。

step 31 在矩形上单击鼠标右键,在弹出的快捷菜单中选择【变换】|【移动】命令,打开【移动】对话框。在对话框中,设置【水平】为 3 mm,【垂直】为 0 mm,然后单击【确定】按钮。

step 32 在矩形上单击鼠标右键,在弹出的快捷菜单中选择【变换】|【移动】命令,打开【移动】对话框。在对话框中,设置【水平】为 0 mm,【垂直】为-248 mm,然后单击【复制】按钮。

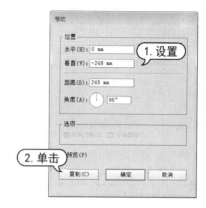

step 33 在【颜色】面板中,设置复制的矩形填色为C=22 M=32 Y=93 K=0。在【变换】面板中,设置复制的矩形【高】为 8 pt。

step 34 选择【文件】|【置入】命令,打开【置入】对话框。在对话框中,选中所需要的图形文档,然后单击【置入】按钮。

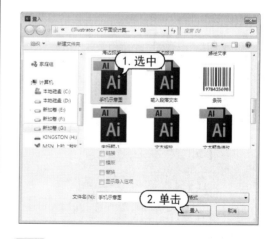

step 35 使用【选择】工具在画板中单击置入图像,并调整其位置,完成书籍封面的制作。

8.10.2 制作画册内页

【例8-14】制作画册内页。

视频+素材 (光盘素材第08章\例8-14)

step 1 选择【文件】|【新建】命令，打开【新建文档】对话框。在对话框中，设置【宽度】为285 mm，【高度】为210 mm，设置【出血】为3 mm，然后单击【确定】按钮。

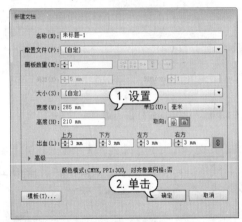

step 2 选择【矩形】工具在画板中单击，打开【矩形】对话框。在对话框中，设置【宽度】为291 mm，【高度】为216 mm，然后单击【确定】按钮。

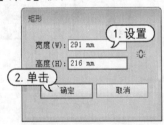

step 3 在【颜色】面板中设置矩形描边色为无色，填色为C=0 M=10 Y=28 K=0。在【对齐】面板中设置【对齐到画板】，然后分别单

击【水平居中对齐】按钮和【垂直居中对齐】按钮，并按Ctrl+2键将其锁定。

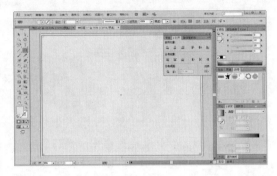

step 4 选择【文件】|【置入】命令，打开【置入】对话框。在对话框中，选中所需要的图像文件，然后单击【置入】按钮置入图像。

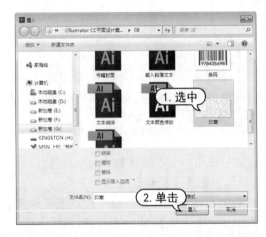

step 5 在【透明度】面板中，设置置入图像的混合模式为【正片叠底】，【不透明度】为40%。

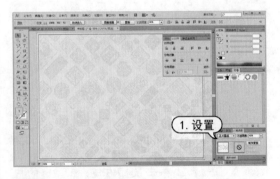

step 6 使用【矩形】工具在画板左上角单击，在打开的【矩形】对话框中单击【确定】按钮。使用【选择】工具选中刚创建的矩形和

置入图像，单击鼠标右键，在弹出的快捷菜单中选择【建立剪切蒙版】命令。

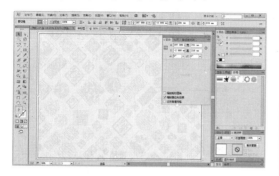

step ⑦ 选择【文件】|【置入】命令，打开【置入】对话框。在对话框中，选中所需要的图像文件，然后单击【置入】按钮置入素材图像。

step ⑧ 使用【选择】工具调整置入图像位置，并在【透明度】面板中设置混合模式为【正片叠底】。

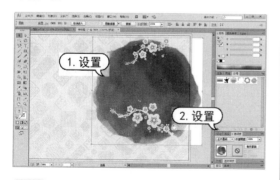

step ⑨ 使用步骤(6)的操作方法，建立剪切蒙版。

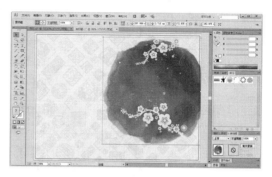

step ⑩ 选择【直排文字】工具在画板中单击，在控制面板中设置字体系列为方正平和_GBK，字体大小为 72pt，在【颜色】面板中设置填色为白色，然后输入文字内容，输入完成后按 Ctrl+Enter 键结束。

step ⑪ 选择【修饰文字】工具分别单击选中输入的文字，并调整其位置、大小及角度。

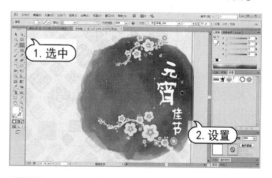

step ⑫ 使用【直排文字】工具在画板中拖动创建文本框，并按Ctrl+T键打开【字符】面板。在面板中设置字体系列为方正黑体简体，字体大小为 12 pt，行距为 21 pt，并单击【下划线】按钮，然后输入段落文字。

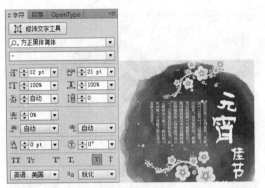

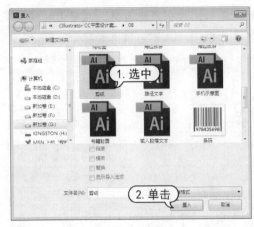

step 13 打开【段落】面板，单击【末行顶对齐】按钮，设置【首行缩进】为 24 pt，在【避头尾集】下拉列表中选择【严格】选项，在【标点挤压集】下拉列表中选择【行尾挤压全角】选项。

step 14 选择【文件】|【置入】命令，打开【置入】对话框。在对话框中，选中所需要的图像文件，然后单击【置入】按钮素材文件。

step 15 使用【选择】工具调整置入图像的位置及大小，完成画册内页的制作。

第9章

外观、图形样式和图层

在 Illustrator 中，一幅设计作品常常包含多个图层。为了能更好地管理这些图层，需要使用【外观】面板和【图层】面板。本章详细介绍了【外观】面板和【图层】面板应用方法，使用户通过本章的学习能够对外观、图形样式和图层等内容有更深入的认知。

 **对应光盘视频**

例 9-1 使用【外观】面板　　　　例 9-4 创建图层
例 9-2 使用【图形样式】面板　　　例 9-5 改变图层顺序
例 9-3 创建新样式　　　　　　　　例 9-6 制作网页效果

9.1 使用外观属性

外观属性是一组在不改变对象基础结构的前提下影响对象外观效果的属性。外观属性包括填色、描边、透明度和效果。如果把一个外观属性应用于某个对象后又编辑或删除该属性，则该基本对象以及任何应用于该对象的其他属性都不会发生改变。

9.1.1 【外观】面板

用户可以使用【外观】面板来查看和调整对象、组或图层的外观属性。选择【窗口】|【外观】命令，打开【外观】面板。

在【外观】面板中，填充和描边将按堆栈顺序列出，面板中从上到下的顺序对应于图稿中从前到后的顺序，各种效果按其在图稿中的应用顺序从上到下排列。

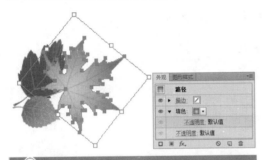

> **知识点滴**
> 要启用或禁用单个属性，可单击该属性旁的可视图标 。可视图标呈灰色时，即切换到不可视状态。如果有多个被隐藏的属性，要同时启用所有隐藏的属性，可在【外观】面板菜单中选择【显示所有隐藏的属性】命令。

当在文档中选择文本对象时，面板中会显示【字符】项目。双击【外观】面板中的【字符】项目，可以查看文本属性。单击面板顶部的【文字】项目，可以返回主视图。

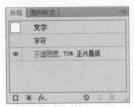 

9.1.2 更改外观属性的堆栈顺序

在【外观】面板中向上或向下拖动外观属性可以更改外观属性的堆栈顺序。当所拖动的外观属性的轮廓出现在所需位置时，释放鼠标即可更改外观属性的堆栈顺序。

> **知识点滴**
> 当已经为现有的某一图形调整好外观属性，并希望将它直接应用于接下来要绘制的新图形对象时，可取消选择【外观】面板菜单中的【新建图稿具有基本外观】命令。

9.1.3 编辑外观属性

在【外观】面板中的描边、不透明度、效果等属性行中，单击带下划线的文本可以打开相应的面板或对话框重新设定参数值。

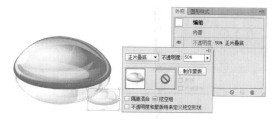

要编辑填色颜色，可在【外观】面板中单击【填色】选项行，然后在【颜色】面板、【色板】面板或【渐变】面板中设置新填色。用户也可以单击【填色】选项行右侧的色块，在弹出的【色板】面板中选择颜色。

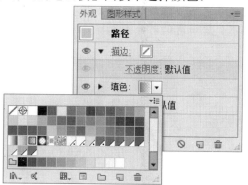

如果要添加新外观效果，可以单击【外观】面板底部的【添加新效果】按钮 fx.，然后在弹出的菜单中选择需要添加的效果命令。

9.1.4　复制外观属性

在同一图形对象上复制外观属性，主要在【外观】面板中选中要复制的属性，然后单击面板中的【复制所选项目】按钮 ，或在面板菜单中选择【复制项目】命令，或将

外观属性拖动到面板的【复制所选项目】按钮上即可。

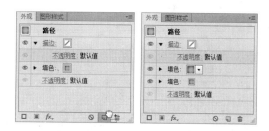

9.1.5　使用【吸管】工具

如果要在图形对象间复制属性，可以使用【吸管】工具。使用【吸管】工具可以复制包括文字对象的字符、段落、填色和描边等外观属性。单击【吸管】工具可以对所有外观属性进行取样，并将其应用于所选对象上。

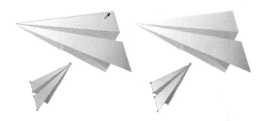

按住 Shift 键的同时单击，则仅对渐变、图案、网格对象或置入图像的一部分进行颜色取样，并将所选取颜色应用于所选中对象的填色或描边上。按住 Shift 键，再按住 Alt 键并单击，则将一个对象的外观属性添加到所选对象的外观属性中。

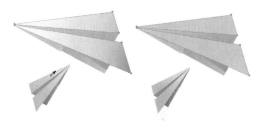

双击【吸管】工具，可以打开【吸管选项】对话框。在其中可以设置【吸管】工具可取样的外观属性。如果要更改栅格取样大小，还可以从【栅格取样大小】下拉列表中选择取样大小区域。

【例9-1】使用【外观】面板编辑图形外观。

视频+素材 (光盘素材\第09章\例9-1)

step ① 选择【文件】|【打开】命令，打开图形文档，并打开【外观】面板。

step ② 使用【选择】工具选中图形对象，在【外观】面板中，单击【填色】选项右侧的色板，打开【色板】面板。在【色板】面板中选中"白色"色板，更改对象外观填色颜色。

step ③ 使用【选择】工具选中图形对象，在【渐变】面板的【类型】下拉列表中选择【径

向】选项，并设置填色为C=0 M=50 Y=100 K=0 至 C=15 M=100 Y=90 K=10 的渐变。

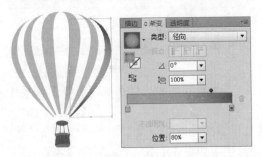

step ④ 按住Shift键使用【选择】工具选中图形对象，然后选择【吸管】工具单击上一步骤中更改填色的对象。

step ⑤ 按住Shift键使用【选择】工具选中图形对象，然后选择【吸管】工具单击上一步骤中更改填色的对象。

step ⑥ 在文档中未选中图形对象的情况下，在【渐变】面板的【类型】下拉列表中选择【线性】选项，设置填色为C=15 M=100 Y=90 K=10 至 C=0 M=50 Y=100 K=0 至 C=15 M=100 Y=90 K=10 的渐变。单击渐变填色框，并按住鼠标左键拖动光标至要填充图形对象上释放。

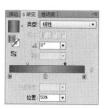

step 7 使用【选择】工具选中图形对象组中下方最后一个对象。在【外观】面板中，选中【填色】选项，单击【添加新效果】按钮，在弹出的菜单中选择【风格化】|【投影】命令。在打开的对话框中，设置【X位移】和【Y位移】均为 0.8 mm，【模糊】为 0.8 mm，然后单击【确定】按钮。

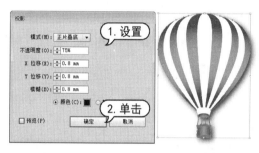

step 8 在【外观】面板中，选中【描边】选项，在其右侧设置描边填色为白色，粗细为4 pt。

9.1.6 删除外观属性

要删除某个属性，可在【外观】面板中单击该属性行，然后单击【删除所选项目】按钮 。

若要删除所有的外观属性，可单击【外观】面板中的【清除外观】按钮 ，或在面板菜单中选择【清除外观】命令。

9.2 图形样式

在 Illustrator 中，图形样式是一组可反复使用的外观属性。图形样式可以快速更改对象、组合图层的外观。将图形样式应用于组或图层时，组和图层内的所有对象都具有图形样式的属性。

9.2.1 【图形样式】面板

可以使用【图形样式】命令来创建、命令和应用外观属性集。创建文档时，此面板会列出一组默认的图形样式。选择【窗口】|【图形样式】命令，或按快捷键 Shift+F5 可以打开【图层样式】面板。

【图形样式】面板的使用方法与【色板】面板基本相似。选择一个对象或对象组后，单击【图形样式】面板中的样式，或将图形样式拖动到文档窗口中的对象上即可。

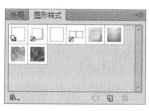

用户还可以从图形样式库中选择更多的预设样式。选择【窗口】|【图形样式库】命令，或在【图形样式】面板菜单中选择【打开图形样式库】，或单击面板底部的【图形样式库菜单】按钮 ，均可打开预设的图形样式库。当打开一个图形样式库时，会出现在

一个新的面板中。可以对图形样式库中的项目进行选择、排序和查看,其操作方式与【图形样式】面板中的操作方式一样,但不能在图形样式库中添加、删除或编辑项目。

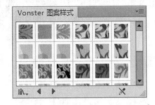

【例9-2】在 Illustrator 中,使用【图形样式】面板和图形样式库改变所选图形对象效果。

视频+素材 (光盘素材\第09章\例9-2)

step 1 选择【文件】|【打开】命令,打开图形文档,并使用【选择】工具选中图形。

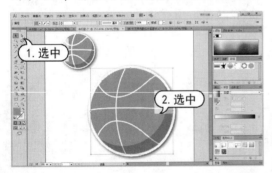

step 2 在【图形样式】面板中,单击【图形样式库菜单】按钮,在打开的菜单中选择【按钮和翻转效果】图形样式库。在【按钮和翻转效果】面板中单击【气泡溶剂-正常】样式,将其添加到【图形样式】面板中并应用。

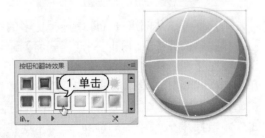

9.2.2 创建图形样式

在 Illustrator 中,用户可以通过向对象应用外观属性从头开始创建图形样式,也可以基于其他图形样式来创建图形样式,还可以复制现有的图形样式,并且可以保存创建的新样式。

要创建新图形样式,用户可以选中已设置好外观效果的图形对象,然后单击【新建图形样式】按钮直接创建新图形样式,也可以将【外观】面板中的缩览图直接拖动到【图形样式】面板中。

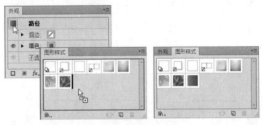

【例9-3】创建新样式和图形样式库。

视频+素材 (光盘素材\第09章\例9-3)

step 1 在打开的图形文档中,使用【选择】工具选中图形。

step 2 在【图形样式】面板中,单击【图形样式库菜单】按钮,在打开的菜单中选择【照亮样式】图形样式库。在【照亮样式】面板中单击【拱形火焰】样式,将其添加到【图形样式】面板中并应用。

step 3 在【外观】面板中,选中【填色】属性行。在【渐变】面板中,选中渐变滑动条左侧色标,将其设置为C=5 M=0 Y=100 K=0,

中点设置为35%。

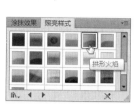

储为库】对话框。在对话框中，将库存储在默认位置，在【文件名】文本框中输入"自定义样式库"，然后单击【保存】按钮。在重新启动Illustrator时，库名称将出现在【图形样式库】和【打开图形样式库】的子菜单中。

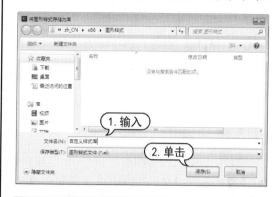

step 4 在【外观】面板中，按住Shift键单击选中不需要的外观属性，然后单击【删除所选项目】按钮。

9.2.3　编辑图形样式

在【图形样式】面板中，可以更改视图或删除图形样式，断开与图形样式的链接以及替换图形样式属性。

1. 复制图形样式

在【图形样式】面板菜单中选择【复制图形样式】命令，或将图形样式拖动到【新建图形样式】按钮上释放，复制的图形样式将出现在【图形样式】面板中的列表底部。

step 5 在【图形样式】面板菜单中选择【新建图形样式】命令，或按住Alt键单击【新建图形样式】按钮，在打开的【图形样式选项】对话框中输入图形样式名称，然后单击【确定】按钮即可。

2. 断开样式链接

选择应用了图形样式的对象、组或图层，然后在【图形样式】面板菜单中选择【断开图形样式链接】命令，或单击面板底部的【断开图形样式链接】按钮，可以将样式的链接断开。

3. 删除图形样式

自定义的图形样式会随着文档进行保

实用技巧

在使用图形样式时，若要保留文字的颜色，需要从【图形样式】面板菜单中取消选择【覆盖字符颜色】选项。

step 6 从【图形样式】面板菜单中选择【存储图形样式库】命令，打开【将图形样式存

存，图形样式增多会使文档容量增大，因此可以删除一些不使用的图形样式。在【图形样式】面板菜单中选择【选择所有未使用的样式】命令，然后单击【删除图形样式】按钮 🗑，在打开的 Adobe Illustrator 对话框中单击【是】按钮，即可将未使用的样式删除。

9.3　图层的使用

在使用 Illustrator 绘制复杂的图形对象时，使用图层可以快捷有效地管理图形对象，并将它们作为独立的单元来编辑和显示。

9.3.1　使用【图层】面板

选择【窗口】|【图层】命令，可以打开【图层】面板。默认情况下，每个新建的文档都包含一个图层，而每个创建的对象都在该图层下列出，并且用户可以根据需要创建新的图层。

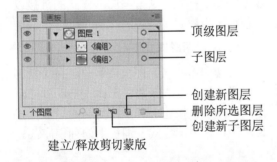

图层名称前的 👁 图标用于显示或隐藏图层。单击 👁 图标，不显示该图标时，选中的图层被隐藏。当图层被隐藏时，在Illustrator 的绘图页面中，将不显示此图层中的图形对象，也不能对该图层进行任何图像编辑。再次单击该图标可重新显示图层。

当图层前显示 🔒 图标时，表明该图层被锁定，不能进行编辑修改操作。再次单击该图标可以取消锁定状态，重新对该图层中所包括的各种图形元素进行编辑。

除此之外，面板底部还有 4 个功能按钮，其作用如下。

▶　【建立/释放剪切蒙版】按钮：该按钮用于创建剪切蒙版和释放剪切蒙版。

▶　【创建新子图层】按钮：单击该按钮可以建立一个新的子图层。

▶　【创建新图层】按钮：单击该按钮可以建立一个新图层，如果用鼠标拖曳一个图层到该按钮上释放，可以复制该图层。

▶　【删除所选图层】按钮：单击该按钮，可以把当前图层删除。或者把不需要的图层拖曳到该按钮上释放，也可删除该图层。

在【图层】面板菜单中选择【图层面板选项】命令，可以打开【图层面板选项】对话框。在该对话框中，可以设置图层在面板中的显示效果。

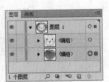

▶　选中【仅显示图层】复选框可以隐藏【图层】面板中的路径、组和元素集。

▶　【行大小】选项可以指定行高度。

▶　【缩览图】选项可以选择图层、组、和对象的一种组合，确定其中哪些项要以缩览图的预览形式显示。

9.3.2　新建图层

如果要在某个图层的上方新建图层，需要在【图层】面中单击该图层的名称以选定图层，然后直接单击【图层】面板中的【创建新图层】按钮 即可。

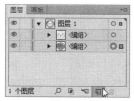

> **知识点滴**
>
> 在【图层】面板中单击图层或编组名称左侧的三角形按钮，可以展开其内容，再次单击该按钮即可收合该对象。如果对象内容为空，就不会显示三角形按钮，表示其中没有任何内容可以展开。

若要在选定的图层内创建新子图层，可以单击【图层】面板中的【创建新子图层】按钮 。

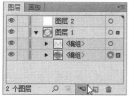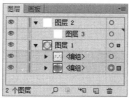

在【图层】面板中，每一个图层都可以根据需求自定义不同的名称以便区分。如果在创建图层时没有命名，Illustrator 会自动依照【图层 1】、【图层 2】、【图层 3】……的顺序定义图层。

要编辑图层属性，用户可以双击图层名称，打开【图层选项】对话框对图层的基本属性进行修改。或在要新建图层时，选择面板菜单中的【新建图层】命令或【新建子图层】命令，打开【图层选项】对话框，在对话框中可以根据选项设置新建图层。

➤　【名称】文本框：指定图层在【图层】面板中显示的名称。

➤　【颜色】选项：指定图层的颜色设置，可以从下拉列表中选择颜色，或者双击下拉

列表右侧的颜色色板以选择颜色。在指定了图层颜色之后，在该图层中绘制图形路径或创建文本框时都会采用该颜色。

➤　【模板】选项：选中该复选框，使图层成为模板图层。

➤　【锁定】选项：选中该复选框，禁止对图层进行更改。

➤　【显示】选项：选中该复选框，显示画板图层中包含的所有图稿。

➤　【打印】选项：选中该复选框，使图层中所含的图稿可供打印。

➤　【预览】选项：选中该复选框，以颜色而不是按轮廓来显示图层中包含的图稿。

➤　【变暗图像至】选项：选中该复选框，将图层中所包含的链接图像和位图图像的强度降低到指定的百分比。

【例9-4】 为新文档创建图层和子图层。　视频

step 1 单击【图层】面板右上角的面板菜单按钮，在弹出的菜单中选择【新建图层】命令，打开【图层选项】对话框。

step 2 在对话框的【名称】文本框中输入"对象"，为新建图层命名。在【颜色】下拉列表中选择【橙色】，并指定新建图层所用的默认颜色，然后单击【确定】按钮。

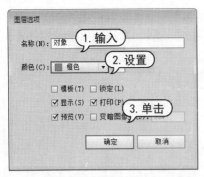

step 3 单击【图层】面板右上角的扩展菜单按钮，在弹出的菜单中选择【新建子图层】命令，打开【图层选项】对话框。

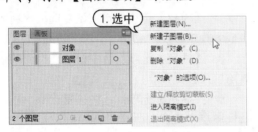

step 4 在对话框的【名称】文本框中，输入"主体对象"，为新建图层命名。在【颜色】下拉列表中选择【淡红色】选项，指定新建图层所使用的默认颜色，然后单击【确定】按钮。

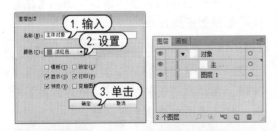

9.3.3 释放对象到图层

使用【释放到图层】命令可以将一个图层中的所有对象按堆叠顺序重新分配到新的子图层中，并且在每个子图层中创建新的对象。如果要将各对象释放到新的子图层上，则在【图层】面板中选取一个图层或编组后，选择【图层】面板菜单中的【释放到图层(顺序)】命令即可。

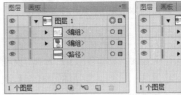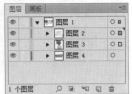

如果要将各对象释放到图层中并复制对象，以便创建累积渐增的顺序，则在【图层】面板菜单中选择【释放到图层(累积)】命令。最底层的对象会出现在每一个新图层上，而最顶端的对象只会出现在最顶端的图层中。

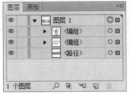

9.3.4 收集图层

使用【收集到新图层中】命令可以将【图层】面板中的选取对象移至新图层中。

在【图层】面板中选取要移到新图层的图层，然后在面板菜单中选择【收集到新图层中】命令即可。

9.3.5 合并图层

合并图层和拼合图稿的功能类似，两者都可以将对象、组和子图层合并到同一图层或组中。使用合并功能，可以选择要合并对象。使用拼合功能，则将图稿中的所有可见对象都合并到同一图层中。

在【图层】面板中将要进行合并的图层同时选中，然后从面板菜单中选择【合并所选图层】命令，即可将所选图层合并为一个图层。

与合并图层不同，拼合图稿功能能够将当前文件中的所有图层拼合到指定的图层中。选择即将合并到的图层，然后在面板菜单中选择【拼合图稿】命令即可。

知识点滴

Illustrator 无法将隐藏、锁定或模板图层的对象拼合。如果隐藏的图层包含对象，选择【拼合图稿】命令会打开提示框，提示用户选择是要显示对象，以便进行拼合以汇入图层中，还是要删除对象以及隐藏的图层。

Adobe Illustrator

⚠ 隐藏图层包含图稿。是否要放弃隐藏图稿？

是　　否　　取消

9.3.6　选取图层中的对象

若要选中图层中的某个对象，只需展开一个图层，并找到要选中的对象，按住 Ctrl+Alt 键同时单击该对象图层，或单击图层右侧的 ○ 标记，即可将其选中。也可以使用【选择】工具，在画板上直接单击相应的对象。

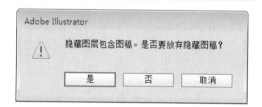

如果要将一个图层中的所有对象同时选

中，在【图层】面板中单击相应图层右侧的 ○ 标记。

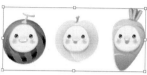

9.3.7　使用【图层】面板复制对象

使用【图层】面板可快速复制图层、编组对象或者图形对象。在【图层】面板中选择要复制的对象，然后在面板中将其拖动到面板底部的【新建图层】按钮 □ 上释放即可。也可以在【图层】面板菜单中选择【复制图层】命令。

还可以在【图层】面板中选中要复制的对象后，按住 Alt 键将其拖曳到【图层】面板中的新位置上，释放鼠标。

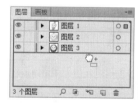

9.3.8　改变对象堆叠顺序

位于【图层】面板顶部的图稿在堆叠顺序中位于前面，而位于【图层】面板底部的图稿在堆叠顺序中位于后面。同一图层中的对象也是按结构进行堆叠的。

在【图层】面板中，选中需要调整位置的图层，按住鼠标拖动图层到适当的位置，当出现黑色插入标记时，释放鼠标即可完成图层的移动。使用该方法同样可以调整图层内对象的堆叠顺序。

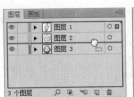 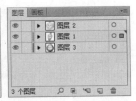

层，将其直接拖放到合适的位置释放，即可调整图层顺序，同时文档中的图形对象的堆叠顺序也随之变化。

用户还可以在【图层】面板中选中多个图层对象后，选择面板菜单中的【反向顺序】命令，即可反向调整所选图层的顺序。

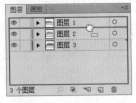 

【例9-5】 在 Illustrator CC 中，改变打开图形文档的图层顺序。

🎬 视频+素材 (光盘素材\第 09 章\例 9-5)

step ① 选择【文件】|【打开】命令，选择打开图形文档。

step ③ 在【图层】面板中，按住 Shift 键选中多个图层，选择面板菜单中的【反向顺序】命令，即可将选中的图层按照反向的顺序排列，同时也改变文档中对象的排列顺序。

step ② 在【图层】面板中选择需要调整的图

9.4　案例演练

本章的案例演练部分包括制作网页效果和包装效果两个综合实例操作，使用户通过练习从而巩固本章所学知识。

9.4.1　制作网页效果

【例9-6】 制作网页设计效果。
🎬 视频+素材 (光盘素材\第 09 章\例 9-6)

step ① 选择【文件】|【新建】命令，打开【新建文档】对话框。在对话框的【名称】文本框中输入"网页设计"，在【单位】下拉列表中选择【像素】选项，并设置【宽度】为 1024 px，【高度】为 768 px，然后单击【确定】按钮。

step ② 选择【矩形】工具在画板上单击，打开【矩形】对话框。在对话框中，设置【宽度】和【高度】均为 256 px，然后单击【确定】按钮。

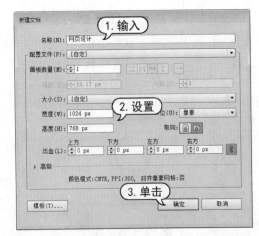

step ③ 在【对齐】面板中，设置【对齐】选项为【对齐画板】，然后分别单击【水平左对齐】按钮和【垂直顶对齐】按钮。

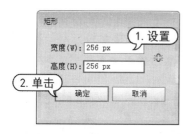

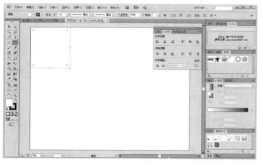

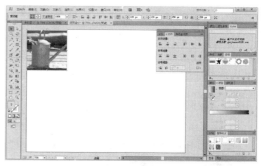

step 4 选择【文件】|【置入】命令，打开【置入】对话框。在对话框中，选中所需的图像文件，然后单击【置入】按钮。

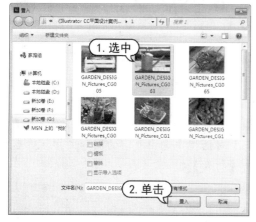

step 7 连续按Ctrl+D键两次，再次应用【移动】变换操作。

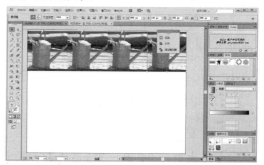

step 5 使用【选择】工具在画板中单击置入图像，按Shift+Ctrl+[键将其置于底层。调整置入图像的大小及位置，然后使用【选择】工具选中绘制的矩形和置入图像，单击鼠标右键，在弹出的菜单中选择【建立剪切蒙版】命令。

step 6 在刚创建的剪切蒙版对象上单击鼠标右键，在弹出的快捷菜单中选择【变换】|【移动】命令。在打开的【移动】对话框中，设置【水平】为256 px，【垂直】为0 px，然后单击【复制】按钮。

step 8 选择【矩形】工具在画板上单击，打开【矩形】对话框。在对话框中，设置【宽度】为1024 px，【高度】为15 px，然后单击【确定】按钮。

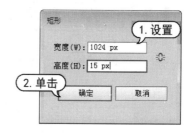

step 9 在【对齐】面板中，单击【水平左对齐】按钮和【垂直顶对齐】按钮。在【颜色】面板中，设置刚绘制的矩形描边色为无色，填色为C=80 M=77 Y=80 K=60。

step 10 在绘制的矩形上单击鼠标右键，在弹出的快捷菜单中选择【变换】|【移动】命令。在打开的【移动】对话框中，设置【水平】为 0 px，【垂直】为 241 px，然后单击【复制】按钮。

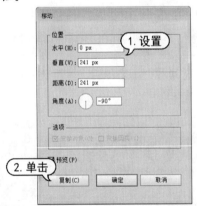

step 11 选择【文字】工具在画板中单击，在控制面板中设置字体系列为Humnst777 Cn BT，字体大小为 24 pt，在【颜色】面板中设置填色为C=94 M=15 Y=57 K=7，然后输入文字内容。

step 12 选择【文字】工具在画板中单击，在控制面板中设置字体系列为Arial，字体大小为 30 pt，然后输入文字内容。

step 13 使用【选择】工具调整文字位置，并选中两组文字在【对齐】面板中单击【水平居中对齐】按钮。

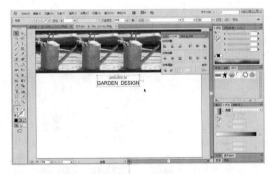

step 14 选择【文件】|【打开】命令，在【打开】对话框中选中所需的图形文档，然后单击【打开】按钮。

step 15 使用【选择】工具选中文档中的全部图形对象，然后按Ctrl+C键复制。

step 16 返回"网页设计"文档，按Ctrl+V键粘贴复制的图形对象。

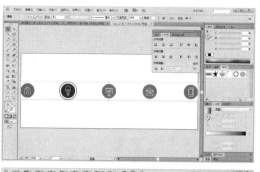

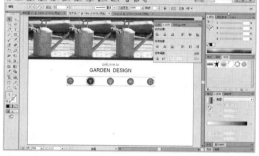

step⑰ 选择【文字】工具在画板中单击，在控制面板中设置字体系列为Humnst777 Cn BT，字体大小为 22 pt，然后在画板中分别输入文字内容。

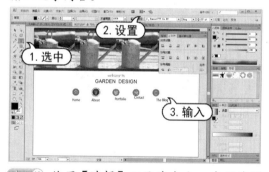

step⑱ 使用【选择】工具选中上一步创建的文字，在【对齐】面板中设置【对齐】选项为【对齐所选对象】，然后单击【垂直底对齐】按钮。

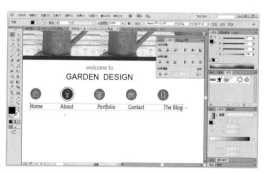

step⑲ 按住Shift键，使用【选择】工具单击选中部分文字，然后在【颜色】面板中设置填色为C=0 M=0 Y=0 K=78。

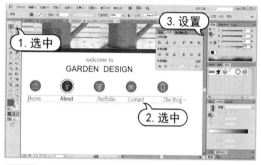

step⑳ 使用【选择】工具，分别选中小图标及下方的文字，然后单击【对齐】面板中的【水平居中对齐】按钮，并按Ctrl+G键进行编组。

step㉑ 使用【选择】工具选中编组后的图标对象，在【对齐】面板中单击【水平居中分布】按钮，然后按Ctrl+G键进行编组。

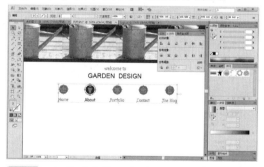

step㉒ 在【对齐】面板中，设置【对齐】选项为【对齐画板】，然后单击【水平居中对齐】按钮。

step㉓ 选择【文件】|【置入】命令，打开【置入】对话框。在对话框中，选中所需的图像文件，然后单击【置入】按钮。

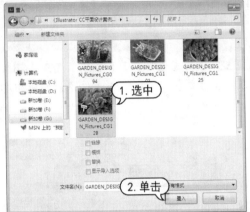

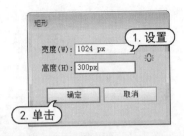

step 27 使用【选择】工具选中页面顶部的第2幅图像，选择【窗口】|【链接】命令，打开【链接】面板。

step 24 使用【选择】工具在画板中单击置入图像，调整置入图像大小。按Shift+Ctrl+[键将其置于底层，并在【透明度】面板中设置【不透明度】为40%。

step 28 在【链接】面板中，单击【重新链接】按钮，打开【置入】对话框。在对话框中，选择需要置入的图像，然后单击【置入】按钮。

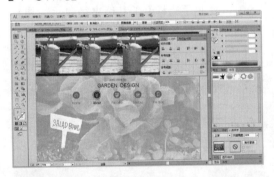

step 25 选择【矩形】工具在画板上单击，打开【矩形】对话框。在对话框中，设置【宽度】为1024 px，【高度】为300 px，然后单击【确定】按钮。

step 26 在【对齐】面板中，设置【对齐】选项为【对齐画板】，然后分别单击【水平居中对齐】按钮和【垂直底对齐】按钮。在【透明度】面板中设置混合模式为【正片叠底】。

step㉙ 使用与步骤(27)至步骤(28)中相同操作方法，重新链接其他图像文件。

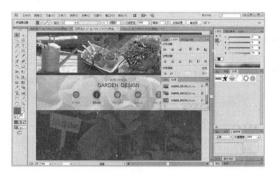

step㉚ 使用【文字】工具在页面中单击，在控制面板中设置字体系列为Humnst777 BT Roman，在【颜色】面板中设置填色为C=0 M=30 Y=100 K=0，然后输入文字内容。

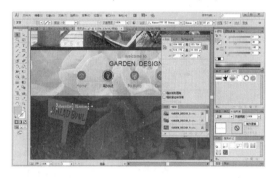

step㉛ 选择【圆角矩形】工具，在页面中单击，打开【圆角矩形】对话框。在对话框中，设置【宽度】为240 px，【高度】为28 px，【圆角半径】为4 px，然后单击【确定】按钮。

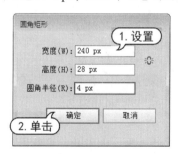

step㉜ 在【颜色】面板中，设置刚绘制的圆角矩形的描边色为C=0 M=0 Y=0 K=50。在【渐变】面板中，单击填色框，然后单击渐变填色框，并设置【角度】数值为90°。

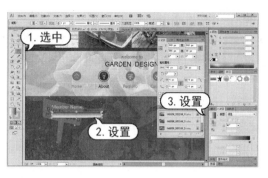

step㉝ 在【透明度】面板中，设置刚绘制的圆角矩形的混合模式为【滤色】。

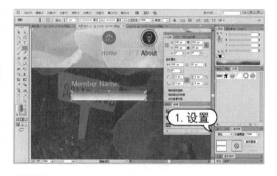

step㉞ 在【图形样式】面板中，单击【新建图形样式】按钮，将圆角矩形的外观设置创建为图形样式。

step㉟ 使用【选择】工具调整圆角矩形及上方文字位置，然后将其选中，在【对齐】面板中设置【对齐】选项为【对齐所选对象】，并单击【水平左对齐】按钮。

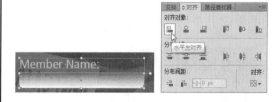

step㊱ 使用【选择】工具，按住Ctrl+Alt+Shift键移动并复制圆角矩形及上方文字，并使用【文字】工具更改复制的文字内容。

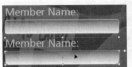
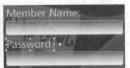

step 37 使用【文字】工具在页面中单击，在控制面板中设置字体系列为Humnst777 BT Roman，字体大小为14 pt，在【颜色】面板中设置填色为白色，然后输入文字内容。

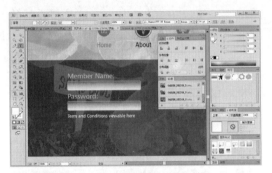

step 38 选择【圆角矩形】工具，在页面中单击，打开【圆角矩形】对话框。在对话框中，设置【宽度】和【高度】均为19 px，【圆角半径】为4 px，然后单击【确定】按钮。

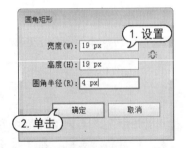

step 39 在【图形样式】面板中，单击刚创建的图形样式。

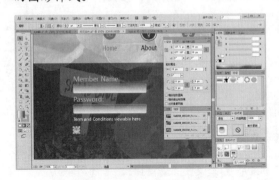

step 40 使用【文字】工具在页面中单击，在

控制面板中设置字体大小为12 pt，在【颜色】面板中设置填色为C=0 M=30 Y=100 K=0，然后输入文字内容。

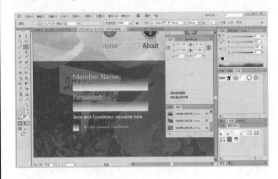

step 41 使用【选择】工具选中步骤(38)和步骤(40)中创建的圆角矩形和文字，在【对齐】面板中单击【垂直居中对齐】按钮。

step 42 使用【选择】工具，按住Ctrl+Alt+Shift键移动并复制圆角矩形及右侧的文字，并使用【文字】工具更改复制的文字内容。

step 43 使用【文字】工具在页面中拖动创建文本框，在控制面板中设置字体大小为23 pt，在【段落】面板中单击【居中对齐】按钮，在【颜色】面板中设置填色为白色，然后输入文字内容。

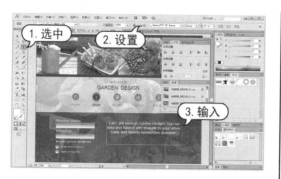

step 44 使用【矩形】工具在页面中拖动绘制矩形，并在【渐变】面板中单击渐变填色框。

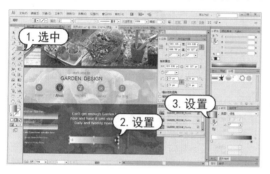

step 45 在【透明度】面板中，设置刚绘制的矩形的混合模式为【正片叠底】。

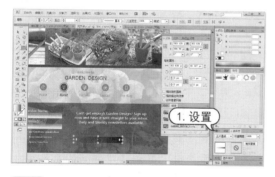

step 46 继续使用【矩形】工具绘制矩形，并在【变换】面板的【矩形属性】选项区中，取消选中【链接圆角半径值】按钮，设置右侧的圆角半径为 10 px。

step 47 在【图形样式】面板菜单中选择【打开图形样式库】|【照亮样式】命令，打开【照亮样式】图形样式面板。在面板中单击"照亮黄色"图形样式。

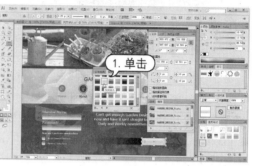

step 48 使用【文字】工具在页面中单击，在控制面板中设置字体系列为 Humnst777 Blk BT Black，字体大小为 23 pt，在【颜色】面板中设置填色为白色，然后输入文字内容，并使用【选择】工具调整文字位置。

step 49 分别使用【矩形】工具和【多边形】工具绘制一个矩形和三角形。

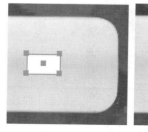

step 50 使用【选择】工具选中绘制的矩形和三角形，在【路径查找器】面板中单击【联集】按钮。

step 51 使用【选择】工具选中箭头和步骤(48)中创建的文字，选择【效果】|【风格化】|【投影】命令，打开【投影】对话框。在对话框中，设置【不透明度】为90%，【X位移】和【Y位移】均为2 px，【模糊】为1 px，然后单击【确定】按钮，完成制作效果。

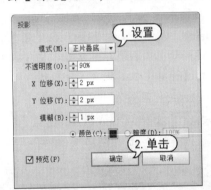

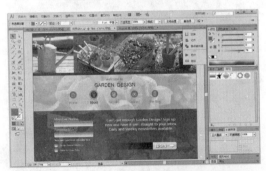

9.4.2 制作包装效果

【例9-7】制作包装效果。

视频+素材 (光盘素材第09章\例9-7)

step 1 选择【文件】|【新建】命令，打开

【新建文档】对话框。在对话框的【名称】文本框中输入"包装设计"，并设置【宽度】和【高度】均为150 mm，然后单击【确定】按钮。

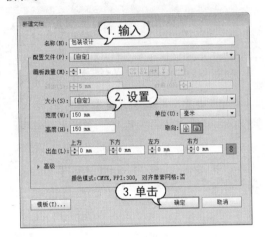

step 2 选择【视图】|【显示网格】命令，显示网格。选择【矩形】工具依据网格绘制一个矩形。

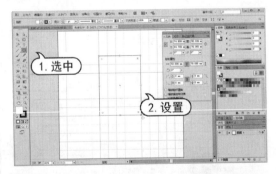

step 3 选择【自由变换】工具，在文档窗口中显示的工具栏中单击【透视扭曲】按钮，然后使用工具调整矩形形状。

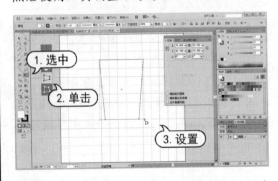

step 4 选择【添加锚点】工具在图形对象底

边上添加两个锚点，并使用【直接选择】工具选中刚添加的锚点，然后单击控制面板中的【将所选锚点转换为平滑】按钮。

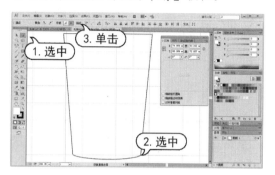

step⑤ 在【颜色】面板中，将图形描边色设置为无，填色为C=19 M=15 Y=11 K=0。

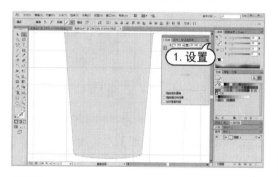

step⑥ 选择【网格】工具在绘制的图形上单击，添加网格点。使用【网格】工具选中网格点，在【颜色】面板中更改网格点颜色，并调整网格点控制柄。

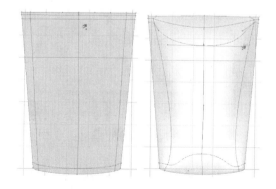

step⑦ 选择【钢笔】工具在画板中绘制如图所示的图形，并在【渐变】面板中单击渐变填色框，设置【角度】为72°，填为C=21 M=16 Y=12 K=0 至C=0 M=0 Y=0 K=0 的渐变。

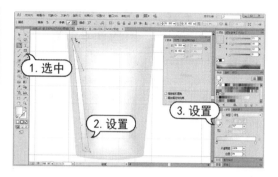

step⑧ 使用【选择】工具选中刚绘制的图形，并单击鼠标右键，在弹出的快捷菜单中选择【变换】|【对称】命令，打开【镜像】对话框。在对话框中，选中【垂直】单选按钮，然后单击【复制】按钮。

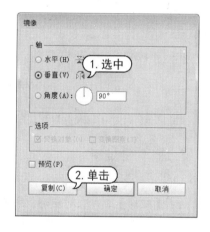

step⑨ 使用【选择】工具将复制的图形对象移至软管另一边。

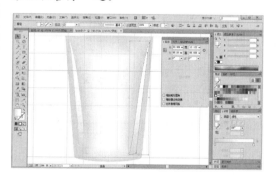

step⑩ 选择【钢笔】工具在画板中绘制如图所示的图形，并在【颜色】面板中设置填色为白色。

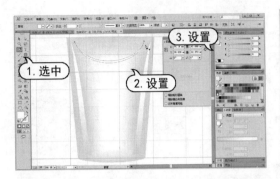

step ⑪ 选择【钢笔】工具在画板中绘制如图所示的图形，并在【渐变】面板中单击渐变填色框，设置【角度】为-15°，填色为C=19 M=15 Y=11 K=0 至C=0 M=0 Y=0 K=0 至C=19 M=15 Y=11 K=0 至C=0 M=0 Y=0 K=0 的渐变。

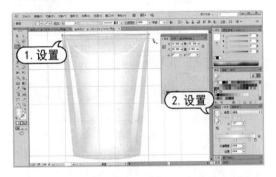

step ⑫ 选择【矩形】工具绘制矩形，并在【渐变】面板中单击渐变填色框，设置【角度】数值为-90°，填色为C=15 M=12 Y=9 K=0 至C=0 M=0 Y=0 K=0 至C=15 M=12 Y=9 K=0 至C=9 M=7 Y=6 K=0 的渐变。

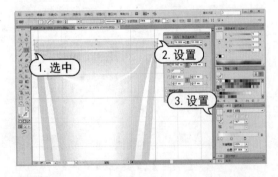

step ⑬ 选择【自由变换】工具，在文档窗口中显示的工具栏中单击【透视扭曲】按钮，然后使用工具调整矩形形状。

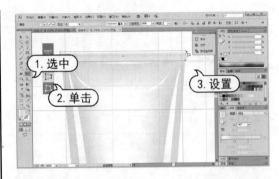

step ⑭ 使用【直接选择】工具选中矩形上部两个锚点，并在控制面板中设置【边角】为0.5 mm。

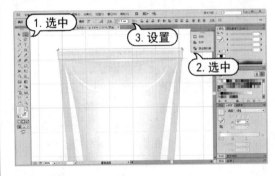

step ⑮ 选择【圆角矩形】工具绘制一个圆角矩形，在【颜色】面板中设置填色为C=0 M=0 Y=0 K=80。

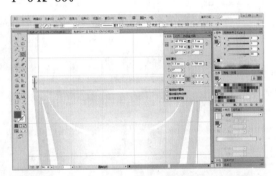

step ⑯ 使用【选择】工具选中刚绘制的圆角矩形，按住Ctrl+Alt+Shift键移动并复制圆角矩形至另一边。

step ⑰ 使用【混合】工具在两个圆角矩形上分别单击，创建混合效果。

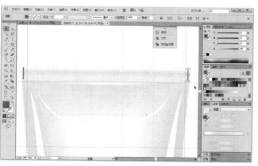

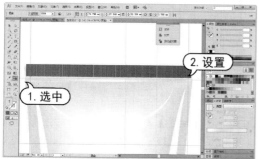

step 18 选择【对象】|【混合】|【混合选项】命令，打开【混合选项】对话框。在对话框的【间距】下拉列表中选择【指定的步数】选项，并设置数值为80，然后单击【确定】按钮。

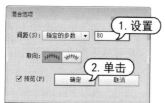

step 19 选择【对象】|【混合】|【扩展】命令。在【渐变】面板中单击渐变填色框，设置填色为C=19 M=15 Y=11 K=0 至C=31 M=24 Y=18 K=0 至C=19 M=15 Y=11 K=0。然后使用【渐变】工具在混合对象上单击并从左往右拖动创建渐变。

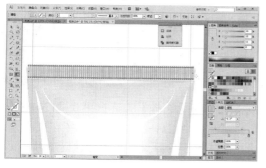

step 20 使用【选择】工具选中所有绘制对象，按Ctrl+G键进行编组。

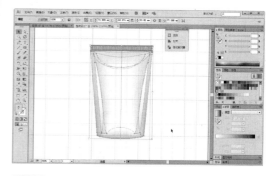

step 21 选择【椭圆】工具画板中拖动绘制椭圆形，并在【渐变】面板中设置【角度】为-86°，填色为C=0 M=63 Y=91 K=0 至C=43 M=86 Y=100 K=10 的渐变。

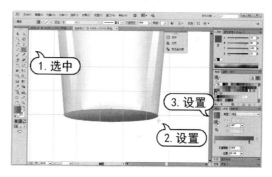

step 22 按Ctrl+C键复制椭圆形，按Ctrl+B键粘贴在下层，然后使用【选择】工具调整复制的椭圆形高度，并在【渐变】面板中设置【角度】为0°，填色为C=0 M=72 Y=92 K=0 至C=3 M=20 Y=58 K=0 至C=0 M=72 Y=92 K=0 的渐变。

step 23 使用【选择】工具选中两个椭圆形，按Shift+Ctrl+[键置于底层。

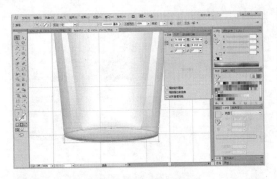

step 24 选择【矩形】工具绘制矩形，在【变换】面板的【矩形属性】选项区中，取消选中【链接圆角半径值】按钮，设置左下角和右下角圆角半径均为 6 mm，并在【渐变】面板中设置填色为C=1 M=38 Y=80 K=0 至C=3 M=28 Y=68 K=0 至C=0 M=46 Y=88 K=0 至C=2 M=36 Y=77 K=0 的渐变。按Shift+Ctrl+[键于底层。

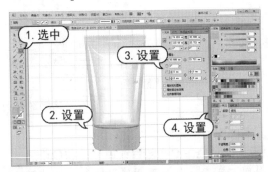

step 25 使用【直接选择】工具调整步骤(24)创建的图形对象的形状。

step 26 使用【选择】工具选中刚绘制的形状，单击鼠标右键，在弹出的快捷菜单中选择【变换】|【缩放】命令，打开【比例缩放】对话框。在对话框中，设置【等比】为95%，然

后单击【复制】按钮。

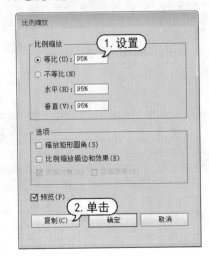

step 27 在【渐变】面板中设置复制的图形对象填色为C=3 M=28 Y=68 K=0 至C=3 M=20 Y=58 K=0 至C=2 M=36 Y=78 K=0 至C=0 M=48 Y=88 K=0 至C=2 M=36 Y=77 K=0 的渐变。

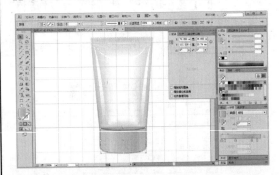

step 28 使用【锚点】工具和【直接选择】工具调整复制后的对象形状。

step 29 使用【选择】工具选中步骤(24)中绘制的对象，按Ctrl+C键复制，按Ctrl+B键粘贴在下一层，按键盘上↓方向键向下移动复

制的图形,在【渐变】面板中设置填色为C=0 M=46 Y=87 K=0 至C=0 M=70 Y=90 K=0 至 C=0 M=48 Y=88 K=0 的渐变,然后使用【直接选择】工具调整其形状。

step 30 使用【选择】工具选中步骤(21)至步骤(29)中创建的图形对象,并按Ctrl+G键进行编组。

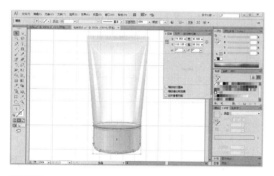

step 31 选择【椭圆】工具绘制椭圆形,按 Shift+Ctrl+[键置于底层。在【渐变】面板中设置填色为C=32 M=25 Y=24 K=0 至C=0 M=0 Y=0 K=0 的渐变。

step 32 选择【文件】|【置入】命令,打开【置入】对话框。在对话框中,选中所需的图形文档,然后单击【置入】按钮。

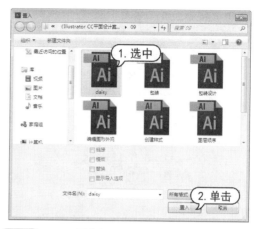

step 33 使用【选择】工具在画板中单击置入图像,并调整置入对象的大小及位置。在【透明度】面板中,设置混合模式为【正片叠底】。

step 34 选择【钢笔】工具绘制如下图所示的图形对象,并在【渐变】面板的【类型】下拉列表中选择【径向】选项,设置【长宽比】为75%,填色为C=6 M=13 Y=70 K=0 至C=0 M=53 Y=86 K=0 至C=8 M=0 Y=77 K=0 至 C=6 M=6 Y=71 K=0 的渐变。

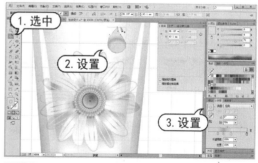

step 35 使用【选择】工具选中刚绘制的图形,单击鼠标右键,在弹出的菜单中选择【变换】|【缩放】命令,打开【比例缩放】对话框。在对话框中设置【等比】为93%,然后单击

【复制】按钮。

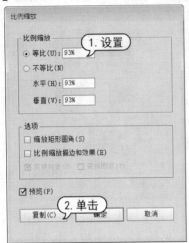

step 36 在【渐变】面板中，设置【长宽比】为 75%，填色为C=0 M=0 Y=0 K=0 至C=7 M=10 Y=85 K=0 至C=2 M=37 Y=90 K=0 的渐变。使用【渐变】工具调整渐变效果。

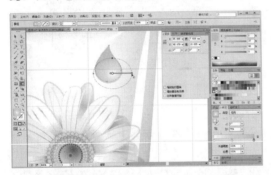

step 37 选择【钢笔】工具绘制如下图所示的图形，并在【渐变】面板中，设置填色为C=0 M=0 Y=0 K=0 至C=7 M=10 Y=85 K=0 至C=0 M=53 Y=86 K=0 的渐变。使用【渐变】工具调整图形对象的渐变效果。

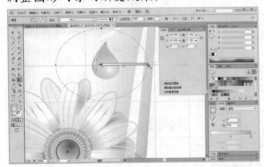

step 38 选择【钢笔】工具绘制如下图所示的

图形对象，并在【渐变】面板中，设置填色为C=7 M=10 Y=85 K=0 至C=0 M=53 Y=86 K=0 的渐变。使用【渐变】工具调整图形对象的渐变效果。

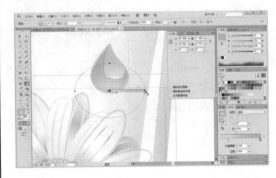

step 39 使用【选择】工具选中刚绘制的对象，并在【透明度】面板中设置混合模式为【变亮】。

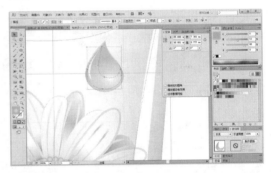

step 40 使用【选择】工具选中步骤(34)至步骤(39)中创建的对象，按Ctrl+G键进行编组。并在【透明度】面板中设置混合模式为【正片叠底】。使用【选择】工具移动复制编组，并调整复制的编组对象的状态。

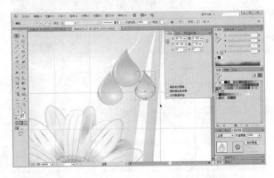

step 41 使用【选择】工具选中刚创建的图形对象，使用Ctrl+G键进行编组，并调整其

位置。

step 42　使用【文字】工具在画板中单击，并在控制面板中设置字体系列为Verdana Bold，字体大小为 16 pt，在【颜色】面板中设置填色为C=69 M=0 Y=73 K=0，然后输入文字内容。

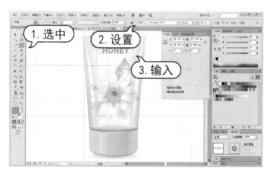

step 43　使用【文字】工具在画板中单击，在控制面板中设置字体系列为Freehand521 BT，字体大小为 16 pt，在【颜色】面板中设置填色为C=90 M=52 Y=100 K=22，然后输入文字内容。

step 44　使用【选择】工具选中全部对象，按Ctrl+G键进行编组。在【图层】面板中锁定【图层 1】，单击【创建新图层】按钮，新建【图层 2】。

step 45　使用【钢笔】工具绘制如下图所示的图形对象，并在【渐变】面板中单击渐变填色框，设置【角度】为-178°，填色为C=0 M=0 Y=0 K=0 至C=20 M=12 Y=38 K=0 至C=0 M=0 Y=0 K=0 至C=20 M=12 Y=38 K=0 至C=0 M=0 Y=0 K=0 的渐变。

step 46　使用【钢笔】工具绘制制如下图所示的图形对象，并在【渐变】面板中单击渐变填色框，设置【角度】为-178°，填色为C=18 M=28 Y=81 K=0 至C=57 M=79 Y=100 K=36 至C=29 M=49 Y=82 K=0 至C=18 M=22 Y=81 K=0 至C=5 M=0 Y=36 K=0 至C=18 M=22 Y=81 K=0 至C=29 M=49 Y=82 K=0 至C=57 M=79 Y=100 K=36 至C=18 M=28 Y=81 K=0 的渐变。

step 47　使用【选择】工具选中上一步中绘制的图形对象，并移动、复制其至另一边。

step 48 选中步骤(45)至步骤(47)创建的对象，按Ctrl+G键进行编组。使用【钢笔】工具绘制制如下图所示的图形对象，并在【渐变】面板中单击渐变填色框，设置【角度】为1.6°，填色为C=0 M=0 Y=0 K=0 至C=20 M=12 Y=38 K=0 至C=0 M=0 Y=0 K=0 的渐变。

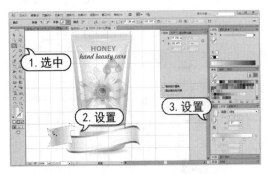

step 49 使用【钢笔】工具绘制制如下图所示的图形对象，并在【渐变】面板中单击渐变填色框，设置【角度】为-178°，填色为C=29 M=49 Y=82 K=0 至C=18 M=22 Y=81 K=0 至C=29 M=49 Y=82 K=0 至C=57 M=79 Y=100 K=36 至C=29 M=49 Y=82 K=0 的渐变。

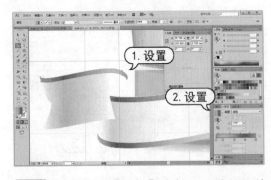

step 50 继续使用【钢笔】绘制如下图所示的图形对象。

step 51 选中步骤(48)至步骤(50)创建的图形对象，并按 Ctrl+G 键进行编组。按 Shift+Ctrl+[键置于底层。

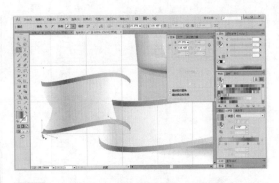

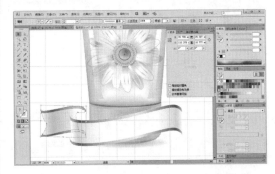

step 52 使用【选择】工具在上一步创建的编组对象上单击鼠标右键，在弹出的菜单中选择【变换】|【对称】命令，打开【镜像】对话框。在对话框中，选中【垂直】复选框，并单击【复制】按钮。

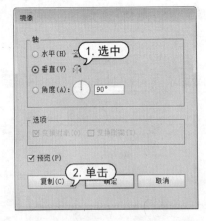

step 53 在复制编组对象上单击鼠标右键，在弹出的菜单中选择【变换】|【对称】命令，打开【镜像】对话框。在对话框中，选中【水平】复选框，并单击【确定】按钮。

step 54 使用【选择】工具调整变换后的编组对象位置。

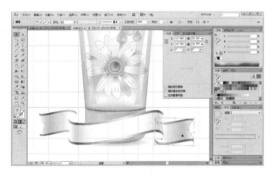

step 55 使用【钢笔】工具绘制如下图所示的图形对象,并在【渐变】面板中单击渐变填色框,设置【角度】为-178°,填色为C=52 M=4 Y=88 K=0 至C=0 M=0 Y=0 K=100 至C=57 M=29 Y=76 K=0 的渐变。

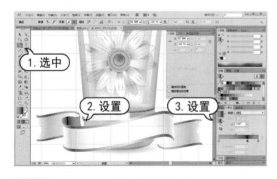

step 56 继续使用【钢笔】绘制如下图所示的图形对象。

step 57 选择【星形】工具在画板中拖动绘制星形,并在【渐变】面板中,设置填色为C=53 M=4 Y=89 K=0 至C=0 M=0 Y=0 K=100 至

C=58 M=29 Y=76 K=0 的渐变。

step 58 使用【选择】工具移动、复制刚绘制的星形,并调整其角度。

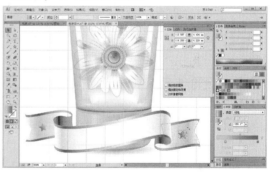

step 59 使用【钢笔】工具绘制路径,选择【路径文字】工具在路径上单击,在控制面板中设置字体系列为Georgia,字体大小为 19 pt,然后输入文字。

step 60 使用【选择】工具在文字上单击鼠标右键，在弹出的菜单中选择【创建轮廓】命令。

step 61 在【渐变】面板中单击渐变填色框，在【类型】下拉列表中选择【径向】选项，然后使用【渐变】工具在文字对象上拖动创建渐变效果。

step 62 使用【选择】工具选中步骤(45)至步骤(61)中创建的对象，按Ctrl+G键进行编组。选择【文件】|【置入】命令，在打开的【置入】对话框中选中所需要的图形文档，并使用【选择】工具调整置入对象的位置。

step 63 在【图层】面板中，解锁【图层1】，选中置入的dasiy图形图层，按Ctrl+C键复制。锁定【图层1】，单击【创建新图层】按钮新建【图层3】，将【图层3】移动至【图层1】下方，并选中【图层3】，按Ctrl+V键粘贴dasiy图形。

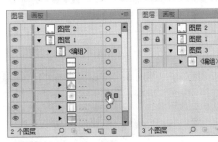

step 64 在【透明度】面板中，设置对象混合模式为【正常】，并使用【选择】工具移动复制dasiy图形，调整其大小，完成制作效果。

第 10 章

制作图表

　　为了获得更加精确、直观的效果，在对各种数据进行统计和比较时，经常运用图表的方式。Illustrator 可以根据用户提供的数据生成如柱形图、条形图、折线图、面积图以及饼图等种类的数据图表。这些图形图表在各种说明类的设计中具有非常重要的作用。除此之外，Illustrator 还允许用户改变图表的外观效果，从而使图表具有更丰富的视觉效果，且更加简明易懂。

 对应光盘视频

10.1 创建图表

在对各种数据进行统计和对比时，为了获得更加精确、直观的效果，经常需要运用图表。Illustrator 提供了丰富的图表类型和强大的图表编辑功能。

10.1.1 设定图表的宽度和高度

在工具箱中选择任意一种图表创建工具，然后在绘图窗口中单击，即可打开【图表】对话框。在此对话框中，设置图表的宽度和高度，然后单击【确定】按钮即可根据数值创建图表。

实用技巧

在工具箱中选择任意一种图表创建工具后，在绘图窗口中需要绘制图表处按住鼠标左键并拖动，拖动的矩形框大小即所创建图表的大小。在拖拽创建图表的过程中，按住 Shift 键拖拽出的矩形框为正方形，即创建的图表长度与宽度值相等。按住 Alt 键，将从单击点向外扩张，单击点即为图表的中心。

10.1.2 输入图表数据

在【图表】对话框中设定完图表的宽度和高度后，单击【确定】按钮，弹出符合设计形状和大小的图表和图表数据输入框。

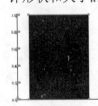

在弹出的图表数据框中输入相应的图表数据，即可创建图表。用户也可以选择【对象】|【图表】|【数据】命令，打开图表数据输入框。在数据输入框中输入数据有 3 种方式：直接在数据输入栏中输入数据；单击【导入数据】按钮导入其他软件产生的数据；使

用复制和粘贴的方式从其他文件或图表中粘贴数据。

图表数据输入框中，第一排除了数据输入栏之外，还有几个按钮，从左至右分别为：

▶ 【导入数据】按钮：用于输入其他软件产生的数据；

▶ 【换位行/列】按钮：用于转换横向和纵向数据；

▶ 【切换 X/Y】按钮：用于切换 X 轴和 Y 轴的位置；

▶ 【单元格样式】按钮：用于调整数据格大小和小数点位数，双击该按钮，打开【单元格样式】对话框，对话框中的【小数位数】用于设置小数点的位数，【列宽度】用于设置数据输入框中的栏宽；

▶ 【恢复】按钮：用于使数据输入框中的数据恢复到初始状态；

▶ 【应用】按钮：表示应用新设定的数据。

【例 10-1】在 Illustrator 中，根据设定创建图表。
（●视频+素材）（光盘素材\第 10 章\例 10-1）

step 1 在 Illustrator 中，新建一个空白文档。选择【堆积条形】工具，然后在绘图窗口中单击，弹出【图表】对话框，在该对话框中设置图表的长度和宽度值后，单击【确定】按钮创建图表。

step 2 确定图表宽度和高度设置后，弹出图表数据输入框，在框中输入相应的图表数据。

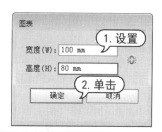

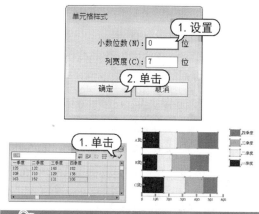

step 3 单击【单元格样式】按钮，在打开的【单元格样式】对话框中设置【小数位数】为 0 位，然后单击【确定】按钮。

step 4 单击数据输入框中的【应用】按钮 ✓ 即可创建相应的图表。

实用技巧

图表制作完成后，若要修改其中的数据，首先要使用【选择】工具选中图表，然后选择【对象】|【图表】|【数据】命令，打开图表数据输入框。在此输入框中修改要改变的数据，然后单击【应用】按钮 ✓ 关闭输入框，完成数据修改。

10.2 图表类型

图表由数轴和导入的数据组成，Illustrator 中提供了【柱形图】工具、【堆积柱形图】工具、【条形图】工具、【堆积条形图】工具、【折线图】工具、【面积图】工具、【散点图】工具、【饼图】工具和【雷达图】工具 9 种图表类型创建工具。双击工具箱中的图表工具或选择【对象】|【图表】|【类型】命令，可以在打开的【图表类型】对话框中选择图表类型。

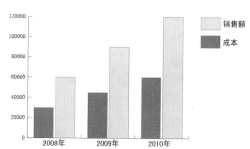

柱形图是默认的图表类型。该类型图表是通过柱形长度与数据数值成比例的垂直矩形表示一组或多组数据之间的相互关系。柱形图可以将数据表中的同一类数据放在一起，供用户进行比较。

堆积柱形图与柱形图相似，只是在表达数据信息的形式上有所不同。柱形图用于每一类项目中单个分项目数据的数值比较，而堆积柱形图则用于比较每一类项目中的所有分项目数据。从图形的表现形式上看，堆积柱形图是将同类中的多组数据，以堆积的方式形成垂直矩形进行类别之间的比较。

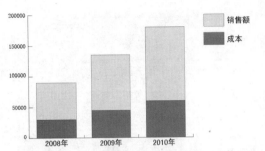

条形图与柱形图类似，都是通过条形长度与数据值成比例的矩形，表示一组或多组数据之间的相互关系。它们的不同之处在于，柱形图中的数据值形成的矩形是垂直方向的，而条形图中的数据值形成的矩形是水平方向的。

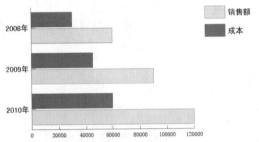

堆积条形图与堆积柱形图类似，都是将同类中的多组数据，以堆积的方式形成矩形进行类别之间的比较。它们的不同之处在于，堆积柱形图中的矩形是垂直方向的，而堆积条形图表中的矩形是水平方向的。

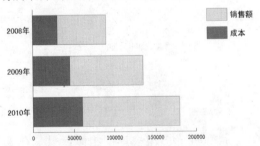

折线图能够表现数据随时间变化的趋势，以帮助用户更好地把握事物发展的进程、分析变化趋势和辨别数据变化的特性和规律。此类型的图表将同项目中的数据以点的方式在图表中表示，再通过线段将其连接。通过折线图，不仅能够纵向比较图表中各个横向的数据，而且可以横向比较图表中的纵向数据。

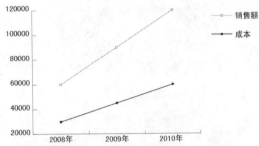

面积图表示的数据关系与折线图相似，但相比之下后者比前者更强调整体在数值上的变化。面积图是通过用点表示一组或多组数据，并以线段连接不同组的数值点形成面积区域。

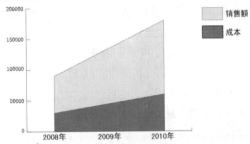

散点图是比较特殊的数据图表，它主要用于数学上的数理统计、科技数据的数值比较等方面。该类型图表的 X 轴和 Y 轴都是数值坐标轴，在两组数据的交汇处形成坐标点。每一个数据的坐标点都是通过 X 坐标和 Y 坐标定位的，各个坐标点之间用线段相互连接。用户通过散点图能够分析出数据的变化趋势，而且可以直接查看 X 和 Y 坐标轴之间的相对性。

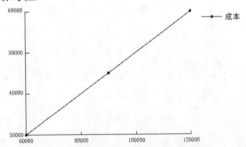

饼图是将数据的数值总和作为一个圆饼，其中各组数据所占的比例通过不同的颜色表示。该类型图表非常适合于显示同类项目中不同分项目的数据所占的比例。它能够很直观地显示一个整体中各个分项目所占的数值比例。

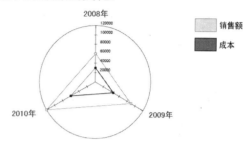

雷达图是一种以环形方式进行各组数据比较的图表。这种比较特殊的图表，能够将

一组数据以其数值多少在刻度尺上标注成数值点，然后通过线段将各个数值点连接，这样用户可以通过所形成的各组不同的线段图形判断数据的变化。

10.3　改变图表的表现形式

用户选中图表后，可以在工具箱中双击图表工具，或选择【对象】|【图表】|【类型】命令，打开【图表类型】对话框。在【图表选项】对话框中可以改变图表类型、坐标轴的外观和位置、添加投影、移动图例、组合显示不同的图表类型等。

10.3.1　常规图表选项

在文档中选择不同的图表类型，【图标样式】对话框中的【样式】选项组中所包含的选项不同，【选项】选项组中包含的选项也有所不同。在【图表类型】对话框中，【样式】选项组可以用来改变图表的表现形式。

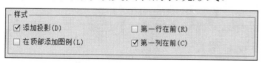

➤ 【添加投影】：用于给图表添加投影。

选中此复选框，绘制的图表中有阴影出现。

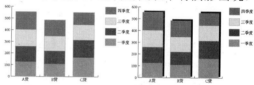

➤ 【在顶部添加图例】复选框：用于把图例添加在图表上边。如果不选中该复选框，图例将位于图表的右边。

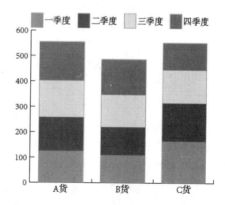

➤ 【第一行在前】和【第一列在前】复选框：可以更改柱形、条形和线段重叠的方式，这两个选项一般和下面的【选项】选项组中的选项结合使用。

在【图表类型】对话框的【选项】区域

279

中包含的选项各不相同。只有面积图图表没有附加选项可供选择。当选择图表类型为柱形图和堆积柱形图时，【选项】中包含的内容一致。

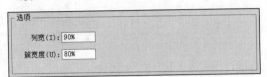

> 【列宽】文本框：该选项用于定义图表中矩形条的宽度。

> 【簇宽度】文本框：该选项用于定义一组中所有矩形条的总宽度。【簇】是指与图表数据输入框中一行数据相对应的一组矩形条。

当选择图表类型为条形图与堆积条形图时，【选项】中包含的内容一致。

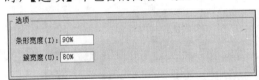

> 【条形宽度】文本框：该选项用于定义图表中矩形横条的宽度。

> 【簇宽度】文本框：该选项用于定义一组中所有矩形横条的总宽度。

当选择图表类型为折线图、雷达图与散点图时，【选项】中包含的内容基本一致。

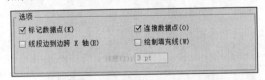

> 【标记数据点】复选框：选择此选项，将在每个数据点处绘制一个标记点。

> 【连接数据点】复选框：选择此选项，将在数据点之间绘制一条折线，以更直观地显示数据。

> 【线段边到边跨 X 轴】复选框：选择此选项，连接数据点的折线将贯穿水平坐标轴。

> 【绘制填充线】复选框：选择此选项，将会用不同颜色的闭合路径代替图表中的折线。

当选择图表类型为饼图时，【选项】中包含如下内容。

> 【图例】复选框：此选项决定图例在图表中的位置，其右侧的下拉列表中包含【无图例】、【标准图例】和【楔形图例】3 个选项。选择【无图例】选项时，图例在图表中将被省略。选择【标准图例】选项时，图例将被放置在图表的外围。选择【楔形图例】选项时，图例将被插入到图表中的相应位置。

> 【位置】复选框：此选项用于决定图表的大小，其右侧的下拉列表中包括【比例】、【相等】和【堆积】3 个选项。选择【比例】选项时，将按照比例显示图表的大小。选择【相等】选项时，将按照相同的大小显示图表。选择【堆积】选项时，将按照比例把每个饼形图表堆积在一起显示。

> 【排序】复选框：此选项决定了图表元素的排列顺序，其右侧的下拉列表中包括【全部】、【第一个】和【无】3 个选项。选择【全部】选项时，图表元素被按照从大到小的顺序顺时针排列。选择【第一个】选项时，系统会将最大的图表元素放置在顺时针方向的第一位，其他的按输入的顺序顺时针排列。选择【无】选项时，所有的图表元素按照输入顺序顺时针排列。

10.3.2 定义坐标轴

在【图表类型】对话框中，不仅可以指定数值坐标轴的位置，还可以重新设置数值坐标轴的刻度标记以及标签选项等。单击【图表类型】对话框左上角的 图表选项 下拉列表即可选择【数值轴】选项，显示相应的设置对图表进行设置。

> 刻度值：用于定义数据坐标轴的刻度值，软件默认状态下取消选中【忽略计算出

的值】复选框。此时软件根据输入的数值自动计算数据坐标轴的刻度。如果选中此复选框，则下面 3 个选项变为可选项，此时即可输入数值设定数据坐标轴的刻度。其中【最小值】表示原点数值；【最大值】表示数据坐标轴上最大的刻度值；【刻度】表示在最大和最小的数值之间分成几部分。

➤　【刻度线】：用于设置刻度线的长度。在【长度】下拉列表中有 3 个选项，【无】表示没有刻度线；【短】表示有短刻度线；【全部】表示刻度线的长度贯穿图表。【绘制】文本框用来设置在相邻两个刻度之间刻度标记的条数。

➤　【添加标签】：可以为数据轴上的数据添加前缀或者后缀。

【类别轴】选项在一些图表类型中并不存在，类别轴对话框中包含的选项内容也很简单。一般情况下，柱形、堆积柱形以及条形等图表由数据轴和名称轴组成坐标轴，而散点图表则由两个数据轴组成坐标轴。

在【刻度线】选项区中可以控制类别刻度标记的长度。【绘制】选项右侧的文本框中的数值决定在两个相邻类别刻度之间刻度标记的条数。

【例 10-2】在 Illustrator 中，设置创建图表的数值轴和类别轴。

🔴 视频+素材 （光盘素材\第 10 章\例 10-2）

step 1　选择工具箱中的【面积图】工具，在文档中创建图表。

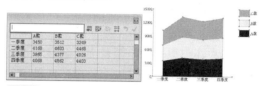

step 2　双击工具箱中的图表工具，打开【图表类型】对话框。在对话框左上角设置选项下拉列表中选择【数值轴】选项。

step 3　在【刻度线】选项区中设置【长度】为【全宽】。在【添加标签】选项区中可以为数值坐标轴上的数值添加前缀和后缀。在【前缀】文本框中输入"外销"，【后缀】文本框中输入"件"。

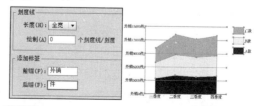

step 4　在对话框左上角设置选项下拉列表中选择【类别轴】选项。在【刻度线】选项

区中，设置【长度】为【全宽】，然后单击【确定】按钮应用设置。

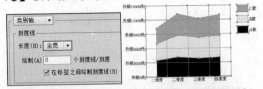

10.3.3　变更图表类型

在【图表类型】对话框中，单击所需图表类型相对应的按钮，然后单击【确定】按钮即可变更图表类型。

用户还可以在一个图表中组合显示不同的图表类型。例如，可以让一组数据显示为柱形图，而其他数据组显示为折线图。除了散点图之外，可以将任何类型的图表与其他图表组合。散点图不能与其他任何图表类型组合。

【例 10-3】组合不同类型的图表类型。

视频+素材 (光盘素材第 10 章\例 10-3)

step 1 选择【文件】|【打开】命令，打开图表文件。

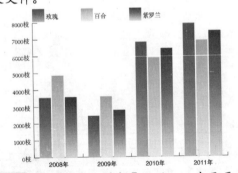

step 2 使用【编组选择】工具，双击要更改图表类型的数据图例。

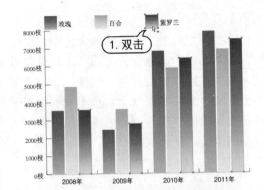

step 3 选择【对象】|【图表】|【类型】命令，或者双击工具箱中的图表工具，打开【图表类型】对话框。在该对话框中，单击【面积图】按钮，然后单击【确定】按钮。

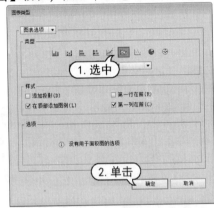

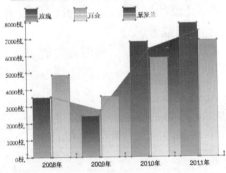

10.4　自定义图表

图表制作完成后自动处于选中状态，并且自动成组。这时如果要改变图表的单个元素，使用【编组选择】工具即可选择图表的一部分。用户也可以定义图表图案，使图表的显示更为生动。还可以对图表取消编组，但取消编组后的图表不能再更改图表类型。

10.4.1　改变图表中的部分显示

为图表的标签和图例生成文本时，

Illustrator 使用默认的字体和字体大小，用户可以轻松地选择、更改文字格式，用户还可以直接更改图表中图例的外观效果。

【例 10-4】在 Illustrator 中，编辑图表内容样式。

视频+素材 (光盘素材\第 10 章\例 10-4)

step 1 选择【文件】|【打开】命令，打开图表文件。

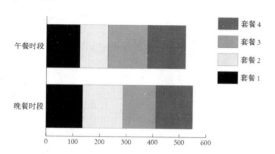

step 2 使用【编组选择】工具双击【套餐 4】图例，选中其相关数据列，并在【颜色】面板中，设置填色为 C=5 M=0 Y=90 K=0。

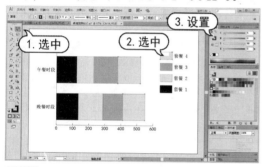

step 3 使用步骤(2)的操作方法更改其他数据的颜色。

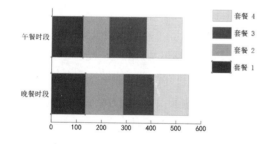

step 4 使用【编组选择】工具单击一次以选择要更改文字的基线；再次单击以选择同组数据文字。在控制面板中，设置字体样式为黑体，字体大小为 18 pt。并在【颜色】面板中单击 C=50 M=70 Y=80 K=70 色板。

step 5 使用步骤(3)的操作方法，更改其他数据文字的字体样式和字体大小。

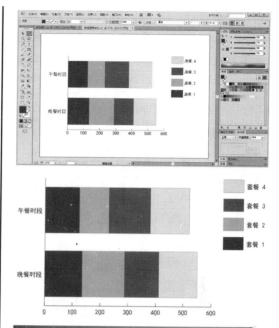

10.4.2　使用图案表现图表

在 Illustrator CC 中，不仅可以给图表应用单色填充和渐变填充，还可以使用图案图形来创建图表效果。

【例 10-5】在 Illustrator 中，将图片添加到图表中。

视频+素材 (光盘素材\第 10 章\例 10-5)

step 1 在打开的图形文件中，使用【选择】工具选中图形，然后选择【对象】|【图表】|【设计】命令，打开【图表设计】对话框。在对话框中，单击【新建设计】按钮，在上面的空白框中出现【新建设计】的文字，在预览框中出现图形预览。

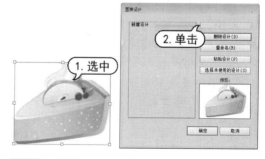

step 2 在【图表设计】对话框中，单击【重命名】按钮，打开【重命名】对话框，可以重新定义图案的名称。在【名称】文本框中

输入"乳酪蛋糕",单击【确定】按钮关闭【重命名】对话框,然后单击【确定】按钮关闭【图表设计】对话框。

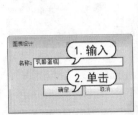

step 3 使用步骤(1)至步骤(2)的操作方法添加其他图形。

step 4 使用【编组选择】工具,选中图表中的乳酪蛋糕图例。

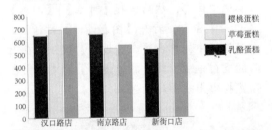

step 5 选择【对象】|【图表】|【柱形图】命令,将会打开柱形图的【图表列】对话框。在对话框的【选取列设计】框中选择定义的"乳酪蛋糕"图案名称,在【列类型】下拉列表中选择【重复堆叠】选项,在【每个设计表示...个单位】数值框中输入50,在【对于分数】下拉列表中选择【截断设计】选项。

step 6 设置完成后,单击【确定】按钮关闭【图表列】对话框。

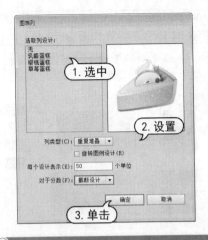

【列类型】下拉列表中【垂直缩放】方式的图表是根据数据的大小对图表的自定义图案进行垂直方向的放大和缩小,而水平方向保持不变得到的图表。【一致缩放】方式的图表是根据数据的大小对图表的自定义图案进行按比例的放大和缩小所得到的图表。选中【重复堆叠】选项,【柱形图】对话框下面的两个选项被激活。【每个设计表示....个单位】中数值表示每一个图案代表数字轴上多少个单位。【对于分数】部分有两个选项,【截断设计】代表截取图案的一部分来表示数据的小数部分,【缩放设计】代表对图案进行比例缩放来表示小数部分。局部缩放:局部缩放与垂直缩放比较类似,但其是将图案进行局部拉伸。

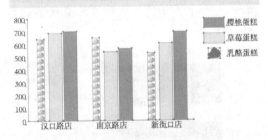

step 7 使用步骤(4)至步骤(6)的操作方法,为图表添加其他图形设计。

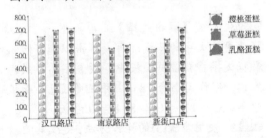

step 8 使用【编组选择】工具单击一次以选择数据轴中数字的基线;再次单击以选择同

组数据文字。在控制面板中，设置字体系列为黑体，字体大小为 13 pt，并在【颜色】面板中设置填色为C=15 M=100 Y=90 K=10。

体系列为黑体，字体大小为 20 pt，填色为C=15 M=100 Y=90 K=10。

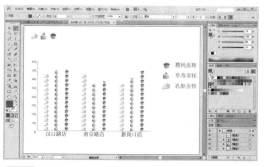

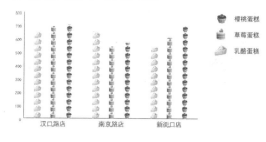

step 9 使用相同操作，设置其他文字内容字

10.5 案例演练

本章案例演练部分通过制作调查报告 PPT 的综合实例，使用户通过练习从而巩固本章所学知识。

【例 10-6】制作调查报告 PPT 效果。

视频+素材 （光盘素材\第 10 章\例 10-6）

step 1 选择【文件】|【新建】命令，打开【新建文档】对话框。在对话框的【名称】文本框中输入"调查报告PPT"，在【大小】下拉列表中选择A4选项，并单击【横向】按钮，然后单击【确定】按钮。

并在【颜色】面板中设置描边色为无色，填色为C=87 M=55 Y=45 K=2。

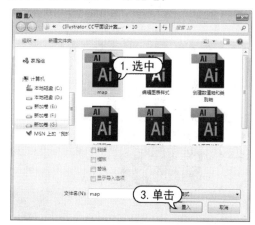

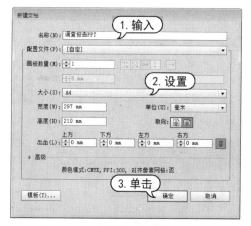

step 2 选择【文件】|【置入】命令，打开【置入】对话框。其中选中需要置入的素材文件，然后单击【置入】按钮。

step 3 按Ctrl+2 键锁定置入素材图像文件，选择【矩形】工具在PPT页面顶部绘制矩形，

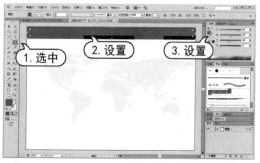

step 4 选择【文字】工具在画板中单击，按Ctrl+T键打开【字符】面板。在面板中设置

字体为汉仪菱心体简，字体大小为 38 pt，在【颜色】面板中设置填色为白色，然后输入文字内容。

step 5 选择【柱形图】工具在画板中单击，打开【图表】对话框。在对话框中，设置【宽度】为 210 mm，【高度】为 100 mm。

step 6 设置完成后，单击【图表】对话框中的【确定】按钮，打开图表数据输入框。

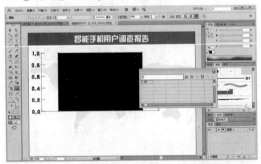

step 7 在打开的图表数据输入框中输入相应的图表数据。

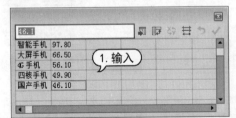

step 8 单击图表数据输入框中的【应用】按钮 ✓ 创建相应图表，然后关闭数据输入框。

step 9 双击【柱形图】工具打开【图表类型】对话框，在对话框顶部下拉列表中选择【数值轴】选项。在【刻度线】选项区中的【长度】下拉列表中选择【全宽】选项，然后单击【确定】按钮。

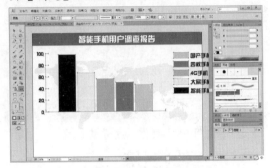

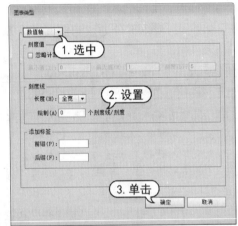

step 10 选择【编组选择】工具，按Shift键选中图表中文字内容，并在【字符】面板中设置字体样式为方正黑体简体，字体大小为 17 pt，基线偏移为 32 pt。在【颜色】面板中设置填色为白色。

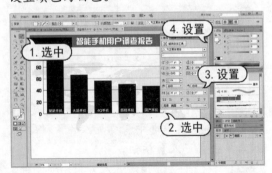

step 11 选择【编组选择】工具，选中数值轴文字内容，并在【字符】面板中设置字体样

式为方正黑体简体，字体大小为 14 pt。在【颜色】面板中设置填色为C=0 M=90 Y=85 K=0。

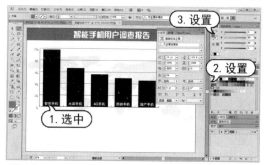

step 12　选择【编组选择】工具，选中数值轴刻度线，在【颜色】面板中设置填色为K=50，在【描边】面板中，选中【虚线】复选框，设置数值为 4 pt。

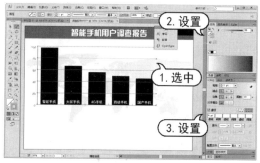

step 13　选择【矩形】工具绘制一个矩形，并在【颜色】面板中设置填色为C=5 M=30 Y=84 K=0。

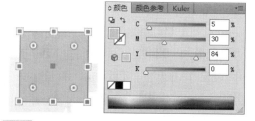

step 14　按Ctrl+C键复制刚绘制的矩形，按Ctrl+F键粘贴，并使用【选择】工具进行调整，然后在【颜色】面板中设置填色为C=11 M=36 Y=88 K=0。

step 15　使用【选择】工具选中绘制的第一个矩形，按Ctrl+C键复制刚绘制的矩形，按Ctrl+F键粘贴，再按Shift+Ctrl+]键置于顶层，然后在【渐变】面板中单击渐变填色框，设置【角度】为-90°。

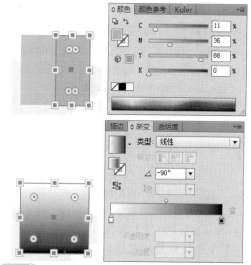

step 16　在【透明度】面板中设置混合模式为【正片叠底】，【不透明度】为 50%。

step 17　使用【选择】工具选中刚创建的三个矩形，按Ctrl+G键进行编组。选择【对象】|【图表】|【设计】命令，打开【图表设计】对话框。在对话框中，单击【新建设计】按钮，然后单击【确定】按钮。

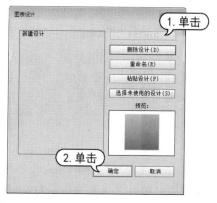

step 18　使用【编组选择】工具选中图表中的柱形图，选择【对象】|【图表】|【柱形图】命令，打开【图表列】对话框。在对话框中，选中【新建设计】选项，在【列类型】下拉列表中选择【垂直缩放】选项，然后单击【确定】按钮。

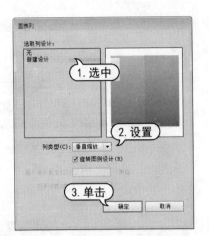

【X位移】为 0.8 mm，【Y位移】为-0.8 mm，
【模糊】为 0 mm，然后单击【确定】按钮。

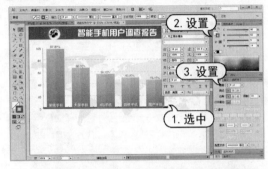

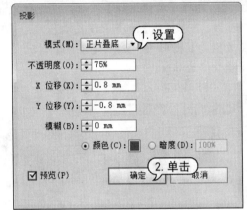

step 19 选择【文字】工具在页面中单击，在
【字符】面板中设置基线偏移数值为 0 pt，在
【颜色】面板中设置填色为C=0 M=90 Y=85
K=0，然后输入文字内容。

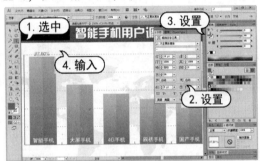

step 20 使用与步骤(19)相同操作方法添加其
他文字内容，并调整其位置。

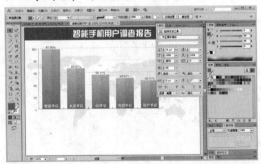

step 21 使用【编组选择】工具选中类别轴，
在【颜色】面板中设置描边色为C=90 M=62
Y=5 K=14。在【描边】面板中，设置【粗细】
为 8 pt。

step 22 选择【效果】|【风格化】|【投影】
命令，打开【投影】对话框。在对话框中设
置投影颜色为C=87 M=55 Y=46 K=2，设置

step 23 调整图表位置，选择【文件】|【置入】
命令，打开【置入】对话框。在对话框中，选中
需要置入的素材文件，然后单击【置入】按钮。

step 24 使用【选择】工具在画板中单击置入
图像，并调整置入对象的大小及位置。

step 25 使用【折线图】工具在页面中拖动创
建图表。

step 26 在打开的图表数据输入框中，单击【单元格样式】按钮，打开【单元格样式】对话框。在对话框的【列宽度】数值框中输入 10，然后单击【确定】按钮。

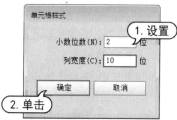

step 27 在图表数据输入框中输入相应的数值，并单击【应用】按钮，然后关闭图表数据输入框。

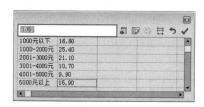

step 28 使用【编组选择】工具选中图表中类别轴和数值轴的文字，在【字符】面板中设置字体大小为 8 pt。

step 29 选中类别轴和数值轴，在【颜色】面板中设置描边色为白色。

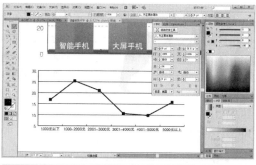

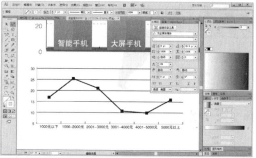

step 30 选中数值轴刻度线，在【颜色】面板中设置描边色为K=30，在【描边】面板中设置【粗细】为 6 pt，选中【虚线】复选框，设置数值为 17 pt。

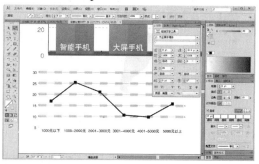

step 31 选中折线，在【颜色】面板中设置描边色为C=90 M=62 Y=57 K=14。

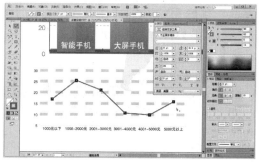

step 32 选中两个峰值点，在【颜色】面板中设置描边色为无，填色为C=0 M=90 Y=85 K=0。

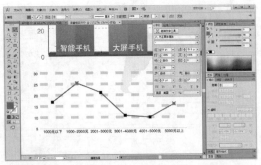

step 33 选中其他峰值点，在【颜色】面板中设置描边色为无色，填色为C=70 M=15 Y=0 K=0。

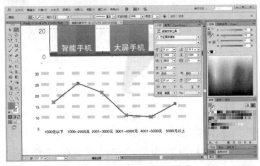

step 34 使用【圆角矩形】工具在页面中单击，打开【圆角矩形】对话框。在对话框中，设置【宽度】为14 mm，【高度】为5 mm，【圆角半径】为1 mm，然后单击【确定】按钮。

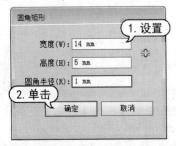

step 35 使用【添加锚点】工具在刚绘制的圆角矩形上添加锚点，并使用【直接选择】工具调整其形状。

step 36 在【颜色】面板中，设置填色为C=30 M=0 Y=0 K=0。选择【效果】|【风格化】|

【投影】命令，打开【投影】对话框。在对话框中，设置【X位移】为0.3 mm，【Y位移】为0.3 mm，【模糊】为0.3 mm，然后单击【确定】按钮。

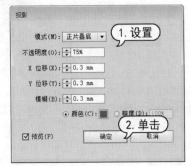

step 37 使用【选择】工具选中刚创建的图形对象，按Ctrl+Alt键移动并复制。

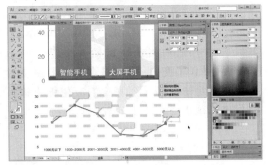

step 38 使用【文字】工具在上一步创建的图形对象中输入文字内容，并使用【选择】工具调整文字位置。

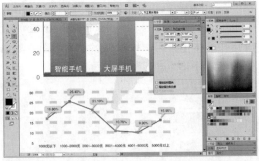

step 39 选择【文字】工具在画板中单击，按Ctrl+T键打开【字符】面板。在面板中设置字体为汉仪菱心体简，字体大小为17 pt，在【颜色】面板中设置填色为C=0 M=0 Y=0 K=80，然后输入文字内容。

step 40 使用【饼图】工具在页面中拖动创建图表。

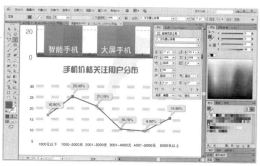

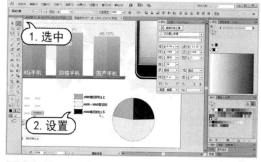

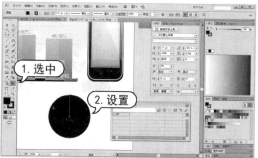

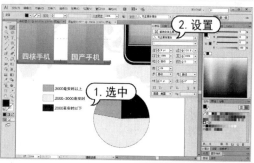

step 41 在图表数据输入框中，单击【单元格样式】按钮，打开【单元格样式】对话框。在对话框的【列宽度】数值框中输入 15，然后单击【确定】按钮。

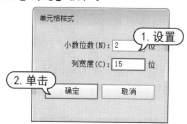

step 42 在图表数据输入框中输入数值，并单击【应用】按钮，然后关闭图表数据输入框。

step 43 使用【编组选择】工具选中饼图图例，将其移动至饼图左侧。

step 44 选中图例文字，在【字符】面板中设置字体系列为方正黑体简体，字体大小为9 pt。

step 45 使用【编组选择】工具连续单击两次"3000 毫安时以上"图例，将其选中。在【颜色】面板中设置描边色为无色，填色为C=4 M=29 Y=84 K=0。

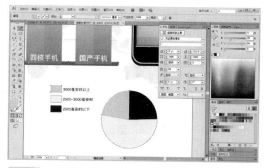

step 46 使用【编组选择】工具单击两次"2000-3000 毫安时"图例，将其选中。在【颜色】面板中设置描边色为色，填色为C=73 M=33 Y=18 K=0。

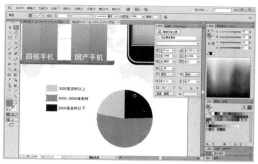

step 47 使用【编组选择】工具连续单击两次 "2000 毫安时以下"图例,将其选中。在【颜色】面板中设置描边色为无,填色为C=17 M=86 Y=67 K=0。

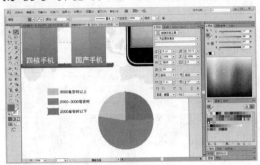

step 48 使用【直接选择】工具选中饼图图例的锚点,并调整其形状。

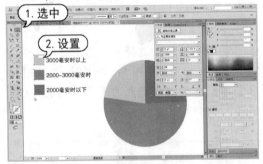

step 49 选择【直线】工具绘制直线,在【描边】面板中设置【粗细】为 15 pt。在【颜色】面板中设置填色为C=87 M=77 Y=33 K=0,并

按Ctrl+[键将其置于饼图图例下方。

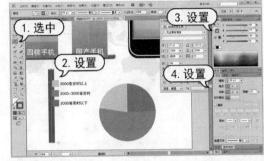

step 50 选择【文字】工具在画板中单击,在控制面板中设置字体为汉仪菱心体简,字体大小为 17 pt,在【颜色】面板中设置填色为C=0 M=0 Y=0 K=80,然后输入文字内容,完成PPT制作效果。